1+X 职业技能等级证书培训考核配套教材
1+X 工业机器人应用编程职业技能等级证书培训系列教材

# 工业机器人应用编程（华数）中级



北京赛育达科教有限责任公司　组编
主　编　郑丽梅　卢青波　刘怀兰
副主编　王志强　王景学　杨　威　吕　营
　　　　阎辰皓　韩　力
参　编　耿东川　冯少华　陈淑玲　张馨予
　　　　胡月霞　王　燕　宁　柯　赵文杰
　　　　黄学彬
主　审　兰　虎　金　磊

机械工业出版社

本书紧扣 1+X 工业机器人应用编程职业技能等级证书的考核大纲和技能等级要求。全书共六个项目，主要内容包括机器人关节部件装配编程、机器人关节装配任务 PLC 控制编程、机器人关节部件视觉分拣编程、机器人关节部件试装与检测、机器人关节混合装配编程以及离线编程仿真工作站搭建。

本书能够为参加 1+X 工业机器人应用编程职业技能等级证书考试的高等院校学生、企业人员及系统集成的研究开发人员提供开发经验和指导。

本书配有相关的教学资源及视频资源，读者可在手机应用商店中下载“高德 e 课” App 扫码观看。

**图书在版编目（CIP）数据**

工业机器人应用编程. 华数：中级/郑丽梅，卢青波，刘怀兰主编. —北京：机械工业出版社，2021. 8（2025. 8 重印）

1+X 职业技能等级证书培训考核配套教材 1+X 工业机器人应用编程职业技能等级证书培训系列教材

ISBN 978-7-111-68893-8

Ⅰ. ①工… Ⅱ. ①郑… ②卢… ③刘… Ⅲ. ①工业机器人-程序设计-职业技能-鉴定-教材 Ⅳ. ①TP242. 2

中国版本图书馆 CIP 数据核字（2021）第 157907 号

机械工业出版社（北京市百万庄大街 22 号 邮政编码 100037）
策划编辑：薛 礼 责任编辑：薛 礼 章承林
责任校对：郑 婕 封面设计：鞠 杨
责任印制：常天培
三河市骏杰印刷有限公司印刷
2025 年 8 月第 1 版第 7 次印刷
184mm×260mm · 14. 25 印张 · 353 千字
标准书号：ISBN 978-7-111-68893-8
定价：49. 80 元

电话服务 网络服务
客服电话：010-88361066 机 工 官 网：www. cmpbook. com
010-88379833 机 工 官 博：weibo. com/cmp1952
010-68326294 金 书 网：www. golden-book. com

机工教育服务网：www. cmpedu. com

# 前 言

FOREWORD

党的二十大报告指出：教育、科技、人才是全面建设社会主义现代化国家的基础性、战略性支撑；统筹职业教育、高等教育、继续教育协同创新，推进职普融通、产教融合、科教融汇，优化职业教育类型定位。当前，科教兴国战略已经成为国家战略的重要组成部分，高职教育的地位日益重要，高质量的创新型人才培养已经成为实施科教兴国战略的重要举措之一。编写本书旨在贯彻落实国家科教兴国战略，推动工业机器人技术的应用和创新，为我国现代化建设提供有力的人才支撑和技术支持。

为进一步深化复合型技术技能人才培养培训模式改革，《国家职业教育改革实施方案》指出，我国于2019年开始在职业院校、应用型本科高校启动1+X证书制度试点工作。"1"即学历证书，在以培养技术导向型人才为标准的高职院校内，学历证书是学生在学校内接受教育并达到合格标准的证明，也是学生可持续发展的基础。学历证书不能只作为受教育者的文凭，要将学历证书的作用扩大，并以此为基础，拓展职业教育的服务领域。"X"即各种类型的职业技能等级证书，它是学生专业范围内技术资质的证明。职业技能等级证书是学生技术水平的综合表现，是学生符合职业活动要求的证明。本书结合华数工业机器人应用编程一体化教学创新平台，理论与实际操作并重，对工业机器人应用编程X证书的考核内容进行了详细讲解。

本书案例基于华数工业机器人应用编程一体化教学创新平台开发，介绍了平台的部件功能、工业机器人的操作编程、S7-1200 PLC的编程和HMI（人机界面）设计以及华数离线编程软件的使用方法。全书围绕工业机器人关节装配问题，从使用手动操作工业机器人进行关节装配开始，到工业机器人自动完成关节装配，最终实现使用PLC控制工业机器人实现关节装配。本书内容循序渐进，读者可边学边实践，逐步达到工业机器人应用编程职业技能等级证书（中级）的要求。

本书在编写过程中参考了相关教材的内容，在此对这些教材的作者表示衷心感谢！

由于编者水平有限，书中难免存在不妥之处，恳请广大读者提出宝贵意见。

编　者

# 二维码索引

（续）

# 目录
CONTENTS

# 绪论

早在1993年十四届三中全会通过的《中共中央关于建立社会主义市场经济体制若干问题的决定》中首次提出实行“学历文凭和职业资格两种证书制度”，即双证书制度。双证书制度突出了“双证融通”的特点，即职业院校毕业生在获得学历文凭的同时，还应取得相应的职业资格证书，达到相应职业资格标准。“双证融通”在一定历史时期内，在对课程标准与职业标准的融通、课程评价模式与职业技能鉴定的融通以及学历教育管理与职业资格证书管理的融通三个方面发挥了重要的作用，促进了职业院校的教学改革，提升了学生的职业技能水平，形成了学历文凭和职业资格证书并重的良好局面。

随着国务院进一步推进简政放权、优化服务改革的部署，人力资源和社会保障部于2017年制定了《国家职业资格目录》，并于2019年进行了修订，将58项专业技术人员职业资格和81项技能人员职业资格共计139项证书纳入资格目录，明确规定：职业资格认定实行清单式管理，目录以外的一律不得许可和认定职业资格。2021年1月，人力资源和社会保障部为贯彻落实国务院“放管服”改革要求，结合近年来国务院有关部门职责调整、行政审批事项改革等情况，拟对2017年公布的《国家职业资格目录》专业技术人员职业资格部分进行调整。调整后，拟列入专业技术人员职业资格58项，其中，准入类31项，水平评价类27项。调整后的《国家职业资格目录（专业技术人员职业资格）》目前正处于公示阶段。《国家职业资格目录》的出台从国家层面杜绝了职业资格证书过多过滥的问题，对社会上“滥发证”的现象形成了有效遏制。通过对《国家职业资格目录》的研究和梳理，不难发现：目录中的证书类别缺少对面向先进制造业、现代服务业以及高新技术、新兴产业等领域的职业技能水平的认定。大量职业院校新兴专业出现“无证可考”的现象。传统专业因证书吸引力低或通过率低，出现“有证不想考，有证不敢考”的局面。这些都会导致职业院校学生双证书率大幅下降，使双证书制度的推行受到前所未有的压力。

2019年1月，国务院印发了《国家职业教育改革实施方案》（以下简称职教20条），把学历证书与职业技能等级证书结合起来，探索实施1+X证书制度，是职教20条的重要改革部署，也是重大创新。

### 1. 实施1+X证书制度的意义

从宏观角度来说，1+X证书制度有助于缓解结构型就业矛盾问题，为早日实现“两个一百年”目标提供技术支持和人才支持。同时，1+X证书制度也符合时代发展潮流，有助于推动国家职业教育改革。1+X证书制度对高职院校自身来说也有着重大意义。

首先，1+X证书制度是职业院校学历教育与职业培训相融合的基础。学历教育普遍体现在职业院校的教育过程之中，而职业培训则旨在引导学生多元化发展。高职院校的实践工作具有针对性和灵活性，学生只有根据不同的情况将理论知识活学活用，才能真正掌握知识和技能。职业教育在人才培育方面不仅要注重学生的文化理论教育，还要满足社会职业岗位的需求，以就业为导向，充分利用社会资源，保证学生利益，推动职业教育现代化进程。

其次，1+X 证书制度的实施有利于职业院校增强教师队伍培训和教学能力。职业教育的改革创新包括办学体制改革和育人机制革新。育人机制的改革要求教师调整教学方式，教师不仅要具备理论教学能力，还应提高自身的实践教学水平。只有这样，教师才能带领学生在学习中不断进步，达到德技并修、工学结合的目标。同时，教师要在教学过程中融入用人单位的职业要求，在实训过程中强化学生职业技能应用能力，当好学生的职业规划领路人。

最后，1+X 证书制度的实施能够推动校企合作，促进人力资源开发。企业的需求就是职业院校学生需要达到的目标。企业、行业的需求会影响到职业技能证书的考核评定问题，校企合作有利于学生充分了解自己需要考取的职业技能证书。1+X 证书制度围绕学历证书和实际岗位需求，对职业院校学生提出了更加严格的要求，也为学生的可持续发展指明了方向，有利于激发学生的潜力，扩大职业院校人才输出力度。

### 2. 华数工业机器人应用编程一体化教学创新平台的组成及功能

图 0-1 所示为华数工业机器人应用编程一体化教学创新平台 HSA 型设备效果图。该平台以桌面型 6 轴工业机器人系统 HSR-JR603-C30 为核心操作设备，采用快换工具模块，配置多种机器人末端工具，实现设备的多种功能快速自动切换；外部设施配置有无需信息交互的搬运模块、码垛模块、绘图模块和装配模块等，可进行机器人独立的应用编程训练和考核；同时，该平台配置了基于外部 PLC 控制的数字化仓储模块、井式供料模块、带输送模块、称重模块和工件信息读取/写入的 RFID（射频识别）模块，这些模块支撑了常用的 PLC 应用编程及调试的练习和考核；系统配置的视觉模块、通信模块、旋转变位模块以及在 HSB 型设备中配置的机器人外部行走轴等覆盖了多种通信方式，支撑了工业互联网技术应用的实践；工业机器人离线编程软件有助于工业机器人复杂工艺的编程，可有效扩展工业机器人应用编程的边界，充分发挥用户的想象力，实现任何可能的机器人操作任务。

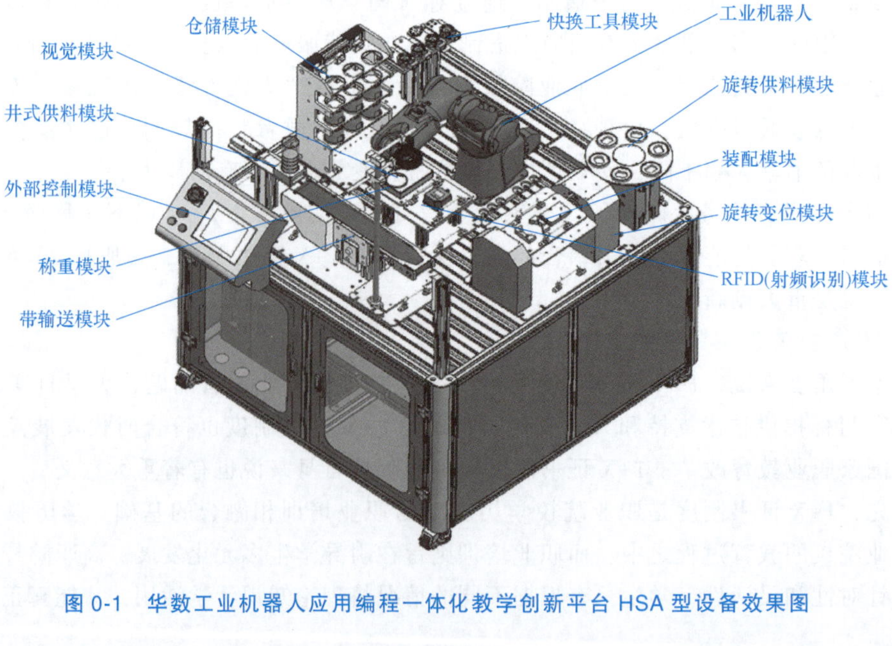


图 0-1　华数工业机器人应用编程一体化教学创新平台 HSA 型设备效果图

### 3. 华数工业机器人应用编程一体化教学创新平台的各功能模块

（1）工业机器人　华数工业机器人应用编程一体化教学创新平台采用的机器人为 HSR-JR603 桌面型机器人，如图 0-2 所示。该工业机器人系统采用华数 HSR-JR603-C30 系统，包含了机器人本体、机器人控制柜、示教器和机器人连接电缆。HSR-JR603 型工业机器人臂展为 571.5mm，负载能力为 3kg，末端最大运行速度为 3m/s。

（2）快换工具模块　快换工具模块配置了多种机器人末端工具，如图 0-3 所示。机器人末端工具主要包括直口夹具、弧口夹具、机器人标定尖端工具和单吸盘，另有可自主更换安装的焊接工具、涂胶工具、打磨和雕刻工具。

图 0-2　HSR-JR603 桌面型机器人

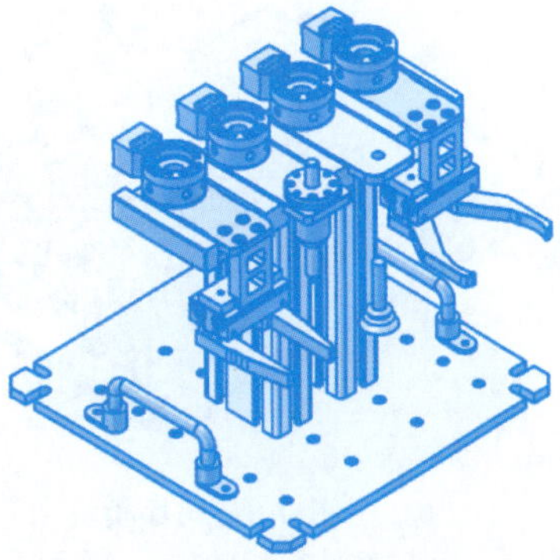

图 0-3　快换工具模块

机器人末端工具均由机器人控制器控制 I/O 模块实现状态切换，其信号接口的定义见表 0-1。

表 0-1　机器人末端工具信号接口的定义

| I/O 信号 | 功能 | I/O 信号 | 功能 |
| --- | --- | --- | --- |
| DO[8] | 快换松 | DO[11] | 夹具紧 |
| DO[9] | 快换紧 | DO[12] | 吸盘 |
| DO[10] | 夹具松 | | |

（3）绘图模块　绘图模块包括平面绘图和曲面绘图两个模块，分别如图 0-4 和图 0-5 所示。平面绘图模块可调整角度，通过磁铁将图纸固定在平面板上，可快速更换图纸；曲面绘图模块由曲面板和曲面压条组成，曲面压条将图纸压在曲面板上，形成与曲面板相同的弧面。平面绘图模块和曲面绘图模块均需安装在模块公用安装支架上，由用户自主选择拆装切换所需的模块。

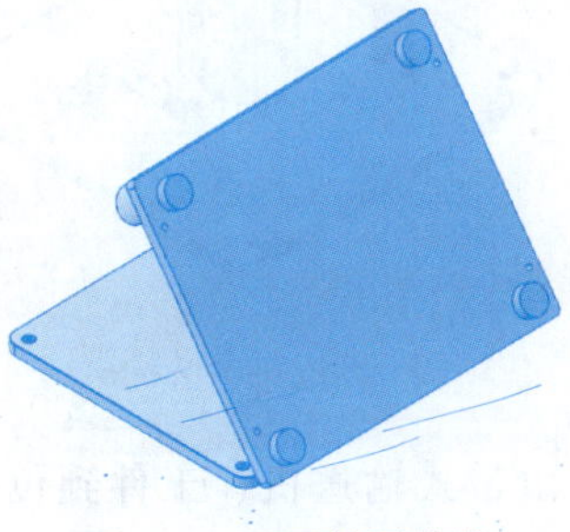

图 0-4　平面绘图模块

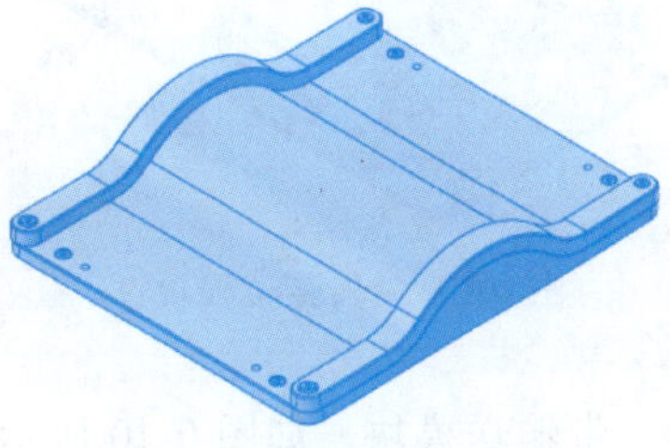

图 0-5　曲面绘图模块

（4）码垛模块　如图 0-6 所示，码垛模块由码垛面板和码垛物料块组成。码垛面板分为物料放置位和码垛工位。物料块分为方形和长形，分别为白色和黄色，长方形和正方形可进行混合码垛，实现多种垛型的编程练习。

（5）搬运模块　如图 0-7 所示，搬运模块的主要功能为斜面搬运，包括两个搬运物料放置架和表面印有数字 1~9 的三角形物料块，操作者可自定义搬运顺序，将编号为 1~9 的物料块在两个放置架之间进行转移操作编程。

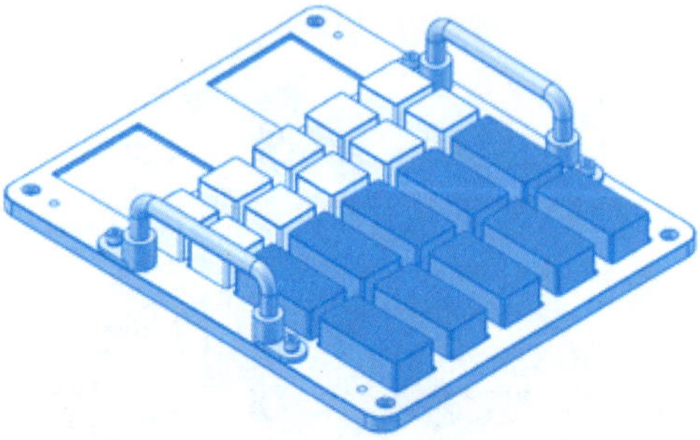

图 0-6　码垛模块

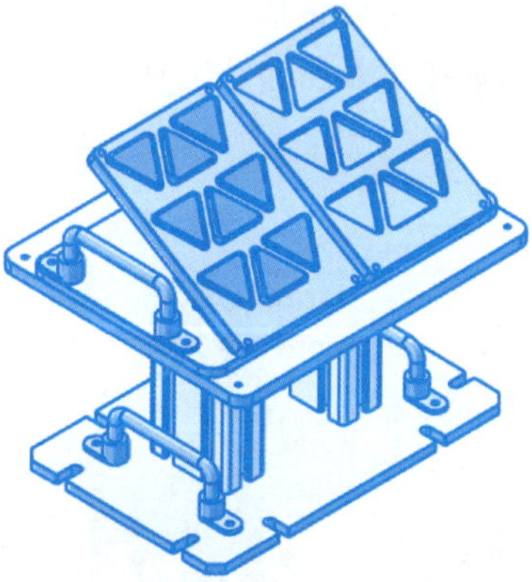

图 0-7　搬运模块

（6）旋转变位模块　如图 0-8 所示，旋转变位模块（也称变位机）采用机器人外部轴控制，其驱动电动机接收机器人控制器命令，通过示教器对其进行编程和操作。变位机采用绝对式编码器，模块侧面板有零位刻线，可通过示教器校准变位机零位，运动范围通过机械限位设置为±45°。变位机减速器的速比为 1∶50。

（7）井式供料模块　如图 0-9 所示，井式供料模块由圆柱形料筒和伸缩气缸组成，圆柱形料筒内径为 50mm，可同时装入机器人关节的减速器和输出法兰两种圆形物料，圆柱形料筒底部配置了对射型传感器来检测有无工件，气缸配置了磁性开关来检测动作是否执行，气缸的动作及传感器信号均由 PLC 控制。井式供料模块 I/O 接口的定义见表 0-2。

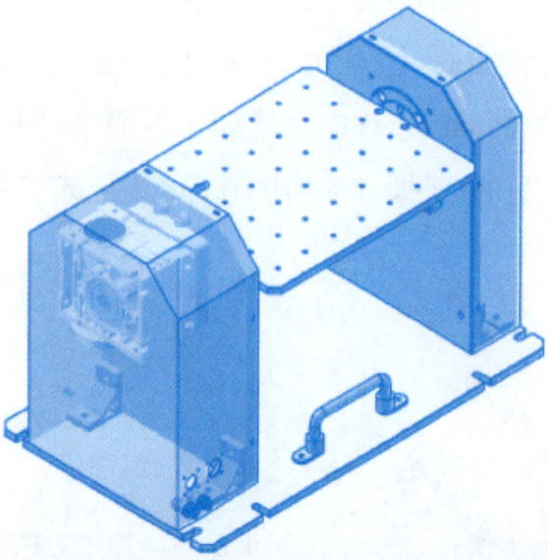

图 0-8　旋转变位模块

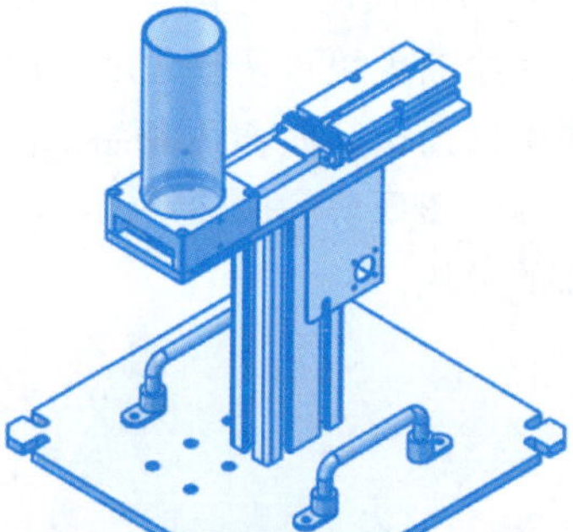

图 0-9　井式供料模块

（8）带输送模块　如图 0-10 所示，带输送模块主要由带式输送机、工件到位检测传感器组成。带式输送机采用 0~3000r/min 的直流电动机驱动，可控制起停。带输送模块 I/O

接口的定义见表 0-3。

表 0-2 井式供料模块 I/O 接口的定义

| I/O 信号 | 功能 | I/O 信号 | 功能 |
|---|---|---|---|
| I0.5 | 检测料筒内有无工件 | Q0.5 | 井式供料气缸伸出 |
| I0.6 | 井式供料气缸升到位 | Q0.6 | 井式供料气缸缩回 |
| I0.7 | 井式供料气缸退到位 | | |

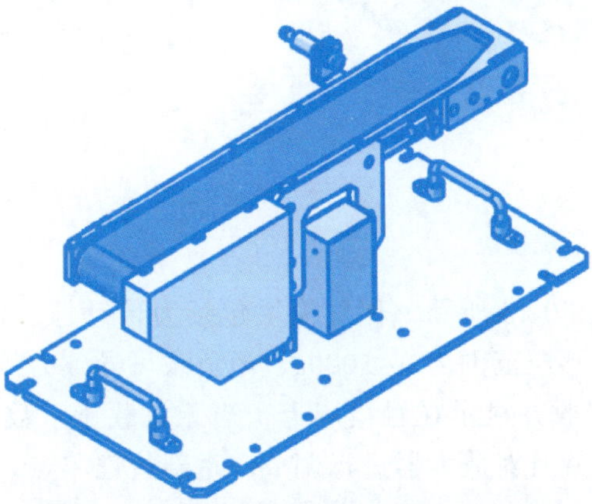

图 0-10 带输送模块

表 0-3 带输送模块 I/O 接口的定义

| I/O 信号 | 功能 | I/O 信号 | 功能 |
|---|---|---|---|
| I0.4 | 检测带末端工件 | Q0.2 | 带起停 |

（9）装配模块　如图 0-11 所示，装配模块为机器人组装零部件提供了准确的操作工位，主要由伸缩气缸和工件定位夹紧块组成，伸缩气缸的动作由 PLC 控制。装配模块 I/O 接口的定义见表 0-4。

表 0-4 装配模块 I/O 接口的定义

| I/O 信号 | 功能 | I/O 信号 | 功能 |
|---|---|---|---|
| Q0.3 | 伸缩气缸紧 | Q0.4 | 伸缩气缸松 |

（10）视觉模块　如图 0-12 所示，视觉模块主要包含照相机、光源、视觉控制器、通信软件和应用软件。视觉控制器为外部计算机，可检测工件外形轮廓、工件颜色和工件坐标值，其信息通过 TCP/IP 发送到机器人控制器。视觉模块的数据存储在机器人 R 寄存器中，当前的存储位置见表 0-5。

表 0-5 视觉模块的数据存储

| 机器人 R 寄存器 | 功能 | 机器人 R 寄存器 | 功能 |
|---|---|---|---|
| R[99] | 视觉-1 拍照 | R[103] | 视觉-$Y$ 坐标值 |
| R[100] | 视觉-拍到有 1/没拍到 2 | R[104] | 视觉-$\theta$ 坐标值 |
| R[101] | 视觉-白色 1/黄色 2/蓝色 3 | R[105] | 视觉-法兰 1/减速器 2 |
| R[102] | 视觉-$X$ 坐标值 | | |

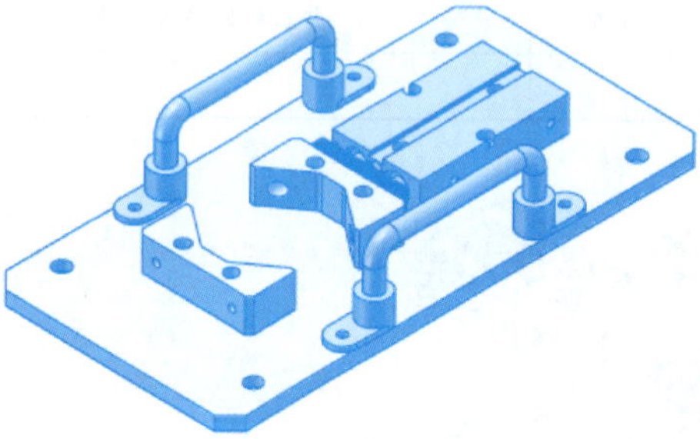

图 0-11 装配模块

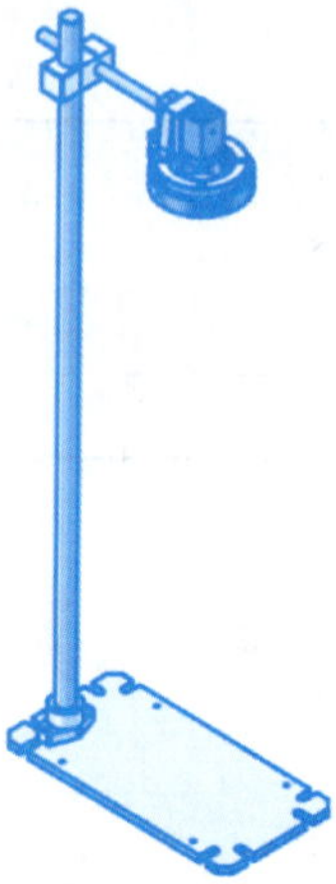

图 0-12 视觉模块

（11）称重模块　如图 0-13 所示，称重模块包括力传感器、信号放大器和 PLC 的模拟量输入功能。称重传感器感应范围为 0~5000g，超负载可导致力传感器不可恢复性损坏。称重传感器感应值由 PLC 接收并显示在触摸屏上，当无负载显示数值不是 0 时，可通过模块侧面孔，使用一字槽螺钉旋具对放大器进行调节，重新校准零点。称重模块通过 PLC 的 AI0 接口进行数据输入。

（12）仓储模块　如图 0-14 所示，仓储模块又称为数字化料仓，该模块包含 12 个存储位（4 层，每层 3 个存储位），工件最大存储尺寸为 65mm（直径）×100mm（高度）；下面两层共配置有 6 个工件检测传感器，最大检测距离为 15mm，传感器信号集成于远程 I/O 模块，与 PLC 控制器通过 modbus_TCP 进行信号交互。仓储模块用于放置机器人关节装配的工件和成品（图 0-15），也可用于存放复杂工艺编程的工件（图 0-16）。

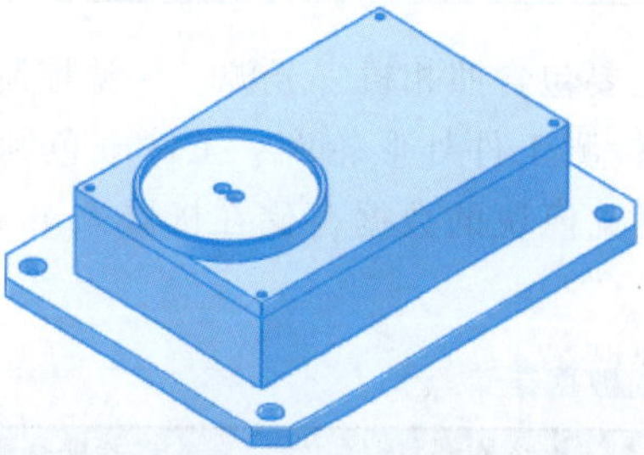

图 0-13 称重模块

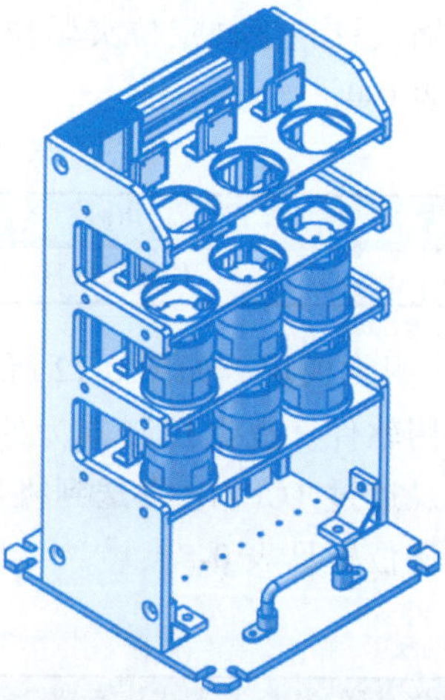

图 0-14 仓储模块

（13）旋转供料模块　如图 0-17 所示，旋转供料模块具有 6 个工件放置位，沿圆盘圆周方向阵列。旋转供料模块采用步进电动机驱动，由 PLC 控制其运动，配置 1∶80 速比的谐

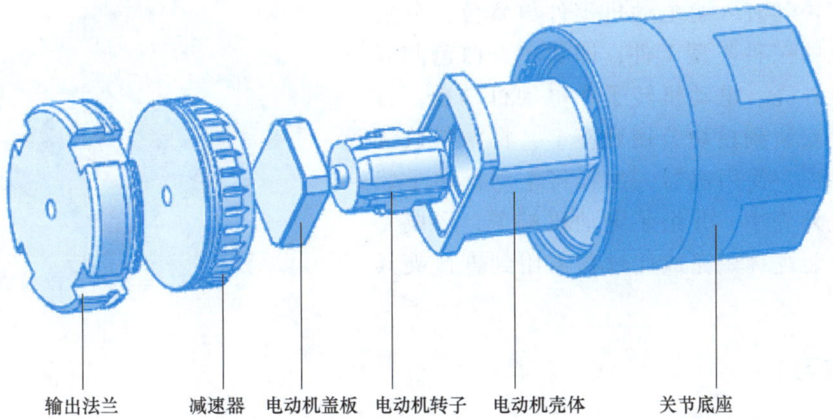


图 0-15　机器人关节装配的工件和成品

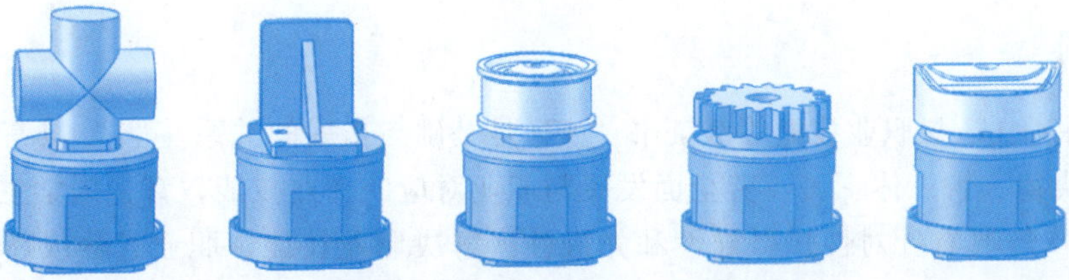

图 0-16　复杂工艺编程的工件

波减速器，运动平稳，精度高。旋转供料模块配置了零位校准传感器、工件状态检测传感器。旋转供料模块 I/O 接口的定义见表 0-6。

表 0-6　旋转供料模块 I/O 接口的定义

| I/O 信号 | 功能 | I/O 信号 | 功能 |
|---|---|---|---|
| I0.2 | 旋转供料模块原点 | Q0.0 | 旋转供料模块电动机方向 |
| I0.3 | 旋转供料模块工件检测 | Q0.1 | 旋转供料模块电动机脉冲 |

（14）RFID（射频识别）模块　如图 0-18 所示，RFID 模块采用西门子 RFID 读取器和通信模块，与西门子 PLC 无缝集成，应用西门子电子标签管理软件，可快速编写物料追溯系统。

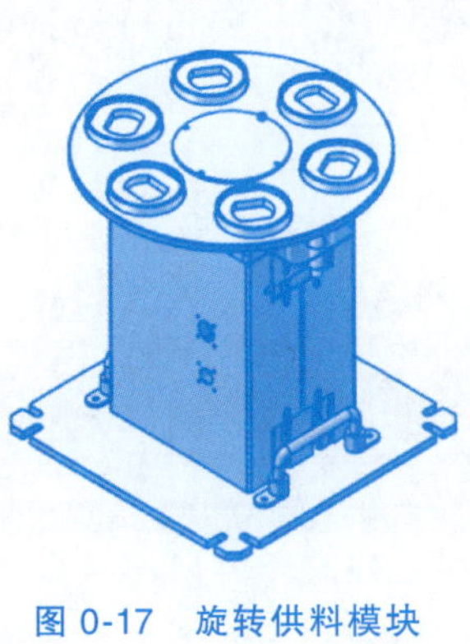

图 0-17　旋转供料模块

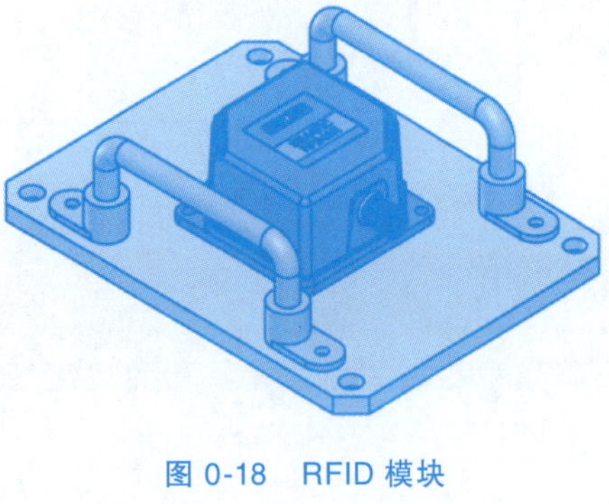

图 0-18　RFID 模块

（15）电动机装配模块　如图 0-19 所示，电动机装配模块具有 6 组电动机零件放置位，分别有三种颜色的三种类型工件，即黄色、白色和蓝色的电动机外壳、电动机转子和电动机端盖。首先将此模块安装到模块公用底座上，将物料放置到对应工件位，使用机器人编程将电动机转子装配到电动机外壳中，并组装电动机端盖，形成完整的电动机装配体。完成此过程需用到直口夹具和吸盘工具。

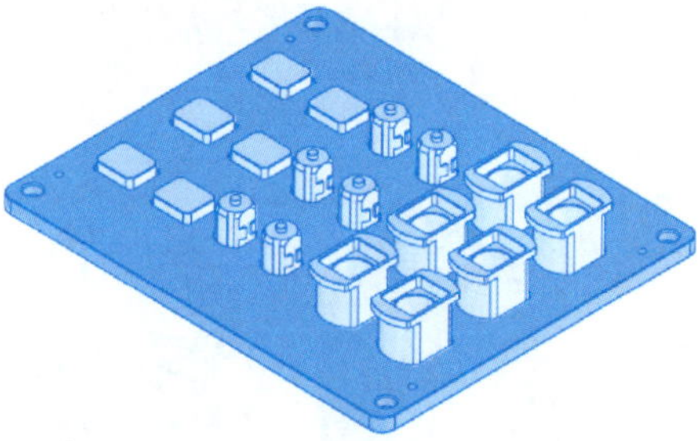

图 0-19　电动机装配模块

## 【思考与练习】

1. 试说明华数工业机器人应用编程一体化教学创新平台的主要功能。
2. 试说明工业机器人在考核设备中的作用。

## 【扩展训练】

学历证书“1”与职业技能等级证书“X”是基础与拓展的关系。“1”具有基础性、主体性，要解决德、智、体、美、劳全面发展与职业对应的专业技能教育，为学生可持续发展打下基础；“X”具有针对性、引导性和先进性，解决职业技能、职业素养或新技术新技能的强化、补充或拓展问题。“1”与“X”作用互补、不可分离。对此，你认为如何在日常的学习中加强自我职业能力修养？

# 项目一 机器人关节部件装配编程

【项目目标】

1. 知识目标

1）描述工具坐标及工件坐标的标定方法。

2）描述华数Ⅲ型工业机器人参数设定的方法。

3）描述华数Ⅲ型工业机器人校准的方法。

4）描述华数Ⅲ型工业机器人的常用指令含义。

5）描述华数Ⅲ型工业机器人的三种程序结构。

2. 技能目标

1）能够正确设定机器人设备的相关参数。

2）能够正确编写机器人程序与示教相关点位。

3）能够实现机器人关节的顺序装配。

4）能够使用寄存器相关运算指令进行程序设计。

5）能够正确编写机器人程序实现相关要求。

6）能够正确设计循环程序。

7）能够正确规划并编写机器人关节批量装配程序。

3. 素养目标

1）培养学生具备安全操作意识。

2）培养学生具备团结协作精神。

3）培养学生具备自主学习能力。

【知识结构】

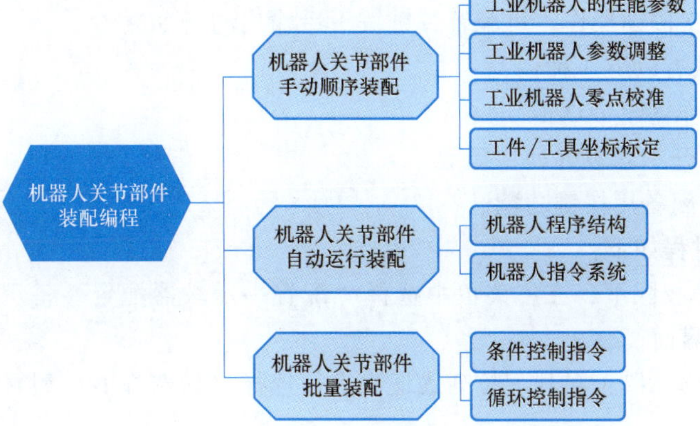

# 任务一 机器人关节部件手动顺序装配

## 【任务描述】

本任务以机器人关节部件手动顺序装配为载体，学习工业机器人基本参数的配置方法，工具坐标及工件坐标的标定方法，点位示教等。学生应依据流程手动操作机器人，实现机器人关节部件的顺序装配。



## 【知识准备】

### 1. 工业机器人的性能参数

工业机器人的性能参数主要包括工作空间、负载、运动速度、最大动作范围和重复定位精度。

（1）工作空间　工作空间为机器人运动时手腕参考点（J4 轴线与 J5 轴线的交点）所能达到的所有点的集合。

（2）负载　负载为机器人在工作范围内的任何位姿上所能承受的最大质量。

（3）运动速度　机器人关节的最大运动速度为机器人单关节运动时的最大速度。

（4）最大动作范围　最大动作范围为机器人运动时各关节所能达到的最大角度。机器人的每个轴都有软、硬限位，其运动无法超出软限位，如果超出，称为超行程，由硬限位完成对该轴的机械约束。

（5）重复定位精度　重复定位精度指的是对同一指令位姿从同一方向重复响应 $n$ 次后实到位姿的一致程度。

### 2. 工业机器人参数调整

（1）机器人通信配置　机器人通信配置界面如图 1-1 所示。

1）在菜单“配置→示教器配置”中选中“用户组”登录“super”用户（切换至超级用户权限）。

2）在菜单中选择“配置→控制器配置”，在子菜单中选中“机器人通信配置”。

3）输入与控制器对应的 IP 和端口之后单击“保存”按钮，完成配置。

4）重启示教器。

（2）备用按键配置　备用按键配置界面如图 1-2 所示。示教器左侧提供了 4 个辅助按键，用于用户自定义按键操作，可配置按键按下后输出的指令。

1）配置类型共有以下 3 种：

① I/O 型：操作输出 I/O 值。

② 工艺包：打开工艺包界面快捷键。

③ 无配置：关闭备用按键功能。

2）配置按键过程如下：

① 在“super”权限下，在主菜单中选择“配置→示教器配置→备用按键配置”选项，进入备用按键配置界面。

② 单击“功能类型”，在其下拉列表框中进行选择（如选择 I/O 型）。

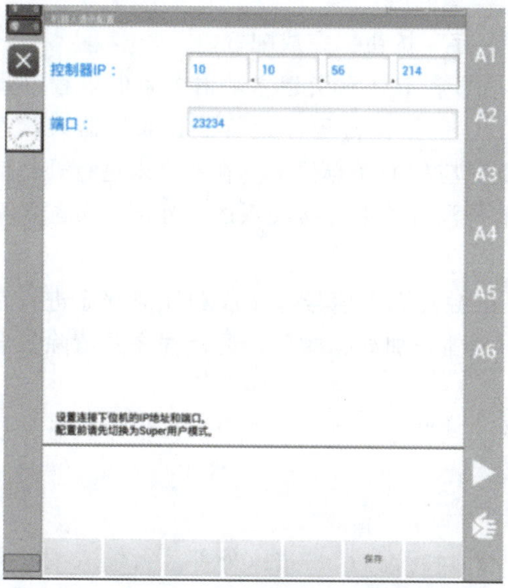


图 1-1　机器人通信配置界面

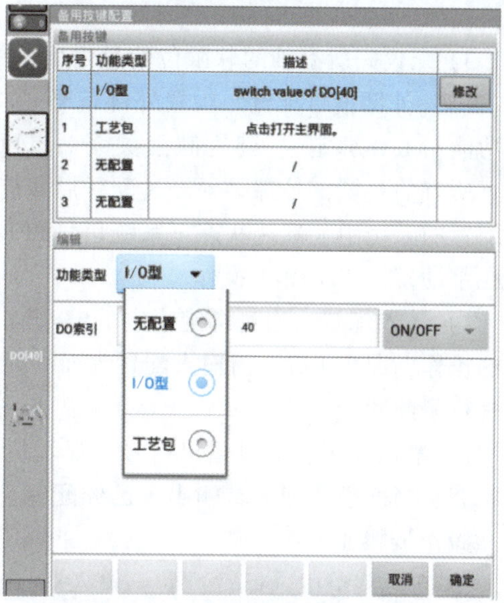


图 1-2　备用按键配置界面

③ 在“DO 索引”文本框中输入 DO 索引号；在其下拉列表框中选择“ON/OFF”。

④ 单击“确定”按钮，完成配置。

注意：辅助按键只能在手动 T1、T2 和自动模式下使用，在外部模式下不能使用，设置权限为“super”。

（3）软限位配置　通过配置软限位开关，可限制所有机械手和定位轴的轴范围。软限位配置界面如图 1-3 所示。软限位开关用于机器人防护，配置后可保证机器人运行在设置范围内。软限位开关在工业机器人运行时被配置。根据现场环境，依次对每个轴进行相应限位配置，轴数据的单位都是弧度单位。注意：在配置限位信息时，负限位的值必须小于正限位的值。限位基于机器人的校准零点，以校准零点为前置条件。

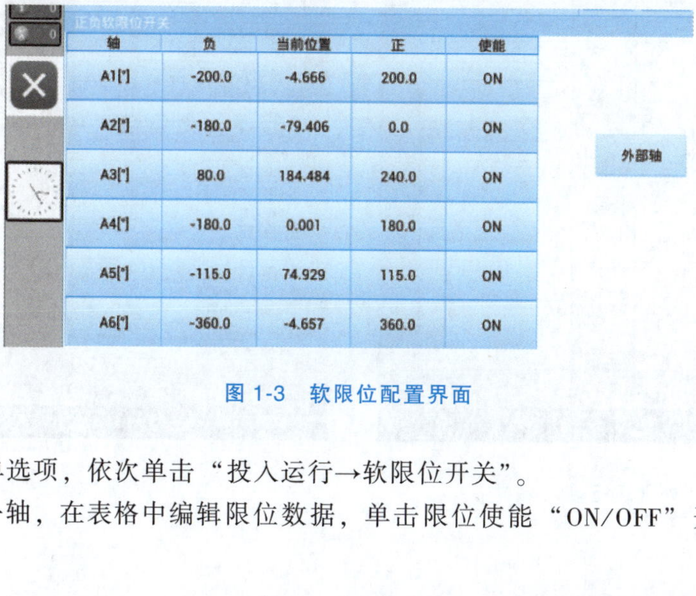


图 1-3　软限位配置界面

1）单击菜单选项，依次单击“投入运行→软限位开关”。

2）选中某一轴，在表格中编辑限位数据，单击限位使能“ON/OFF”开启或关闭使能限位。

3）配置完所有轴的软限位信息之后，单击“保存”按钮，完成配置。

(4) 外部信号配置　配置外部信号是将系统信号和 I/O 索引建立映射关系的过程（即将功能与 I/O 绑定）。建立映射关系后，可通过 I/O 信号执行程序运行，获取机器人状态等。所有的系统信号都必须经过配置后才能映射到对应的 I/O 点位上。在一个未进行外部信号配置的系统中，默认状态下系统信号和 I/O 之前是没有映射连接关系的。外部信号配置只能在手动模式 T1/T2 下操作。



1）输入配置：通过绑定指定的输入信号，通过触发输入信号，完成对外部程序进行常规的操作，图 1-4 所示为输入配置界面，显示已对使能、加载、暂停、运行程序及清除报警等进行了配置。

2）输出配置：通过输出信号，显示机器人的一些状态，如图 1-5 所示，程序状态、使能状态、当前模式和区域输出等已经配置。

操作步骤如下：

① 在主菜单中选择“配置→输入/输出端→外部运行配置”，进入外部运行输入配置界面，如图 1-4 所示。

② 单击“输入配置”，选中屏幕左侧的“标志位”，选中右侧的 D-IN 索引号，单击增加“<—”按钮可以建立映射关系，单击移除“—>”按钮可以取消映射关系。

③ 单击“保存”按钮，完成输入配置。

④ 单击“输出配置”，与上面的操作类似，可以设置输出的映射关系，如图 1-5 所示。

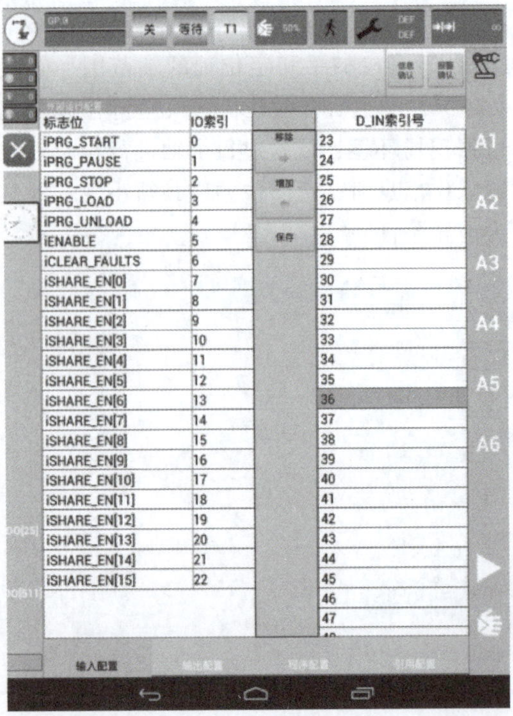

图 1-4　外部运行输入配置

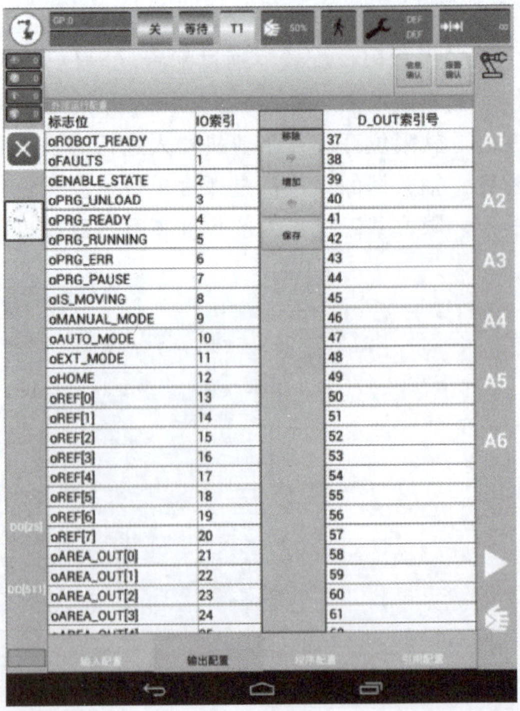

图 1-5　外部运行输出配置

（5）工业机器人应用编程一体化教学创新平台系统输入/输出信号

表 1-1 与表 1-2 分别列出了系统输入信号和系统输出信号。

工业机器人的
4 种运行模式

表 1-1　系统输入信号

| 信号名称 | 说明 | 生效方式 |
|---|---|---|
| iPRG_START | 启动程序信号。启动已加载的用户程序 | 下降沿生效 |
| iPRG_PAUSE | 暂停程序信号。暂停用户程序运行 | 下降沿生效 |
| iPRG_STOP | 停止程序信号。停止用户程序运行并卸载程序 | 置 0 有效 |
| iPRG_LOAD | 加载程序信号。加载指定的用户程序 | 上升沿生效 |
| iPRG_UNLOAD | 卸载程序信号。该信号为系统备用,目前无作用 | 下降沿生效 |
| iENABLE | 系统使能信号 | 上升沿使能,置 0 断使能 |
| iCLEAR_FAULTS | 清除错误信号 | 上升沿生效 |
| iSHARE_EN[0] | 共享区[0]使能开关 | 上升沿使能打开,置 0 关闭 |
| iSHARE_EN[1] | 共享区[1]使能开关 | 上升沿使能打开,置 0 关闭 |
| iSHARE_EN[2] | 共享区[2]使能开关 | 上升沿使能打开,置 0 关闭 |
| iSHARE_EN[3] | 共享区[3]使能开关 | 上升沿使能打开,置 0 关闭 |
| iSHARE_EN[4] | 共享区[4]使能开关 | 上升沿使能打开,置 0 关闭 |
| iSHARE_EN[5] | 共享区[5]使能开关 | 上升沿使能打开,置 0 关闭 |
| iSHARE_EN[6] | 共享区[6]使能开关 | 上升沿使能打开,置 0 关闭 |
| iSHARE_EN[7] | 共享区[7]使能开关 | 上升沿使能打开,置 0 关闭 |
| iSHARE_EN[8] | 共享区[8]使能开关 | 上升沿使能打开,置 0 关闭 |
| iSHARE_EN[9] | 共享区[9]使能开关 | 上升沿使能打开,置 0 关闭 |
| iSHARE_EN[10] | 共享区[10]使能开关 | 上升沿使能打开,置 0 关闭 |
| iSHARE_EN[11] | 共享区[11]使能开关 | 上升沿使能打开,置 0 关闭 |
| iSHARE_EN[12] | 共享区[12]使能开关 | 上升沿使能打开,置 0 关闭 |
| iSHARE_EN[13] | 共享区[13]使能开关 | 上升沿使能打开,置 0 关闭 |
| iSHARE_EN[14] | 共享区[14]使能开关 | 上升沿使能打开,置 0 关闭 |
| iSHARE_EN[15] | 共享区[15]使能开关 | 上升沿使能打开,置 0 关闭 |

表 1-2　系统输出信号

| 信号名称 | 说明 | 备注 |
|---|---|---|
| oROBOT_READY | 机器人备妥信号。当同时满足系统初始化完毕、用户程序处于已加载状态,且已使能时,该信号输出 | 程序运行中不会输出该信号 |
| oFAULTS | 错误 | |
| oENABLE_STATE | 使能状态 | |

（续）

| 信号名称 | 说明 | 备注 |
|---|---|---|
| oPRG_UNLOAD | 用户程序处于未加载状态 | 在同一时刻，这些信号有且只有一个信号输出 |
| oPRG_READY | 用户程序已加载状态 | |
| oPRG_RUNNING | 用户程序运行状态 | |
| oPRG_ERR | 用户程序报警状态 | |
| oPRG_PAUSE | 用户程序暂停状态 | |
| ols_MOVING | 机器人正在运动中 | |
| oMANUAL_MODE | 系统处于手动模式 | |
| oAUTO_MODE | 系统处于自动模式 | |
| oEXT_MODE | 系统处于外部模式 | |
| oHOME | 当前处于零点位置 | |
| oREF[0] | 参考点[0] | |
| oREF[1] | 参考点[1] | |
| oREF[2] | 参考点[2] | |
| oREF[3] | 参考点[3] | |
| oREF[4] | 参考点[4] | |
| oREF[5] | 参考点[5] | |
| oREF[6] | 参考点[6] | |
| oREF[7] | 参考点[7] | |
| oAREA_OUT[0] | 区域[0]输出信号 | |
| oAREA_OUT[1] | 区域[1]输出信号 | |
| oAREA_OUT[2] | 区域[2]输出信号 | |
| oAREA_OUT[3] | 区域[3]输出信号 | |
| oAREA_OUT[4] | 区域[4]输出信号 | |
| oAREA_OUT[5] | 区域[5]输出信号 | |
| oAREA_OUT[6] | 区域[6]输出信号 | |
| oAREA_OUT[7] | 区域[7]输出信号 | |
| oAREA_OUT[8] | 区域[8]输出信号 | |
| oAREA_OUT[9] | 区域[9]输出信号 | |
| oAREA_OUT[10] | 区域[10]输出信号 | |
| oAREA_OUT[11] | 区域[11]输出信号 | |
| oAREA_OUT[12] | 区域[12]输出信号 | |
| oAREA_OUT[13] | 区域[13]输出信号 | |
| oAREA_OUT[14] | 区域[14]输出信号 | |
| oAREA_OUT[15] | 区域[15]输出信号 | |

（6）外部运行程序配置

1）单击“程序配置”，进入程序配置界面，如图 1-6 所示。

2）在“文件信息”列表中选择外部运行的程序，再选中需要配置的程序。

3）单击“设置”按钮，在弹出的对话框中单击“确定”按钮，完成配置。

（7）引用配置功能　引用配置功能可配置指定的 JR 寄存器。如果要使机器人处于指定 JR 寄存器的位置（如 JR[0]={0，-90，180，0，90，0}），当机器人当前实际位置等于该坐标时，那么输出机器人处于该位置的信号。该功能可设置精度范围，可绑定的 JR 寄存器为 8 个。

1）单击“引用配置”按钮，进入引用配置界面，如图 1-7 所示。

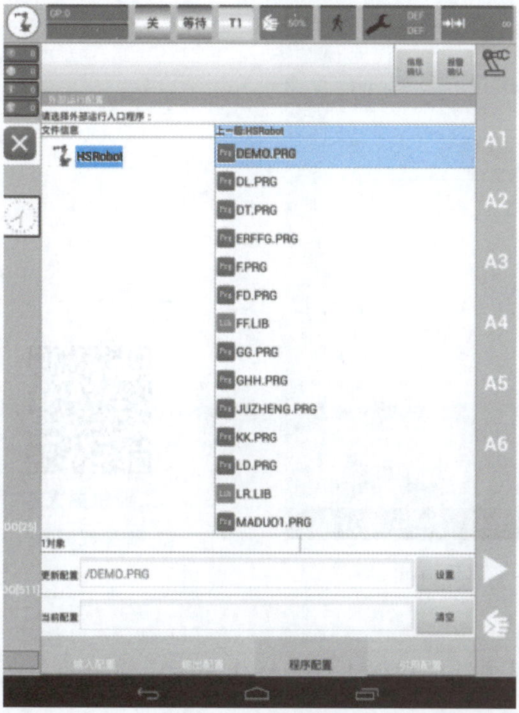


图 1-6　程序配置界面

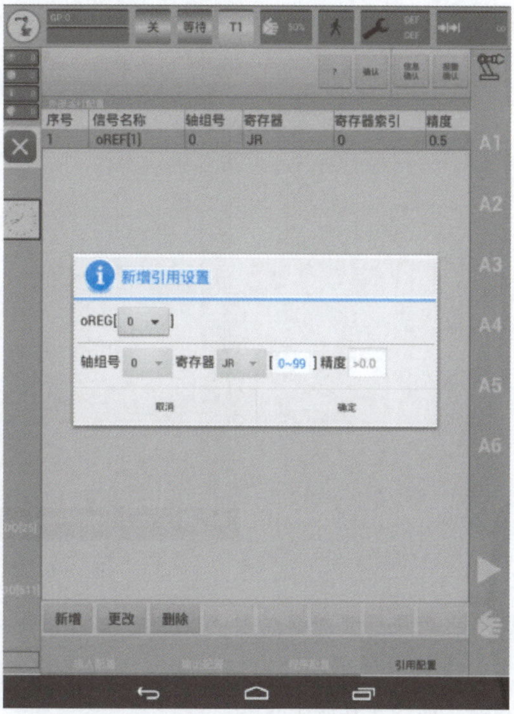


图 1-7　引用配置界面

2）单击“新增”按钮，设置“轴组号”“寄存器”和“精度”。

3）单击“确定”按钮，完成配置。

4）切换到外部模式，可通过触发 I/O 信号对机器人进行操作，真实 I/O 信号或菜单栏“显示→输入/输出端→数字输入/输出端”界面切换为 virtual 状态，示教器调试外部运行。

### 3. 工业机器人零点校准

机器人只有在零点校准之后方可进行笛卡儿坐标运动，并且要将机器人移至安全位置。机器人的机械位置和编码器位置会在零点校准过程中协调一致。为此必须将机器人置于一个已经定义的机械位置，即零点校准位置。然后，每个轴的编码器返回值均被存储下来。所有机器人的校准位置都相似，但不完全相同。精确位置在同一机器人型号的不同机器人之间也会有所不同。零点校准操作需要“super”用户权限，操作步骤如下：

1）单击“菜单→投入运行→调整→校准”，如图 1-8 所示。

2）移动机器人到机械原点。

3）待各轴运动到机械原点后，单击列表中的各个选项，系统弹出输入框，输入正确的数据后单击“确定”按钮。

4）各轴数据输入完成后，单击“保存校准”按钮，保存数据，立即生效，保存是否成功会在状态栏中显示。

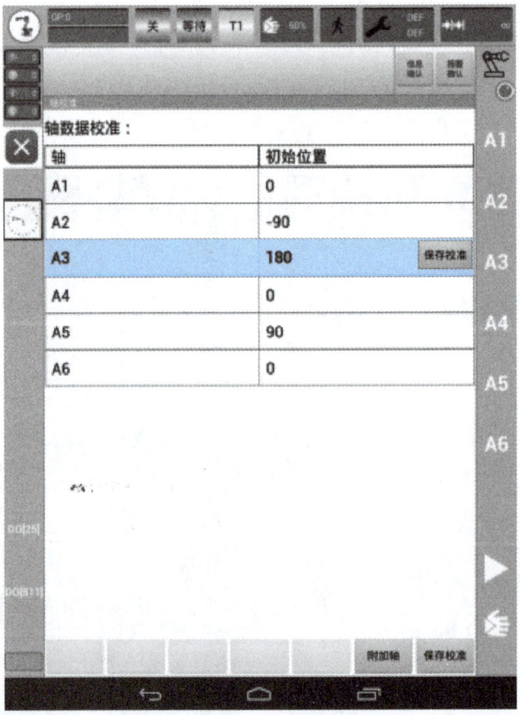


图 1-8 机器人零点校准

工业机器人基础参数调整

### 4. 工件/工具坐标标定

（1）工件坐标三点法标定 工件坐标标定时须选择默认工件坐标作为标定使用的参考坐标，如图 1-9 所示。

图 1-9 机器人默认工件坐标

1）在菜单中选择“投入运行→测量→用户工件标定”，如图 1-10 所示。

2）选择待标定的用户工件号，可设置用户工件名称。

3）单击“开始标定”按钮。

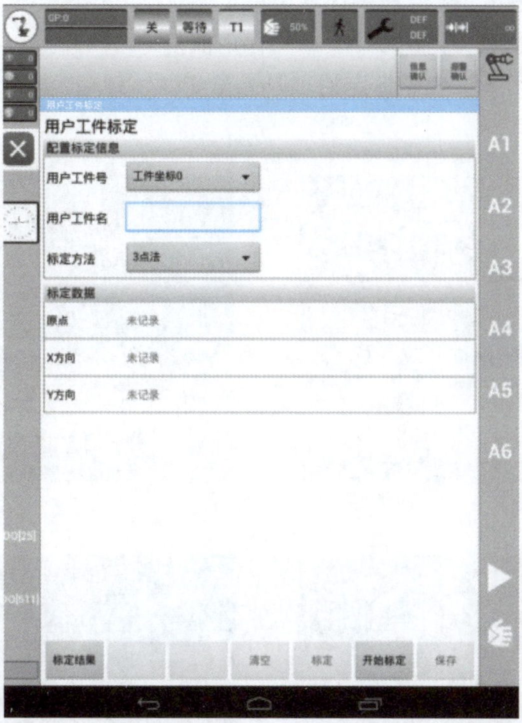


图 1-10　用户工件坐标标定

4）移动机器人到基坐标原点，单击“原点”，获取坐标记录原点坐标。

5）移动机器人到标定基坐标的 X 方向的某点，单击“X 方向”按钮，获取坐标记录坐标。

6）移动机器人到标定基坐标的 Y 方向的某点，单击“Y 方向”按钮，获取坐标记录坐标。

7）单击“标定”按钮，标定程序计算出标定坐标。

8）单击“保存”按钮，存储工件坐标的标定值。

9）切换到用户坐标系，选择标定的工件号，走 X、Y、Z 方向，则机器人会按标定的方向运动。

（2）工具坐标四点法标定　将待测量工具的工具中心点（TCP）从 4 个不同方向移向一个参照点，参照点可以任意选择，机器人控制系统从不同的法兰位置值中计算出 TCP，运动到参照点所用的 4 个法兰位置必须分散开足够的距离。标定工具坐标时，须使用默认的工具坐标，如图 1-9 所示，标记的值应为 DEF。

1）在菜单中选择“投入运行→测量→用户工具标定”。

2）选择待标定的用户工具号，可设置用户工具名称。

3）单击“开始标定”按钮。

4）移动机器人到标定的参考点 1 的某点，单击“参考点 1”按钮，获取坐标记录坐标。

5）移动机器人到标定的参考点 2 的某点，单击“参考点 2”按钮，获取坐标记录坐标。

6）移动机器人到标定的参考点 3 的某点，单击“参考点 3”按钮，获取坐标记录坐标。

7）移动机器人到标定的参考点 4 的某点，单击“参考点 4”按钮，获取坐标记录坐标。

8）单击“标定”按钮，标定程序计算出标定坐标。

9）单击“保存”按钮，存储工具坐标的标定值。

10）切换到用户坐标系，选择标定的工具号，走 A、B、C 方向，则 TCP 会绕着工件旋转，如图 1-11 所示。

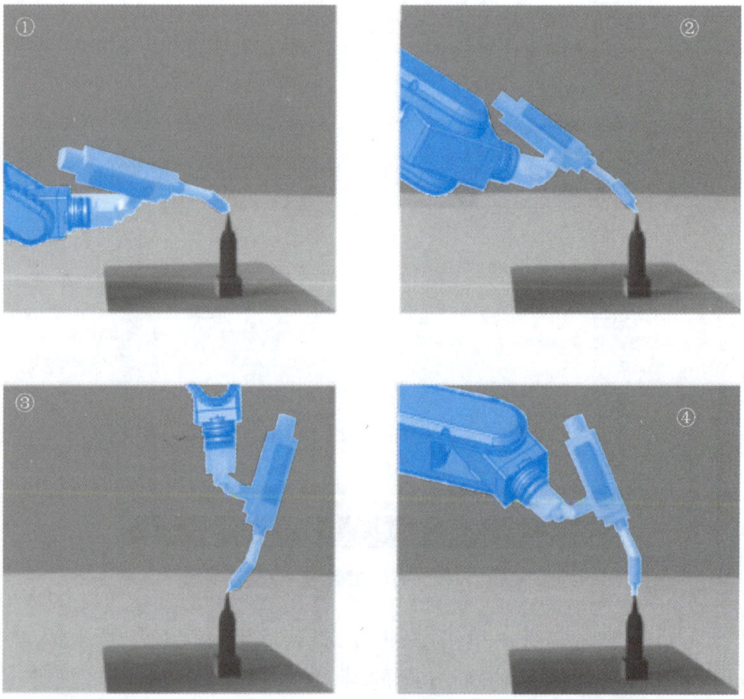


图 1-11　工具坐标标定

（3）工具坐标六点法标定　与四点法类似，六点法可以将工具的姿态标定出来，记录点位时，第五个点和第六个点分别用来记录工具 Z 轴上的点和 ZX 平面上的点，具体方法参考四点法标定。

4 点法建立工具坐标系

## 【任务实施】

本任务实施过程分为以下几个步骤：

1）查看系统参数并记录到表 1-3 中。

表 1-3　工业机器人参数记录

| 项目 | 值 |
|---|---|
| 用户名 | |
| 密码 | |
| IP 地址 | |
| A1 轴软限位 | |
| A6 轴软限位 | |
| 机器人零点位置(JR[0]) | |

2）标定工具坐标。安装单吸盘工具，标定工具坐标，并记录工具坐标数据，检验坐标的正确性。

3）标定工件坐标。以斜面搬运模块为例，标定工件坐标，并检验坐标标定的正确性。

4）关节装配。依据图 1-12 所示的流程，手动操作机器人，完成关节部件顺序装配，并在表 1-4 中记录机器人的动作。

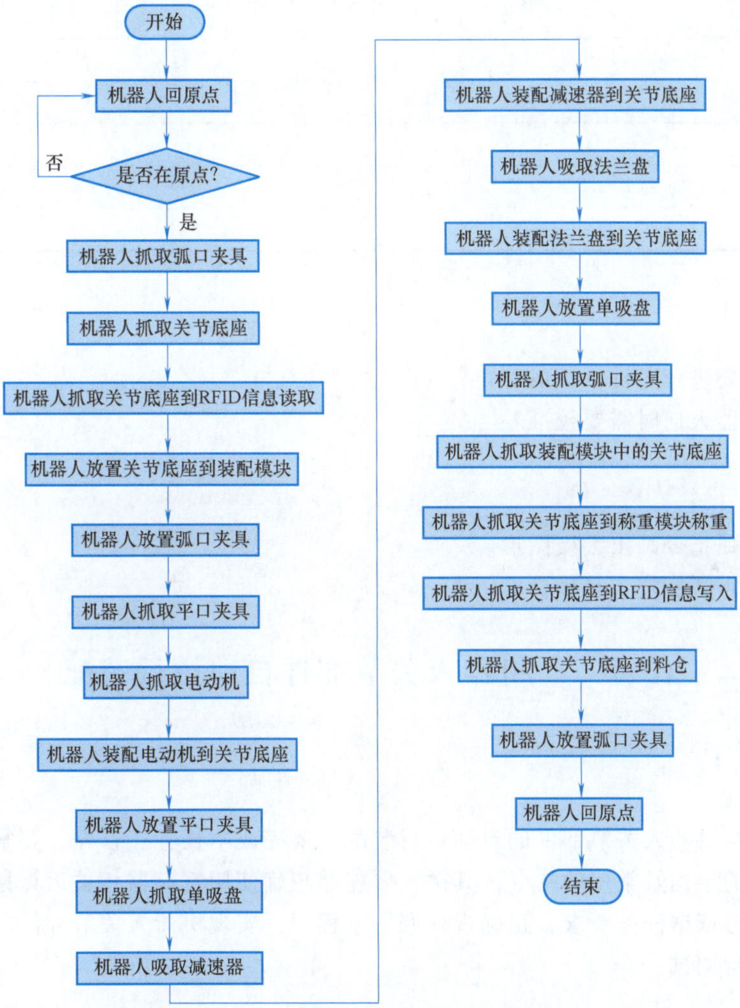


图 1-12 工业机器人关节部件顺序装配流程

表 1-4 机器人动作记录

| 序号 | 动作 | 是否完成 | 备注 |
|---|---|---|---|
| 1 | | | |
| 2 | | | |
| 3 | | | |
| 4 | | | |
| 5 | | | |
| 6 | | | |

（续）

| 序号 | 动作 | 是否完成 | 备注 |
| --- | --- | --- | --- |
| 7 | | | |
| 8 | | | |
| 9 | | | |
| 10 | | | |
| 11 | | | |
| 12 | | | |
| 13 | | | |
| 14 | | | |
| 15 | | | |

## 【思考与练习】

1. 为什么要进行工件坐标的标定？
2. 工业机器人何时需要校准？

## 【扩展训练】

1. 利用圆弧指令画出太极图形。
2. 采用六点法标定工具坐标。

工业机器人区域配置

# 任务二　机器人关节部件自动运行装配

## 【任务描述】

本任务介绍机器人关节部件的自动运行装配。要完成本任务，首先，要掌握华数Ⅲ型工业机器人程序的结构及常用的指令；其次，要能够正确使用寄存器相关运算指令进行程序设计；最后，能够依据任务要求，正确规划调用子程序，实现机器人关节部件自动运行装配的程序设计并进行调试。

## 【知识准备】

### 1. 机器人程序结构

华数Ⅲ型工业机器人的程序文件只有一种，不再区分主程序文件和子程序文件。全部的程序文件统一为扩展名为.PRG 的文件，并且支持 PRG 程序调用其他的 PRG 程序，即调用方为“主程序”，被调用方为“子程序”。

(1) 程序结构　华数Ⅲ型工业机器人程序分为三个模块：轴初始化、变量声明以及主程序。各个模块的实例如下：轴初始化语句定义在<attr>～<end>之间，如图 1-13 所示；变量声明定义在<pos>～<end>之间，如图 1-14 所示；主程序定义在<program>～

```
<attr>
VERSION:0
GROUP:[0]
<end>
```

图 1-13　轴初始化

<end>之间，如图 1-15 所示。

```
<pos>
P[0]{GP:0,UF:-1,UT:10,JNT:[-6.5818218,-40.2518528,152.7768777,-0.0164074,67.5432417,-18.8046297,-0.0000782,0.0,0.0]};
P[1]{GP:0,UF:-1,UT:10,CFG:[0, 0, 0, 0, 0, 1],LOC:[384.946233,-237.5190234,-74.96223,148.203208,-0.0852404,179.9990498,-0.0034586,0.0,0.0]};
P[2]{GP:0,UF:-1,UT:10,CFG:[0, 0, 0, 0, 0, 1],LOC:[384.9461666,-237.5190618,-74.9622154,148.2031951,-0.0852447,179.999046,-0.0034532,0.0,0.0]};
P[3]{GP:0,UF:-1,UT:10,CFG:[0, 0, 0, 0, 0, 1],LOC:[384.9461791,-237.5190607,-74.9622515,148.2031964,-0.0852431,179.9990455,-0.0034479,0.0,0.0]};
<end>
```

图 1-14　变量声明

```
<program>

LABEL[1]
J P[1] VEL=50
L P[2] VEL=50
C P[3]P[4] VEL=50
GOTO LABEL[1]

<end>
```

图 1-15　主程序

（2）坐标类型

1）关节坐标。它定义一个关节坐标变量 P［1］点，关节坐标的含义如下：

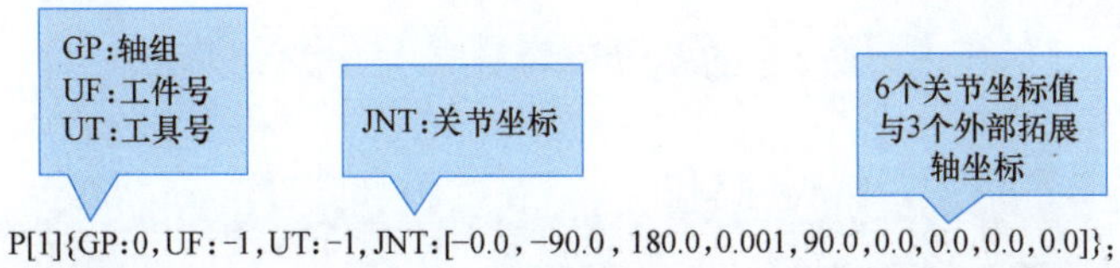


2）笛卡儿坐标。它定义一个变量 P［2］点，笛卡儿坐标的含义如下：

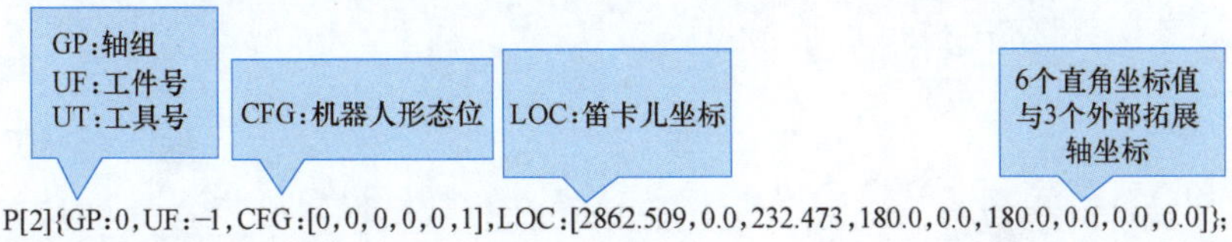


## 2. 机器人指令系统

（1）运动指令　华数Ⅲ型机器人系统有 J 指令、L 指令和 C 指令三种。

1）J 指令用于选择一个点位之后，当前点机器人位置与选择点之间的任意运动，运动过程中不进行轨迹控制和姿态控制。

2）L 指令用于选择一个点位之后，当前点机器人位置与记录点之间的直线运动。

3）C 指令为圆弧指令，机器人示教圆弧的当前位置与选择的两个点形成一个圆弧，即三点形成一个半圆。

指令格式：J/L　目标点　运动参数列表

　　　　　C　经过点　目标点　运动参数列表

运动参数见表 1-5。

表 1-5　运动参数

| 名称 | 说明 | 名称 | 说明 |
| --- | --- | --- | --- |
| VEL | 速度 | DEC | 减速比 |
| CNT | 平滑系数 | VROT | 姿态速度 |
| ACC | 加速比 | | |

(2) I/O 指令 I/O 指令包括 DO 指令和 WAIT 指令。

1) DO 指令可用于给当前 I/O 赋值为 ON 或者 OFF，也可用于在 DI 和 DO 之间传值。

2) WAIT 指令用于阻塞等待一个指定信号。

3) WAIT TIME 指令用于睡眠等待，单位为 ms。

(3) 程序调用指令 一个程序调用其他程序，语法为：CALL“程序名称”。程序执行到此处，执行子程序的内容。图 1-16 所示为当前程序调用 TEST. PRG 程序的实例。



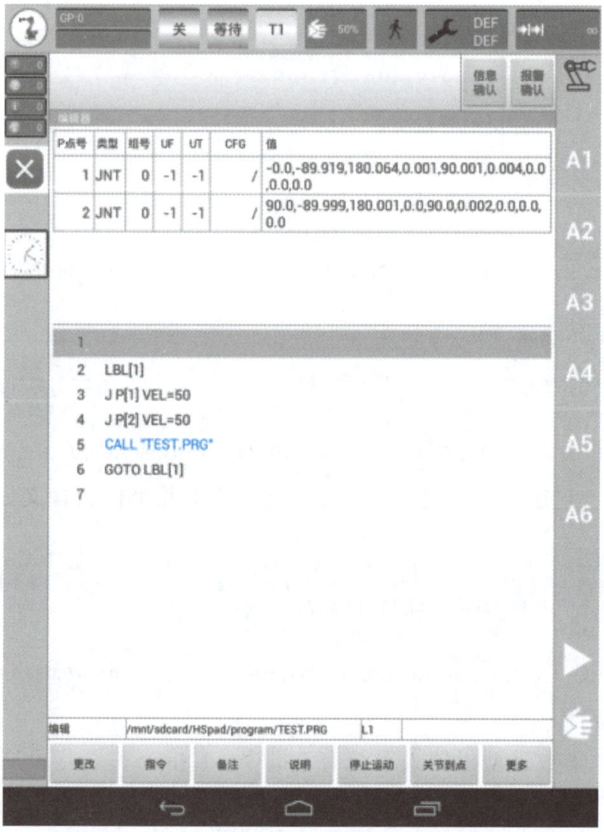


图 1-16 程序调用指令实例

(4) 寄存器指令 寄存器指令用于寄存器赋值更改等，包含浮点型的 R 寄存器、关节坐标类型的 JR 寄存器和笛卡儿类型的 LR 寄存器。其中，R 寄存器有 300 个可供用户使用，JR 寄存器与 LR 寄存器有 300 个。一般情况下，用户将预先设置的值赋给对应索引号的寄存器，如：R [0] =1，JR [0] =JR [1]，LR [0] =LR [1]，寄存器可以直接在程序中使用。寄存器的值支持各种数学运算。

寄存器指令包含 R[ ]、JR[ ]、LR[ ]、JR[ ][ ]、LR[ ][ ]、P[ ] 和 P[ ][ ]。

程序示例如下：

```
R[1]=1
R[1]=R[2]
R[1]=R[1]+1
```

```
R[1]=DI[1]
R[1]=DO[1]
R[1]=JR[0][0]+LR[0][1]*R[2]-(R[3]/2+R[4])
JR[1]=JR[2]
JR[1]=JR[1]+JR[2]
JR[1][1]=JR[1][R[1]]*2
JR[1][1]=JR[1][1]*R[2]
JR[R[1]][R[2]]=JR[1][0]-R[1]
```

(5) 全局变量指令　全局变量指令分为坐标系指令和全局运动参数指令两部分。坐标系指令分为工件坐标系 UFRAME 和工具坐标系 UTOOL，在程序中可以选择定义的坐标系编号，在程序中切换坐标系，工具、工件号为 0~15，默认坐标系为-1。坐标系指令用于程序调用工具、工件号。注意：在程序中记录点位，若使用了工具、工件，需把工具、工件坐标系添加至程序中)。全局运动参数指令用于定义程序全局运动参数，对整个程序有效，自带参数的除外。程序示例如下：

```
LBL[1]
UFRAME_NUM=1
UTOOL_NUM=1
L_VEL=500
L_ACC=80
L_DEC =80
L P[1]  '调用工具号 1、工件号 2 和设置的全局直线运动参数
L P[2] VEL=200 ACC=60 DEC=60  '使用自己的直线速度、加速比和减速比
UFRAME_NUM=-1
UTOOL_NUM=-1
```

寄存器的功能和使用

## 【任务实施】

### 1. 程序模块规划

在设计较复杂的程序时，一般采用自顶向下的方法，将问题划分为几个部分，各个部分再进行细化，直到分解为能较好地解决问题为止。模块化设计，简单地说就是程序的编写不是一开始就逐条录入计算机语句和指令，而是首先用主程序、子程序、子过程等框架把软件的主要结构和流程描述出来，并定义和调试好各个框架之间的输入、输出链接关系，逐步求精的结果是得到一系列以功能块为单位的算法描述。以功能块为单位进行程序设计，实现其求解算法的方法即为模块化。模块化的目的是降低程序复杂度，使程序设计、调试和维护等操作简单化。

参照任务一中的图 1-12，依据模块化编程思想，将机器人动作进行划分，首先分析工业机器人的交互对象，如图 1-17 所示。

依据流程进行动作规划，形成机器人动作规划表，见表 1-6。当然，动作规划因人而异，这里仅仅是一种参考。

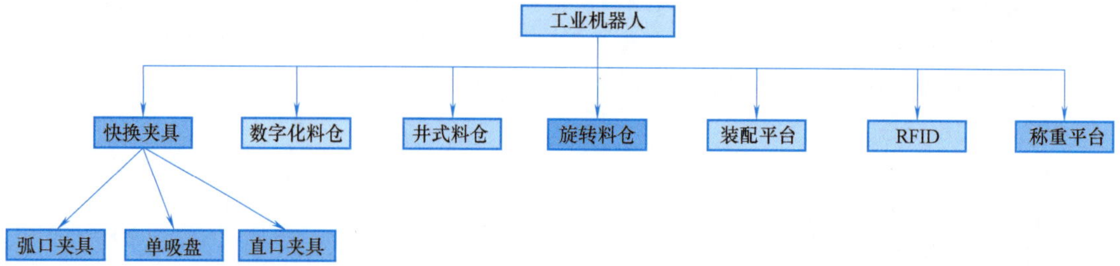


图 1-17　工业机器人交互对象

表 1-6　工业机器人动作规划表

| 交互对象 | 动作列表 | 参数 | 程序名称 |
| --- | --- | --- | --- |
| 数字化料仓 | 取料 | 6个仓位，仓位不同，设计不同的子程序 | PRG011. PRG（101 仓位取料） |
| | 放料 | | PRG031. PRG（101 仓位放料） |
| 井式料仓 | 取料 | | PRG041. PRG |
| 旋转料仓 | 取料 | | PRG042. PRG |
| 弧口夹具 | 取 | | PRG051. PRG |
| | 放 | | PRG061. PRG |
| 单吸盘 | 取 | | PRG052. PRG |
| | 放 | | PRG062. PRG |
| 直口夹具 | 取 | | PRG053. PRG |
| | 放 | | PRG063. PRG |
| RFID | 读 | | PRG071. PRG |
| | 写 | | PRG072. PRG |
| 称重平台 | 称重 | | PRG073. PRG |
| 装配平台 | 放料 | | PRG074. PRG |
| | 取料 | | PRG075. PRG |

## 2. 子程序编写与测试

华数Ⅲ型机器人程序中不再区分主程序和子程序。在运行时，加载的程序为主程序，并且一次只能加载一个程序。这也为调试子程序带来了很大方便。任务实施中，要考虑点位的分配。下面给出的程序仅供参考。

（1）PRG011. PRG 程序示例　程序中，起始点位为机器人的原点，完成动作之后，再次回到起始点。在程序设计的初期，要注意这种起始点与终止点的设计方式。

```
J JR[0]                    '回原点
J JR[100]                  '料仓外过渡点位
L LR[101]                  '料仓 101 外位置
DO[10]=ON                  '弧口夹具松开
DO[11]=OFF
WAIT TIME=500              '等待松开到位
```

```
L LR[201] VEL=50          '料仓 101 夹取位置
DO[10]=OFF                '弧口夹具夹紧
DO[11]=ON
WAIT TIME=500             '等待夹紧
L LR[101]                 '退出料仓 101 外位置
J JR[100]                 '运动到料仓外过渡点
J JR[0]                   '回原点
```

（2）PRG074.PRG 程序示例　该段程序实现从原点出发，将工件放置到装配平台，机器人回到原点的操作。依据类似的设计方法，可完成其他程序段的编写。

```
J JR[0]                   '回原点
J JR[130]                 '装配平台外过渡点 1
J JR[131]                 '装配平台外过渡点 2
L LR[130]                 '装配位置上方点
L LR[131] VEL=50          '装配位置点
DO[49]=ON                 '发信号给 PLC 控制装配气缸夹紧
WAIT DI[51]=ON            '等待夹紧到位
DO[49]=OFF                '关闭信号
DO[10]=ON                 '弧口夹具松开
DO[11]=OFF
WAIT TIME=500             '等待松开到位
L LR[130] VEL=50          '返回到装配位置上方
J JR[131]                 '运动装配平台外过渡点 2
J JR[130]                 '运动装配平台外过渡点 1
J JR[0]                   '回原点
```

完成每段程序的编写之后，可以单独加载该段程序，验证程序的正确性。

3. 主程序编写与测试

下面编写主程序，完成机器人关节部分的装配任务。

```
J JR[0]                   '回原点
CALL “PRG051.PRG”         '取弧口夹具
CALL “PRG011.PRG”         '从 101 位置取关节底座
CALL “PRG071.PRG”         '读 RFID
CALL “PRG074.PRG”         '将关节底座放置到装配平台
CALL “PRG061.PRG”         '放弧口夹具
CALL “PRG053.PRG”         '取直口夹具
CALL “PRG042.PRG”         '取旋转料仓中的物料进行装配
CALL “PRG063.PRG”         '放直口夹具
CALL “PRG052”.PRG         '取单吸盘
```

```
CALL "PRG041.PRG"                '取减速器
CALL "PRG041.PRG"                '取输出法兰
CALL "PRG062.PRG"                '放单吸盘
CALL "PRG051.PRG"                '取弧口夹具
CALL "PRG075.PRG"                '装配平台取料
CALL "PRG073.PRG"                '称重
CALL "PRG072.PRG"                '写 RFID
CALL "PRG031.PRG"                '放物料到 101 位置
```

以上就是一个装配流程的参考程序，其中调用两次 PRG041.PRG 的原因是：减速器和输出法兰都是在井式料仓位置进行抓取的，在示教点位上要有相同的位置。当然，后期这些点位是通过视觉模块自动填充的。程序的设计是逐步迭代的，通过此任务，读者应能完成从手动搬运到机器人自动搬运的转变。这里只是一种程序设计的思路，仅供参考。

### 【思考与练习】

1. 说明规避机器人发生碰撞的方法。
2. 描述工业机器人应用编程一体化教学创新平台 HSB 型的程序结构。

### 【扩展训练】

1. 利用寄存器指令进行写字练习。
2. 利用寄存器指令完成底座、电动机和减速器的装配。

## 任务三 机器人关节部件批量装配

### 【任务描述】

本任务将完成机器人关节部件的批量装配。批量装配任务是流水线中非常重要的一种类型。通过本任务的学习，读者应掌握工业机器人循环程序设计方法，以及机器人与外部设备的联调方法等。

### 【知识准备】

#### 1. 条件控制指令

条件控制指令用于机器人程序中的运动逻辑控制，其有两种：IF 条件，GOTO LBL [ ] 和 IF 条件，CALL "子程序"。指令格式及说明如下：

1）IF 条件，GOTO LBL [ ]。当条件成立时，程序跳转到 LBL [ ] 位置，执行 LBL [ ] 程序块；当条件不成立时，则顺序执行 IF 下面的程序块。

2）IF 条件，CALL "子程序"。当条件成立时，则执行子程序代码，子程序执行完成后，再顺序往下执行；当条件不成立时，则执行 IF 下面的程序内容，忽略调用的子程序。

其中，GOTO 指令和 LBL 指令结合使用可完成程序的跳转，GOTO 将会跳转到 LBL 指定的行。

程序示例如下：

```
LBL[1]
IF R[1]=1, GOTO LBL[2]
J P[1] VEL=50
GOTO LBL[3]
LBL[2]
IF R[1]=2,CALL"TEST. PRG"
J P[2] VEL=50
LBL[3]
GOTO LBL[1]
```

在该段程序中首先判断 R［1］=1 是否成立：若成立，则跳转到 LBL［2］，继续判断 R［1］=2 是否成立，若成立，则执行 TEST. PRG 子程序，程序执行完成后，继续执行 J P［2］VEL=50，然后跳转到程序开头位置，继续执行。

### 2. 循环控制指令

循环控制指令包含 WHILE …END WHILE 和 FOR …END FOR 指令，可以用逻辑条件判断，执行程序块循环。

（1）WHILE… END WHILE 指令示例

```
WHILE R[1]=0
J P[1] VEL=50
J P[2] VEL=50
'BREAK '暂注释 BREAK
END WHILE
```

当 R［1］=0 时，机器人依次运动到 P［1］和 P［2］，若 R［1］=0 一直成立，则机器人一直循环执行 WHILE~END WHILE 之间的指令。当 R［1］≠0 时，则不执行循环体内的程序；若想执行一次后跳出循环，则可以添加 BREAK 指令，即取消注释的 BREAK 指令，则程序在执行到该指令时，退出当前循环。

（2）FOR…END FOR 指令示例

```
FOR R[1]= 0 TO 3 BY 1
J P[1] VEL=50
J P[2] VEL=50
END FOR
```

以上程序代码，首先设置 R［1］的初始值为 0，从 0~3，依次增加，步进值为 1，P［1］和 P［2］循环运动 4 次。

## 【任务实施】

### 1. 数字化料仓结构分析

图 1-18 所示为数字化料仓，工件放置在下面两层。在保证制造精度的情况下，每个料仓位置的间隔是一致的，即左右间隔一致，上下间隔一致，因此，若能通过测量得到上下间

隔及左右间隔，则可以通过寄存器运算的方法求得各个仓位的示教位置。

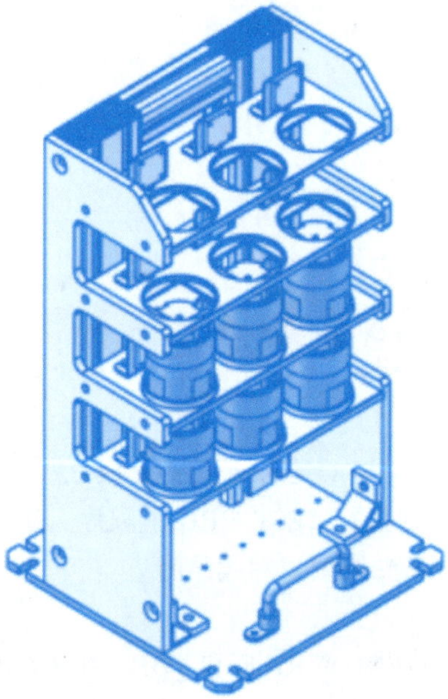

图 1-18 数字化料仓

(1) 游标卡尺测量　通过采用游标卡尺测量的方式，测量两个料仓间的左右间隔和上下间隔，若将左右间隔记录于 R [10]，上下间隔记录于 R [11]，示教点位为左下角 101 位置的点，该点记录于 LR [101]，则其他仓位位置可以通过偏移 LR [101] 位置得到。具体程序代码如下：

```
LR[102]=LR[101]
LR[102][0]=LR[101][0]+R[10]     '将偏移量加上之后,求得 102 仓位的抓取位置

LR[103]=LR[101]
LR[103][0]=LR[101][0]+2*R[10]   '加两个偏移量之后,求得 103 仓位的抓取位置

LR[104]=LR[101]
LR[104][2]=LR[101][0]+R[11]     '加上下间隔偏移量之后,求得 104 仓位的抓取位置

LR[105]=LR[101]
LR[105][0]=LR[101][0]+R[10]
LR[105][2]=LR[101][2]+R[11]     '加上下间隔与左右间隔偏移量之后,求得 105
                                 仓位的抓取位置
LR[106]=LR[101]
LR[106][0]=LR[101][0]+2*R[10]
LR[106][2]=LR[101][2]+R[11]     '加上下间隔与左右间隔偏移量之后,求得 106
                                 仓位的抓取位置
```

（2）三示教点计算　如果没有测量设备，可以采用示教三个点求取间隔。若示教 101 位置的抓取点位为 LR［101］，示教 103 位置的抓取点位为 LR［103］，示教 106 位置的抓取点位为 LR［106］，则可以通过下面的代码求得左右间隔和上下间隔。

R[10]=(LR[103][0]-LR[101][0])/2

R[11]=LR[106][2]-LR[101][2]

然后使用求得的间隔，使用上面相同的方法求得其余未知的抓取点位。

2. 数字化料仓程序设计

（1）按仓位序号取工件　在实际运行中，仓位号是通过 PLC 传递给机器人 IPC 的。假设需要抓取的仓位号存储在 R［20］，其值为｛0，1，2，3，4，5｝中的一个，则下面的子程序使用三示教点方法计算间隔，依据不同的 R［20］的值抓取工件。

```
J JR[0]                                  '回原点
R[10]=(LR[103][0]-LR[101][0])/2          '计算左右间隔
R[11]=LR[106][2]-LR[101][2]              '计算上下间隔
R[3]=R[20]/3                             '行号寄存于 R[3]
R[4]=R[20]-R[3]*3                        '列号寄存于 R[4]
J JR[100]                                '料仓外过渡点位
LR[102]=LR[101]                          '计算取料料仓外位置
LR[102][0]=LR[102][0]+R[10]*R[4]
LR[102][2]=LR[102][2]+R[11]*R[3]
L LR[102]                                '取料料仓外位置
DO[10]=ON                                '弧口夹具松开
DO[11]=OFF
WAIT TIME=500                            '等待松开到位
LR[202]=LR[201]                          '计算取料料仓夹取位置
LR[202][0]=LR[202][0]+R[10]*R[4]
LR[202][2]=LR[202][2]+R[11]*R[3]
L LR[202]VEL=50                          '取料料仓夹取位置
DO[10]=OFF                               '弧口夹具夹紧
DO[11]=ON
WAIT TIME=500                            '等待夹紧
L LR[102]                                '退出料仓外位置
J JR[100]                                '运动到料仓外过渡点
J JR[0]                                  '回原点
```

若将以上料仓取料程序命名为“PRG010. PRG”，则只需要每次调用之前确认 R［20］的值为合适的值，即可从正确的位置取到工件。

（2）遍历料仓的 6 个仓位　遍历就是依次对 6 个料仓工位进行抓取操作。这里可以通过循环来完成这一工作。下面分别介绍 FOR 循环和 WHILE 循环的操作方法。

```
FOR R[20]= 0 TO 5 BY 1
CALL“PRG010. PRG”
```

```
END FOR
WHILE R[20]<6
  CALL "PRG010. PRG"
  R[20]=R[20]+1
END WHILE
```



### 3. 机器人与外部设备之间信号的处理方法

在一个自动生产单元中，机器人与设备中装配平台、旋转料仓一样属于生产单元的终端产品，都要受到工业控制器 PLC 的控制，才能使整个系统按照一定的时序完成相应的工作。在华数工业机器人应用编程一体化教学创新平台中，机器人与 PLC 之间采用 Modbus TCP 通信方式，PLC 会读取机器人的 DO 区域信号，写入 DI 区域信号。

通常采用“一问一答”的方式进行交互，如在机器人加载程序中编写如下指令：

IF DI[40]=1,CALL“HUILING. PRG”

当系统需要机器人回零时，PLC 会向机器人的 DI［40］寄存器写入 1，机器人程序的这段代码满足条件之后，会调用 HUILING. PRG 程序，实现机器人回零。在 HUILING. PRG 程序的最后需要添加相应的应答代码，如下为机器人的应答代码：

DO[40]=ON

即动作执行完成后，反馈 PLC 信号，回零完成。通常 DI 与 DO 寄存器成对使用。

因此，在一个大的工业自动化系统开始设计时，首先要完成信号表的约定，然后才能进行相关程序的编写。一旦信号表发生变化了，程序就需要重新进行调试。

### 4. 机器人与外部设备之间信号的调试

在编写机器人程序过程中，会遇到与外部设备交互的问题。外部设备通常是由 PLC 控制的，因此归根结底还是与 PLC 进行交互。例如：机器人夹取关节底座之后，需要将关节底座放到装配平台并夹紧，装配平台的气缸就是由 PLC 控制的外部设备。

对任务二中编写的 PRG074. PRG 中的交互指令说明如下：当机器人搬运工件到位之后，就要向 PLC 发送信号，DO［49］=ON；PLC 查询到信号之后，会控制装配气缸夹紧。当气缸夹紧到位之后，PLC 会置位机器人端 DI［51］为 1，作为反馈信号。机器人程序获得这一信号后才能继续运行，因此机器人程序中添加了 WAIT DI［51］=ON 指令。这里的指令没有成对出现，只是告诉读者，信号是可以约定的。

请读者按照示例程序，填写机器人端信号表，见表 1-7。

表 1-7 机器人端信号表

| 输入信号(DI) | 功能 | 输出信号(DO) | 功能 |
|---|---|---|---|
| | | | |
| | | | |
| | | | |
| | | | |
| | | | |
| | | | |
| | | | |
| | | | |
| | | | |
| | | | |

### 5. 机器人装配主程序设计

这里仅为了说明在外部模式下主程序设计的方法，所用的信号与实际信号是有区别的。主程序与 PLC 程序相配合，即可完成装配两套机器人关节的任务。

```
J JR[0]                              '回原点
IF DI[31]=1,CALL "PRG051.PRG"        '取弧口夹具
IF DI[51]=1,CALL "PRG011.PRG"        '从 101 位置取关节底座
IF DI[52]=1,CALL "PRG012.PRG"        '从 102 位置取关节底座
IF DI[71]=1,CALL "PRG071.PRG"        '读 RFID
IF DI[61]=1,CALL "PRG074.PRG"        '将关节底座放到装配平台
IF DI[41]=1,CALL "PRG061.PRG"        '放弧口夹具
IF DI[32]=1,CALL "PRG053.PRG"        '取直口夹具
IF DI[21]=1,CALL "PRG042.PRG"        '取旋转料仓中的物料进行装配
IF DI[42]=1,CALL "PRG063.PRG"        '放直口夹具
IF DI[33]=1,CALL "PRG052".PRG        '取单吸盘
IF DI[22]=1,CALL "PRG041.PRG"        '取减速器和法兰
IF DI[43]=1,CALL "PRG062.PRG"        '放单吸盘
IF DI[31]=1,CALL "PRG051.PRG"        '取弧口夹具
IF DI[62]=1,CALL "PRG075.PRG"        '装配平台取料
IF DI[72]=1,CALL "PRG073.PRG"        '称重
IF DI[73]=1,CALL "PRG072.PRG"        '写 RFID
IF DI[81]=1,CALL "PRG031.PRG"        '放料到 101 位置
IF DI[82]=1,CALL "PRG032.PRG"        '放料到 102 位置
```

## 【思考与练习】

1. 简述 WHILE 指令的操作步骤。
2. 简述循环指令的应用场合。

流程指令的功能和用法

## 【扩展训练】

1. 利用循环指令完成码垛任务。
2. 利用循环指令完成关节底座、电动机、减速器和法兰的手动顺序装配和自动运行装配。

# 项目二 机器人关节装配任务PLC控制编程

## 【项目目标】

### 1. 知识目标

1）描述 S7-1200 PLC 组态及 IP 设置方法。

2）描述 S7-1200 PLC 基本指令的含义。

3）描述轴运动指令、Modbus 通信指令的配置方法。

### 2. 技能目标

1）设计井式料仓的控制程序。

2）设计旋转料仓的控制程序。

3）联调机器人、PLC 控制程序，实现电动机关节装配任务。

### 3. 素养目标

1）培养学生具备安全操作意识。

2）培养学生具备团结协作精神。

3）培养学生具备绿色节约意识。

## 【知识结构】

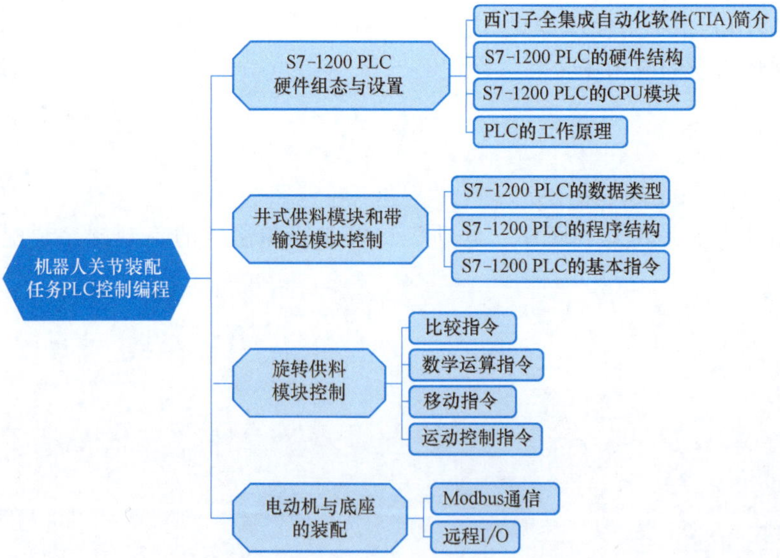

# 任务一　S7-1200 PLC 硬件组态与设置

立体仓库模块的组态

## 【任务描述】

西门子 TIA 博途提供了一个软件集成的平台，在这个平台之上，可通过添加不同领域的软件来管理自动化产品。例如：通过 SIMATIC Step7 进行控制器、分布式 I/O 的组态和编程，通过 SIMATIC WinCC 对人机界面进行组态。本任务以华数工业机器人应用编程一体化教学创新平台中使用的 S7-1200 为对象，介绍 TIA 博途的基本知识及硬件组态与设置方法。

## 【知识准备】

### 1. 西门子全集成自动化软件（TIA）简介

华数工业机器人应用编程一体化教学创新平台使用的 PLC 为西门子 S7-1200，其编程软件采用的是西门子工业自动化软件 TIA Portal（博途 V15.1）。1996 年，西门子自动化与驱动集团提出了“全集成自动化”即 TIA（Totally Integrated Automation）的概念，也就是用一种系统完成原来由多种系统搭配起来才能完成的所有功能。全集成自动化集统一性和开放性于一身。应用这种解决方案，可以大大简化系统的结构，减少了大量接口部件，可以克服上位机与工业控制器之间、连续控制与逻辑控制之间以及集中控制与分散控制之间的界限。

全集成自动化的统一性体现在使用统一的数据库管理、统一的组态和编程以及统一的通信。西门子各工业软件都是从一个全局共享的统一的数据库中获取数据的。这种统一的数据库和统一的数据管理机制，使所有的系统信息都存储于一个数据库中，而且只需输入一次，不仅可以减少数据的重复输入，节约人力、财力，更重要的是，它还可以降低出错率，提高系统诊断效率，大大增强系统的整体性和信息的准确性，从而为工厂的安全稳定运行提供技术保障。在全集成自动化中，所有的西门子工业软件都可以互相配合，实现了高度统一和高度集成，组态和编程工具只需从全部列表中选择相应的项，即可实现对控制器进行编程、组态 HMI（人机界面），定义通信连接或实现动作控制等操作。全集成自动化还实现了从现场级、控制级到管理级协调一致的通信。西门子产品上集成有以太网接口，使以太网进入现场级，从而实现元件自动化，并可连接所有类型的现场设备，也可连接支持 Internet 的办公系统和新型自动化系统。

### 2. S7-1200 PLC 的硬件结构

S7-1200 PLC 将微处理器、集成电源、输入电路和输出电路组合到一个设计紧凑的外壳中，以形成功能强大的 PLC。S7-1200 PLC 作为紧凑型自动化产品的新成员，目前有多种不同型号的 CPU，如 CPU 1211C、CPU 1212C、CPU 1214C、CPU 1215C、CPU 1217C。

每款 CPU 根据电源信号和输入/输出信号的类型各有三种型号，即 DC/DC/DC、AC/DC/RLY、DC/DC/RLY，三种 CPU 本机自带的数字量输入/输出点数有所差异，电源供电方式和数字量输出方式不同。S7-1200 PLC 都支持扩展最多一个信号板（Signal Board）；而对于信号模块（Signal Module），CPU 1211C 不支持扩展，CPU 1212C 支持扩展两个，CPU 1214C 之后的版本支持最多扩展 8 个。PLC 都自带一个 PROFINET 接口，都支持最多扩展三个通信模块，目前包括 RS232 和 RS485 两种通信模块。

S7-1200 PLC 的附件还包括存储卡、电源和以太网交换机等。只需简单地将存储卡安装到 CPU 中，并执行一个上电周期，便可将一个程序复制到多个 CPU 中，处理过程中 CPU 内的用户程序不会丢失。

### 3. S7-1200 PLC 的 CPU 模块

S7-1200 PLC 不同型号的 CPU 模块是类似的。图 2-1 所示为 S7-1200 PLC 的 CPU 模块。

CPU 模块的面板上提供了各种指示灯，用于显示状态。

（1）STOP/RUN 指示灯　该指示灯的颜色为纯橙色时表示 STOP 模式，纯绿色时表示 RUN 模式，绿色和橙色交替闪烁表示 CPU 正在启动。

（2）ERROR 指示灯　该指示灯为红色闪烁时表示有错误（如 CPU 内部错误、存储卡错误或者组态错误等），纯红色时表示硬件出现故障。

（3）MAINT 指示灯　该指示灯在每次插入存储卡时闪烁。

（4）I/O 状态指示灯　CPU 模块上的 I/O 状态指示灯用于指示各数字量输入或输出的信号状态。

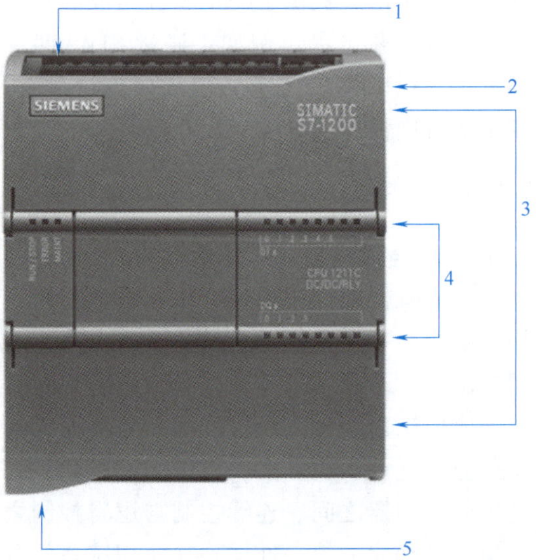


图 2-1　S7-1200 PLC 的 CPU 模块

1—电源接口　2—存储卡插槽（上部保护盖下面）　3—可拆卸用户接线连接器（保护盖下面）　4—板载 I/O 的状态指示灯　5—PROFINET 连接器（位于 CPU 的底部）

### 4. PLC 的工作原理

PLC 的工作特点是循环扫描方式，一个循环扫描工作过程包括 CPU 自检、通信处理、读取输入、执行程序和刷新输出 5 个阶段，整个过程扫描一次所需的时间称为扫描周期。

（1）CPU 自检　在此阶段，PLC 检查 CPU 模块的硬件是否正常，复位监视定时器，以及完成一些其他内部工作。

（2）通信处理阶段　在此阶段，PLC 与一些智能模块通信，响应编程器键入的命令，更新编程器的显示内容等。当 PLC 处于停止状态时，只进行内容处理和通信操作等内容。

（3）读取输入　读取输入也称输入采样。在此阶段，PLC 顺序读取所有输入端子的通断状态，并将读取的信息存入内存中对应的输入映像寄存器。在此输入映像寄存器被刷新，接着进入执行程序阶段。

（4）执行程序阶段　根据 PLC 梯形图程序扫描原则，按先左后右、先上后下的步序，逐句扫描，执行程序。若遇到程序跳转指令，则根据跳转条件是否满足来决定程序的跳转地址。

若用户程序涉及输入/输出状态时，PLC 从输入映像寄存器中读出上一阶段采入的对应输入端子状态，从输出映像寄存器读出对应映像寄存器的当前状态。根据用户程序进行逻辑运算，运算结果再存入有关器件寄存器中。

（5）刷新输出阶段　程序执行完毕后，将输出映像寄存器结果转存到输出锁存器，通过隔离电路和驱动功率放大电路，使输出端子向外界输出控制信号，驱动外部负载。

## 【任务实施】

### 1. 新建项目

打开 TIA Portal 程序，选择新建项目，定义项目名称为“井式料仓控制 PLC 组态”，设置路径、作者等信息，如图 2-2 所示。

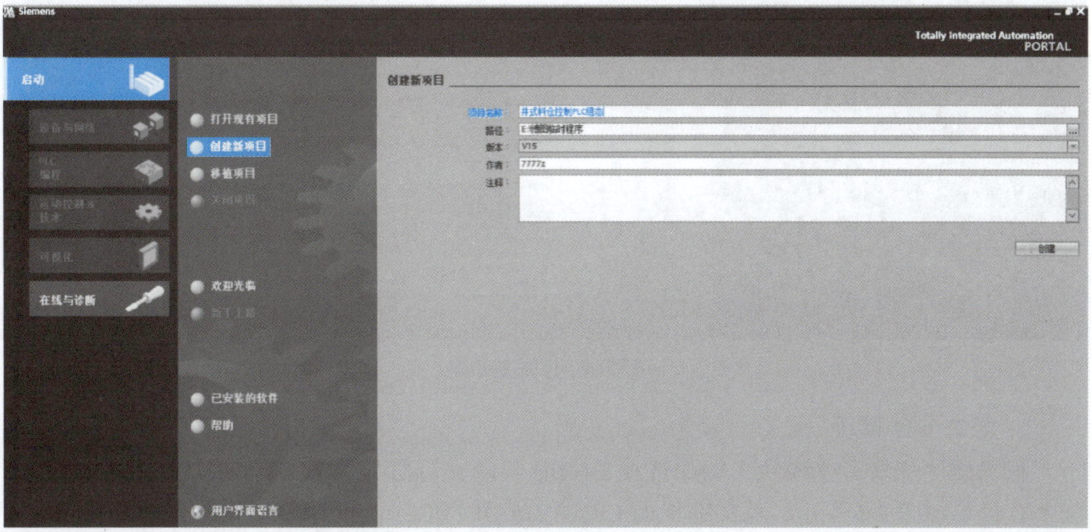


图 2-2　新建项目

项目创建完成后，在 Portal 界面单击“组态设备”，如图 2-3 所示。

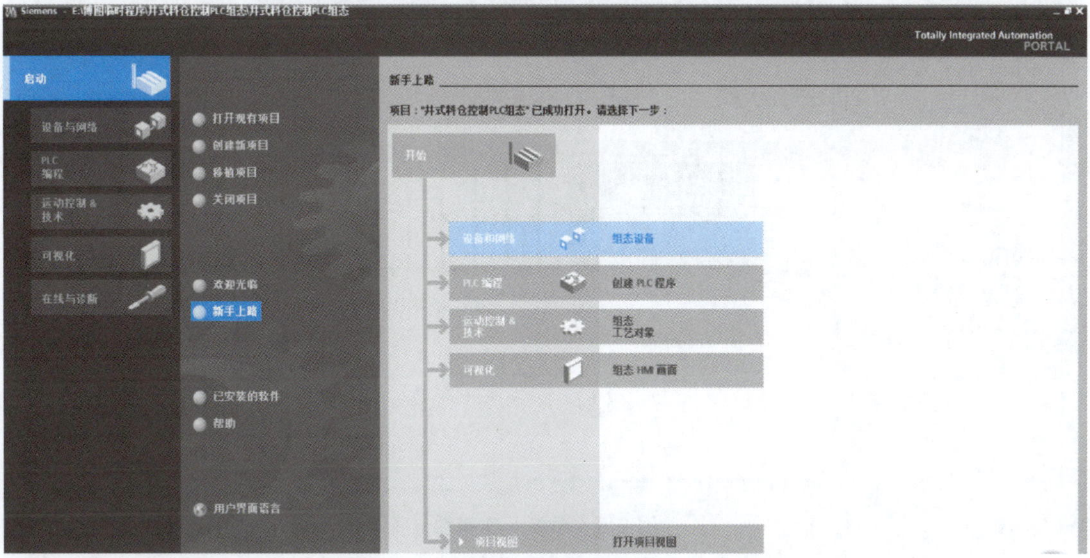


图 2-3　组态设备

### 2. 组态 CPU 模块

根据硬件设备接线，选择“添加新设备→控制器”，添加新设备。例如添加 CPU 1215

DC/DC/DC，订货号为 6ES7 215-AG40-OXBO。添加新设备如图 2-4 所示。

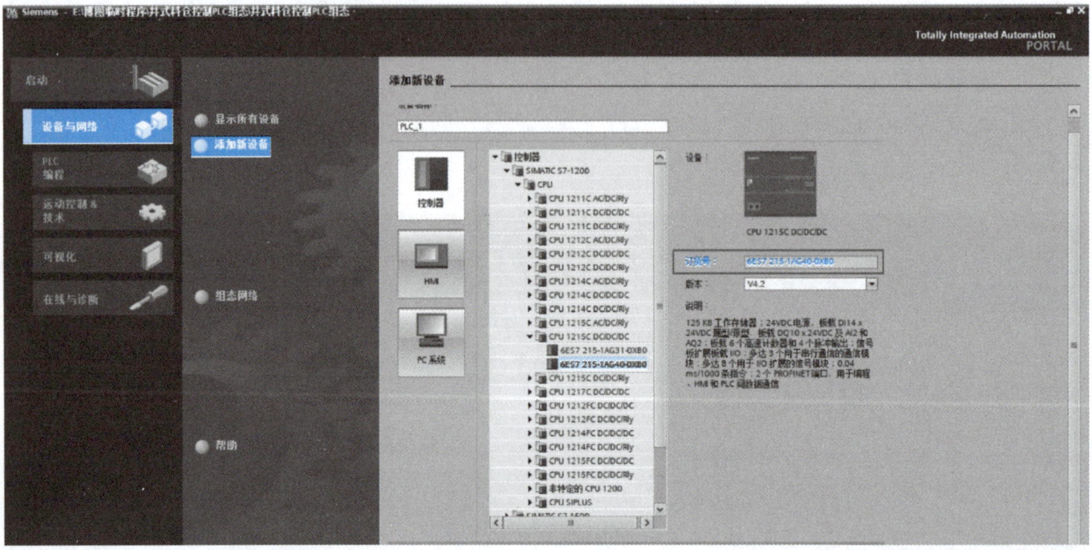

图 2-4 添加新设备

### 3. 组态 I/O 模块

根据硬件选择 I/O 模块。例如选择 DI/DQ 模块，订货号为 6ES7 223-1PL32-OXBO。添加 I/O 模块如图 2-5 所示，添加完成的 CPU 1215 DC/DC/DC 和 DI/DQ 模块自动放到底板插槽 1#、2#中。

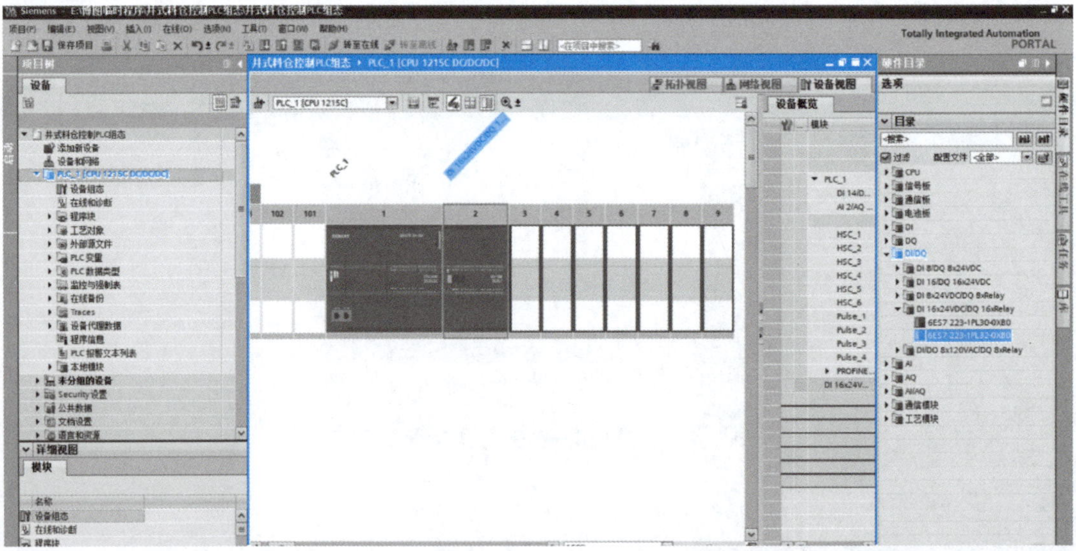

图 2-5 添加 I/O 模块

### 4. 配置 CPU 地址

在组态好的 CPU1215 DC/DC/DC 下右击，单击“属性→常规→PROFINET 接口［X1］”，设置 IP 地址，如设置 IP 地址为 192.168.0.1，如图 2-6 所示。

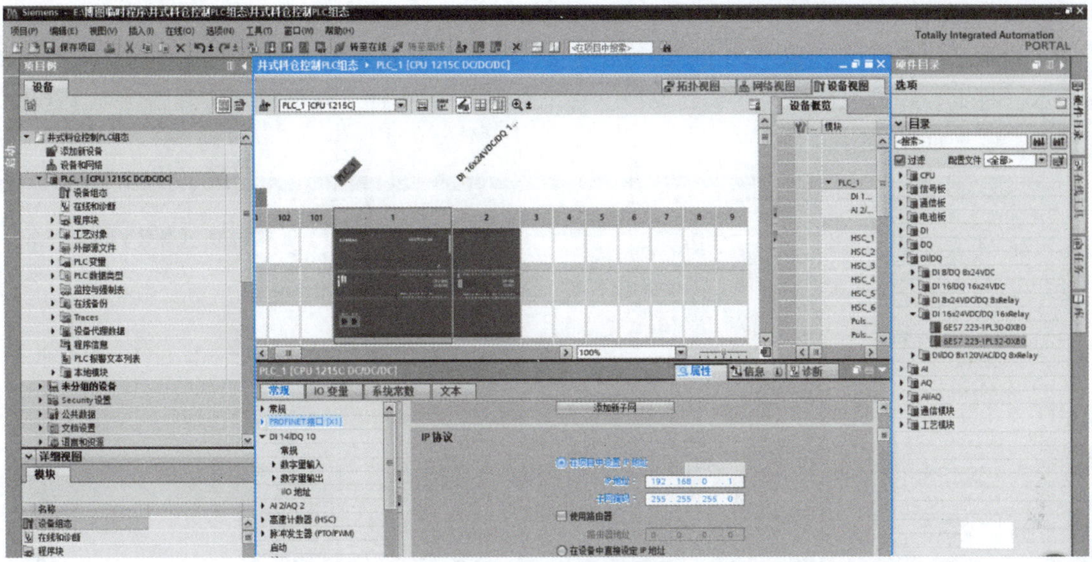

图 2-6　设置 IP 地址



### 5. 编译硬件

设置完成后，在设备视图处右击，选择“编译→硬件”，完成硬件组态的编译。如果硬件组态没有错误，则编译成功，在监视窗口中的信息标签页下，显示编译结果“编译已完成（错误：0；警告：0）”，如图 2-7 所示。

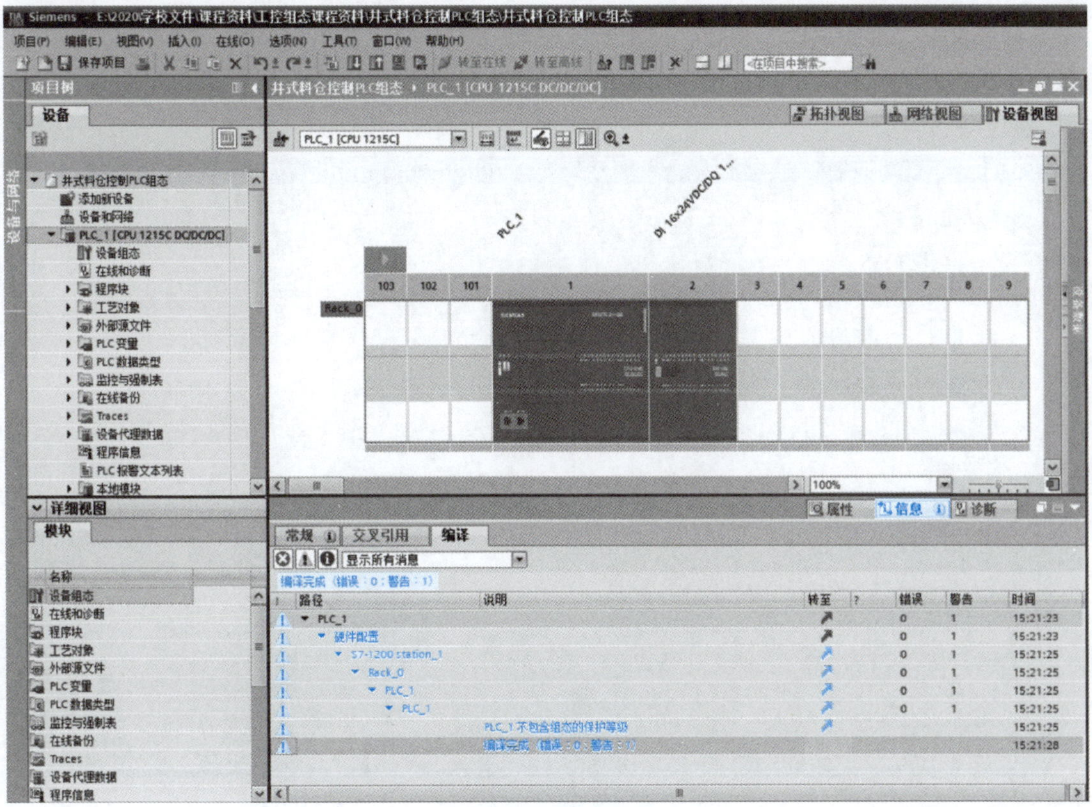

图 2-7　编译硬件组态

### 6. 下载硬件配置

如果之前没有建立 PC 与 PLC 之间的连接，则系统直接弹出下载到设备界面，如图 2-8 所示。将组态好的硬件配置下载到设备。在下载到设备界面，需要根据实际情况对 PG/PC 接口参数进行设置。

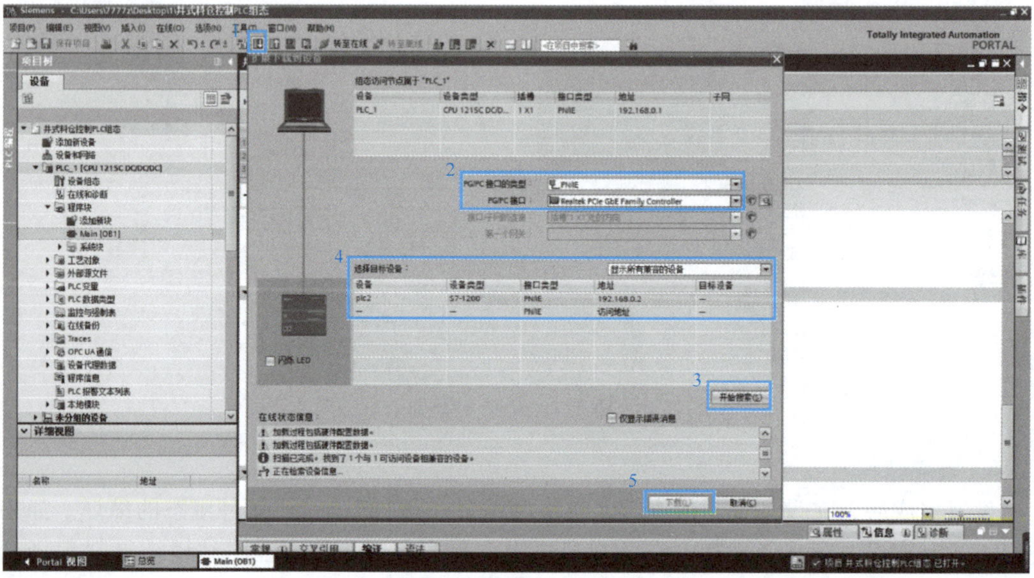


图 2-8 程序下载界面

然后单击“开始搜索”按钮，找到所连接的 CPU，然后选中该 CPU，单击“下载”按钮，系统弹出下载预览窗口；如果之前已建好 PC 与 PLC 的连接，则直接弹出下载预览窗口，如图 2-9 所示。

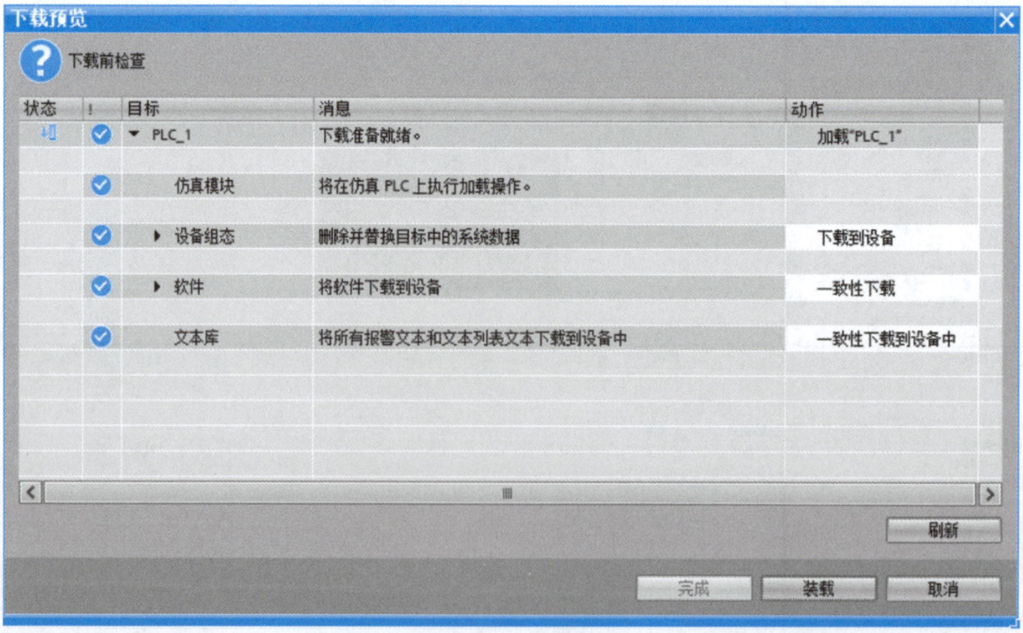


图 2-9 下载预览窗口

单击“装载”按钮，则系统开始下载。下载完成后，系统弹出下载结果窗口，如图 2-10 所示。

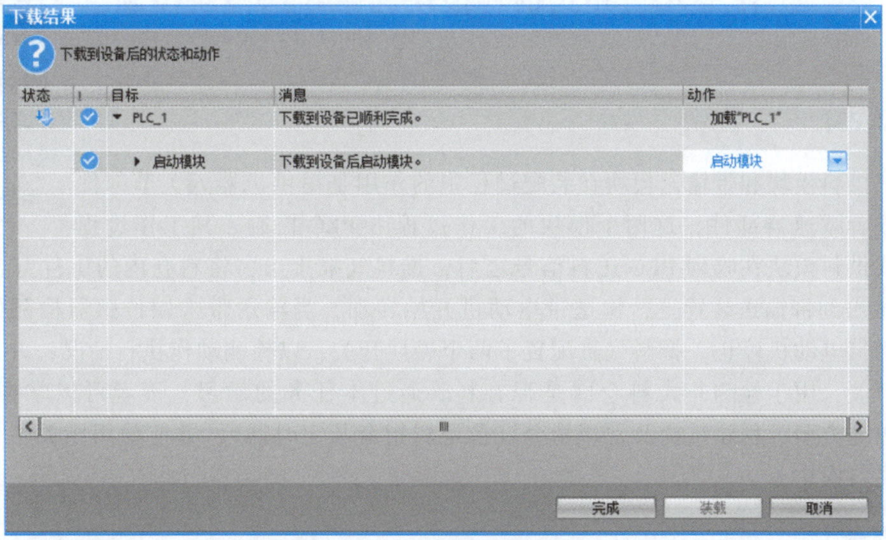


图 2-10　下载结果窗口

在下载结果窗口中，将“启动模块”后面的选项由“无动作”修改为“启动模块”，单击“完成”按钮，完成下载。

### 7. 观察和测试 CPU 状态

观察 S7-1200 CPU 面板上指示灯的亮灯情况，并记录信息于表 2-1。

表 2-1　指示灯状态

| 指示灯名称 | 状态 | 指示灯名称 | 状态 |
|---|---|---|---|
| | | | |
| | | | |
| | | | |
| | | | |
| | | | |
| | | | |

## 【思考与练习】

1. 自行找一张使用 S7-1200、S7-1500 和 S7-300/400 控制器且带有订货号的图样，完成设备组态练习。

2. 为何要进行设备组态？组态设备与硬件设备能否不一致？原因是什么？

## 【扩展训练】

1. 默认显示的底板插槽只有 0#~7#时，如果还需要增加设备，请试着操作，将该设备增加到 8#中。

2. 将设备组态、IP 地址设置完成后，请连接设备，测试下载配置是否正确。

## 任务二　井式供料模块和带输送模块控制

井式料仓 PLC 程序与 HMI 操作界面编写

### 【任务描述】

井式供料模块和带输送模块在装配过程中的作用是提供机器人关节部件的法兰或者减速器部件，这两个模块的工作过程由 PLC 控制。其工作过程为：井式供料模块在收到 PLC 送料信号之后，推料气缸推出，将料仓内的工件（法兰或减速器）推出到带输送装置上，输送带电动机开始转动，当输送带末端传感器检测到工件之后，输送带电动机停止。推料气缸配置了两个磁性开关，以检测动作执行情况；井式料仓内有光电开关，用于检测井式料仓内是否有料。通过本任务的学习，读者可以掌握 S7-1200 PLC 的数据类型、程序结构及常用指令（位逻辑指令及定时器），并能使用相关指令正确控制井式供料模块。



### 【知识准备】

#### 1. S7-1200 PLC 的数据类型

编写 PLC 程序时，变量的格式必须与指令的数据类型相匹配。S7-1200 PLC 的数据类型主要分为基本数据类型、复杂数据类型和参数类型。

（1）基本数据类型　基本数据类型的操作数通常是 32bit 以内的数据，见表 2-2。

表 2-2　基本数据类型

| 数据类型 | 长度/bit | 范围 | 常量输入实例 |
|---|---|---|---|
| Bool | 1 | 0~1 | TRUE,FALSE,0,1 |
| Byte | 8 | 16#00~16#FF | 16#12,16#AB |
| Word | 16 | 16#0000~16#FFFF | 16#ABCD,16#0001 |
| DWord | 32 | 16#00000000~16#FFFFFFFF | 16#02468ACE |
| Char | 8 | 16#00~16#FF | 'A','t','@' |
| SInt | 8 | -128~127 | 123,-123 |
| Int | 16 | -32768~32767 | 123,-123 |
| DInt | 32 | -2147483648~2147483647 | 123,-123 |
| USInt | 8 | 0~255 | 123 |
| UInt | 16 | 0~65535 | 123 |
| UDInt | 32 | 0~4294967295 | 123 |
| Real | 32 | $\pm1.18\times10^{-38}\sim\pm3.40\times10^{38}$ | 123.456,-3.4,-1.2E+12,3.4E-3 |
| LReal | 64 | $\pm2.23\times10^{-308}\sim\pm1.79\times10^{308}$ | 12345.123456789,<br>-1.2E+40 |
| Time | 32 | T#-24d_20h_31m_23s_648ms~<br>T#24d_20h_31m_23s_647ms<br>存储形式：-2147483648ms~<br>+2147483647ms | T#5m_30s,<br>T#-2d,<br>T#1d_2h_15m_30x_45ms |
| String | 可变 | 0~254 字节字符 | 'ABC' |

(2) 复杂数据类型 通过组合基本数据类型可构成复杂数据类型，这对于组织复杂数据十分有用。用户可以生成适合特定任务的数据类型，将基本的、逻辑上有关联的信息单元组合成一个拥有自己名称的“新”单元，如电动机的数据记录，将其描述为一个属性（性能、状态）记录，包括速度给定值、速度实际值及起停状态等各种信息。另外，通过复杂数据类型可以使复杂数据在块调用中作为一个单元被传递，即在一个参数中传递到被调用块，符合结构化编程的思想。

这种方式使众多基本信息单元高效而简洁地在主调用块与被调用块之间传递，同时保证了已编制程序的高度可重复性和稳定性。复杂数据类型见表 2-3。

表 2-3 复杂数据类型

| 数据类型 | 描述 |
|---|---|
| DTL | DTL 数据类型表示由日期和时间定义的时间点 |
| STRING | STRING 数据类型表示最多包含 254 个字符的字符串 |
| ARRAY | ARRAY 数据类型表示由固定数目的同一数据类型的元素组成的域 |
| STRUCT | STRUCT 数据类型表示由固定数目的元素组成的结构。不同的结构元索可具有不同的数据类型 |



(3) 参数类型 参数类型是为在逻辑块之间传递参数的形式参数（Formal Parameter）定义的数据类型，包括 VARIANT 和 VOID 两种。

VARIANT 类型的参数是一个可以指向各种数据类型或参数类型变量的指针。VARIANT 类型的参数可识别结构并指向这些结构。使用 VARIANT 类型的参数还可以指向 STRUCT 变量的各元素，见表 2-4。VARIANT 类型的参数变量在内存中不占用任何空间。

VOID 类型的参数不保存任何值。如果某个功能不需要任何返回值，则可以使用这种数据类型。

表 2-4 VARIANT 类型参数的属性

| 表示法 | 格式 | 长度/B | 输入值实例 |
|---|---|---|---|
| 符号 | 操作数 | 0 | MyTag |
| | 数据块名称．操作数名称．元素 | | MyDB. MyStru. Speed |
| 绝对 | 操作数 | | %MW10 |
| | 数据块编号．操作数名称．元素 | | P#DB10. DBX10. 0 INT 12 |

## 2. S7-1200 PLC 的程序结构

S7-1200 PLC 编程采用块的概念，即将程序分解为独立的、自成体系的各个部件，块类似于子程序的功能，但类型更多、功能更强大。在工业控制中，程序往往是非常庞大和复杂的，采用块的概念便于大规模程序的设计和理解，还可以设计标准化的块程序进行重复调用，使程序结构清晰明了、修改方便、调试简单。采用块结构显著地增加了 PLC 程序的组织透明性、可理解性和易维护性。表 2-5 给出了 S7-1200 PLC 支持的块类型。

通过设计 FB 和 FC 执行通用任务，可创建模块化代码块。然后可通过由其他代码块调用这些可重复使用的模块来构建程序。调用块将设备特定的参数传递给被调用块。当一个代码块调用另一个代码块时，CPU 会执行被调用块中的程序代码。执行完被调用块后，CPU 会继续执行调用块。

表 2-5　S7-1200 PLC 支持的块类型

| 块类型名称 | 说明 |
|---|---|
| 组织块(OB) | 操作系统与用户程序的接口,决定用户程序的结构 |
| 功能块(FB) | 用户编写的、包含经常使用的功能的子程序,有存储区 |
| 功能(FC) | 用户编写的、包含经常使用的功能的子程序,无存储区 |
| 数据块(DB) | 存储用户数据的数据区域 |

如图 2-11 所示，块Ⓐ调用块Ⓑ，程序从块Ⓐ中的①开始执行，执行到②时，调用块Ⓑ，然后从③执行到④，返回到块Ⓐ，继续执行。

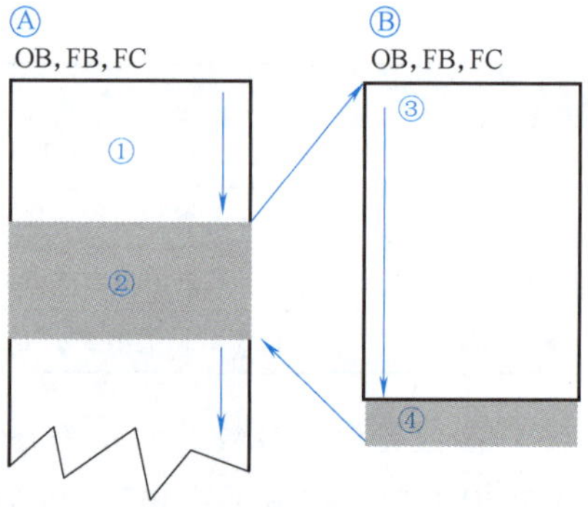


图 2-11　块调用实例

### 3. S7-1200 PLC 的基本指令

（1）常用的位逻辑指令　位逻辑指令使用 1 和 0 两个数字，将 1 和 0 两个数字称为二进制数字或位。在触点和线圈中，1 表示激活状态，0 表示未激活状态。位逻辑指令是 PLC 中最基本的指令，见表 2-6。

（2）定时器指令　使用定时器指令可创建编程的时间延迟。

表 2-6　常用的位逻辑指令

| 图形符号 | 功能 | 图形符号 | 功能 |
|---|---|---|---|
| —\| \|— | 常开触点 | —( S )— | 置位线圈 |
| —\|/\|— | 常闭触点 | —( R )— | 复位线圈 |
| —\| NOT \|— | 取反 | —( SET_BF )—\| | 置位域 |
| —( )— | 输出线圈 | —( RESET_BF )—\| | 复位域 |
| —\| P \|— | 上升沿 | —\| N \|— | 下降沿 |

1）TP：脉冲定时器可生成具有预设宽度时间的脉冲。

2）TON：接通延迟定时器输出 Q 在预设的延时过后设置为 ON。

3）TOF：关断延迟定时器输出 Q 在预设的延时过后重置为 OFF。

4）TONR：保持型接通延迟定时器输出在预设的延时过后设置为 ON。在使用 R 输入重置经过的时间之前，会跨越多个定时时段一直累加经过的时间。

5）RT：通过清除存储在指定定时器背景数据块中的时间数据来重置定时器。

每个定时器都使用一个存储在数据块中的结构来保存定时器数据。在编辑器中放置定时器指令时即可分配该数据块。表 2-7 是 TP 指令及其参数说明。

表 2-7 TP 指令及其参数说明

| 指令 | 参数 | 数据类型 | 说明 |
| --- | --- | --- | --- |
| 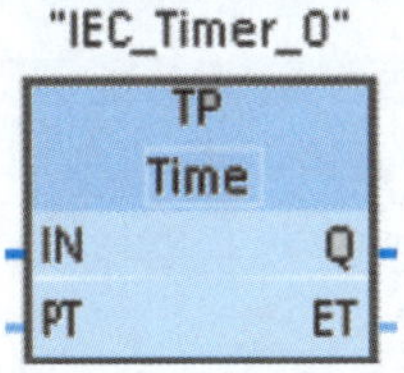 | IN | Bool | 启用定时器输入 |
| | PT | Time | 预设的时间值输入 |
| | Q | Bool | 定时器输出 |
| | ET | Time | 经过的时间值输出 |

## 【任务实施】

### 1. 任务分析

井式供料模块可以提供白色、黄色和蓝色的 3 种物料，在 PLC 控制执行气缸伸出使物料供出后，输送带电动机将起动，运送物料至输送带末端，输送带末端传感器检测到工件，输送带电动机停转等待机器人抓取工件。井式供料模块和带输送模块如图 2-12 所示。

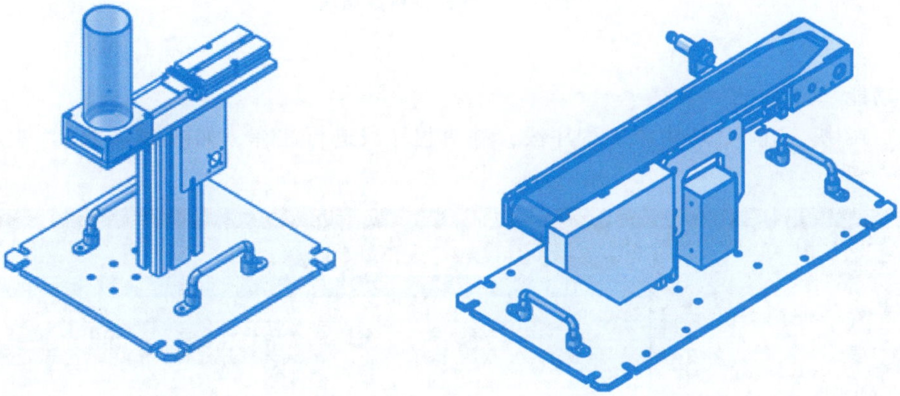

a) 井式供料模块　　b) 带输送模块

图 2-12 井式供料模块和带输送模块

### 2. I/O 分配

井式供料模块和带输送模块的 I/O 分配见表 2-8。

表 2-8 井式供料模块和带输送模块的 I/O 分配

| 序号 | 地址 | 功能 | 序号 | 地址 | 功能 |
| --- | --- | --- | --- | --- | --- |
| 1 | I0.4 | 输送带末端工件检测 | 1 | Q0.5 | 井式供料气缸伸出 |
| 2 | I0.5 | 供料筒内工件检测 | 2 | Q0.6 | 井式供料气缸缩回 |
| 3 | I0.6 | 井式料仓执行气缸伸出到位 | 3 | Q0.2 | 输送带电动机起停 |
| 4 | I0.7 | 井式料仓执行气缸缩回到位 | | | |

### 3. 数据块设计

创建井式供料模块和带输送模块，并建立图 2-13 所示数据块。

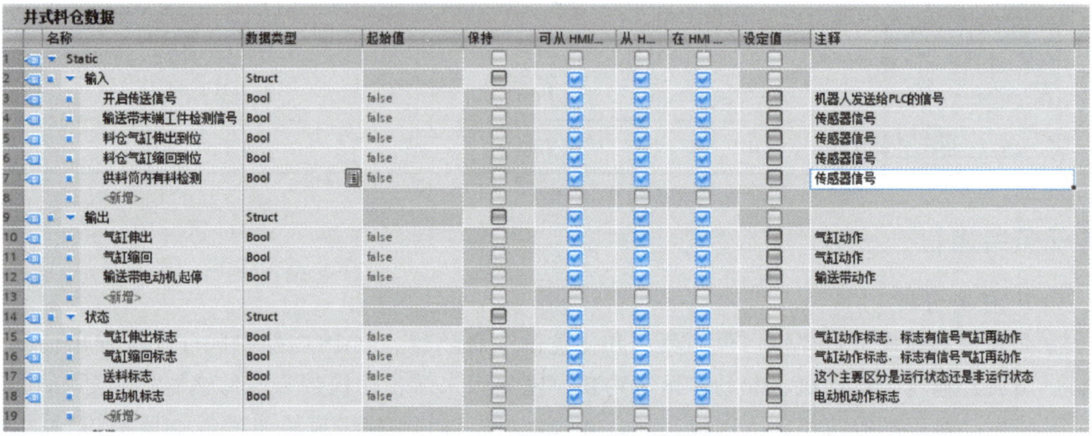


图 2-13 井式供料数据块

### 4. 功能（FC）设计

添加 FC 块，在 FC 块中添加程序段，并对程序段进行注释，如图 2-14 所示。

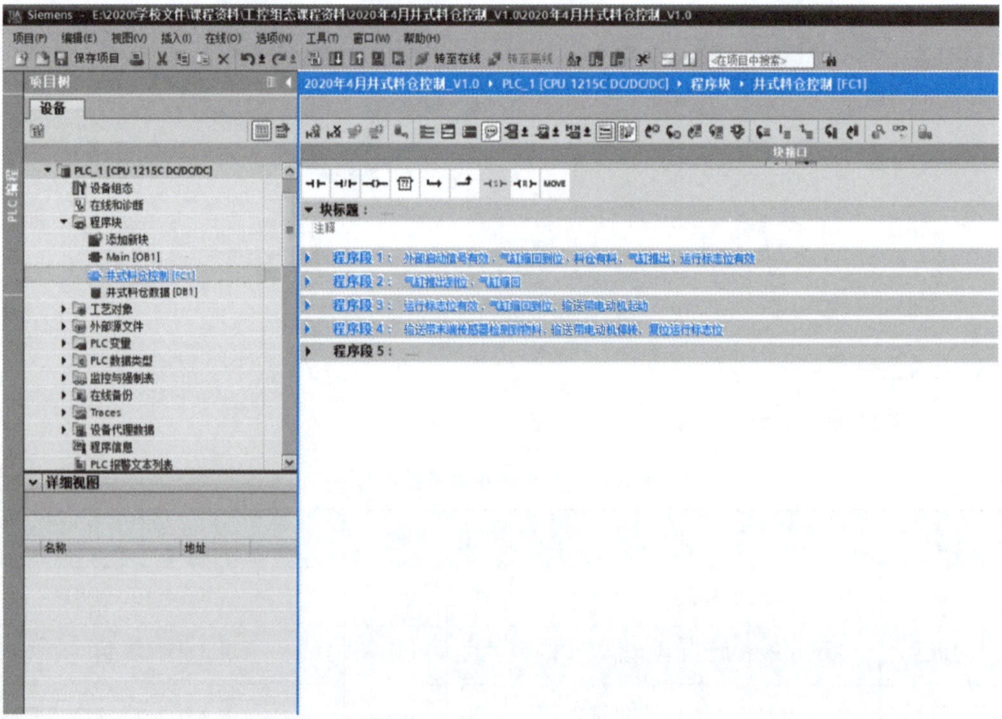


图 2-14 井式供料 FC 块

5. PLC 程序设计（图 2-15）

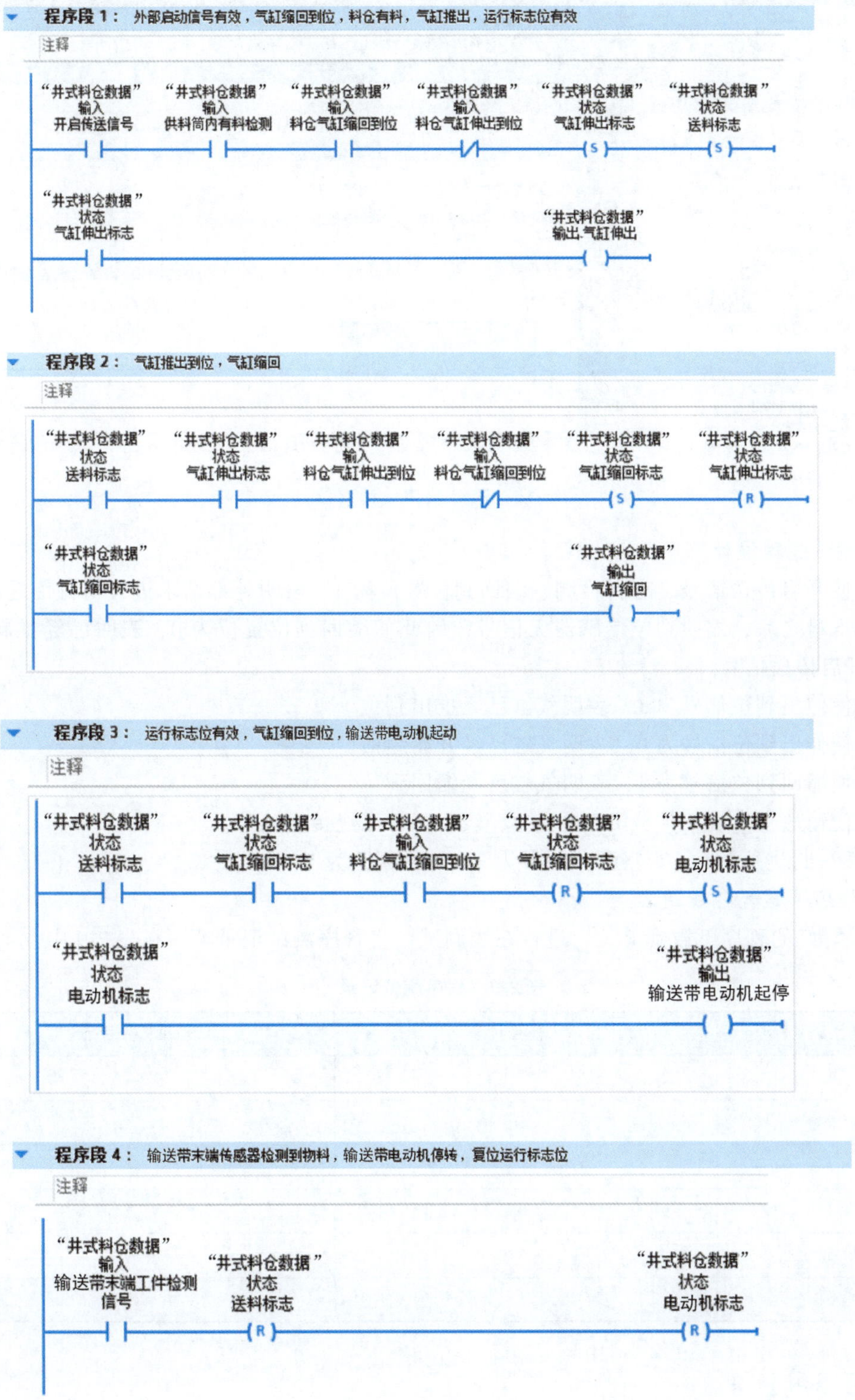


图 2-15　PLC 程序设计

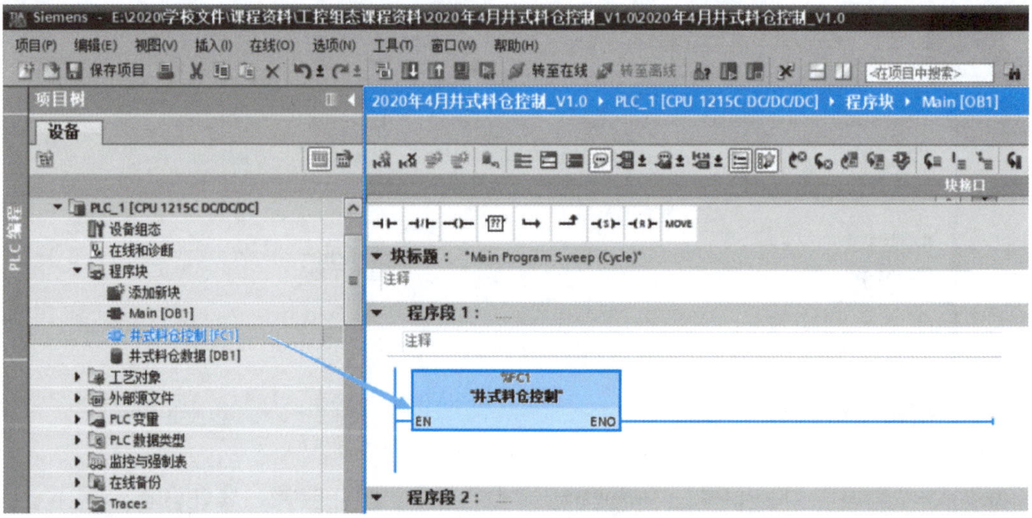



图 2-15 PLC 程序设计（续）

### 6. 测试逻辑设计

1）使开启传送信号、有料检测、缩回到位置位为 1，表明外部请求进行物料传送。

2）推料之后，缩回到位传感器无信号，因此使缩回到位置位为 0，表明已经推料。同时复位开启传送信号。

3）使伸出到位信号为 1，表明气缸已经推出到位。

4）使伸出到位信号为 0，表明气缸已经开始缩回。

5）使缩回到位信号为 1，表明气缸已经缩回到位。

6）使输送带末端工件检测信号为 1，表明工件已经传送到位。

在每一步设置之后，观察哪些信号为 TRUE，哪些为 FALSE。

### 7. 程序下载与在线调试

将编写好的程序下载到 PLC，进行在线调试。将程序测试记录填写在表 2-9 中。

表 2-9 程序测试记录

| 测试逻辑序号 | 输入信号状态 | 输出信号状态 |
|---|---|---|
| 1 | | |
| 2 | | |
| 3 | | |
| 4 | | |
| 5 | | |
| 6 | | |

## 【思考与练习】

1. 在井式料仓供料控制程序编写中，定时器是用数据块编写的，如图 2-13 所示。请思考在博途 V15.1 操作环境下，定时器能否用其他方式编写。

2. 在设备调试中还可能出现设备通信的问题，试列举可能出现的通信问题，并描述解决措施。

【扩展训练】

1. 当井式料仓的供料不满足装配条件时，需要输送带电动机起动反转，将物料带离末端工件检测位置，使机器人抓取物料送回料仓。试编写此段程序，并进行调试。

2. 在图 2-15 所示的井式料仓执行气缸伸缩程序中，为了保障任务执行的流畅性，采用了定时器，在本任务中，还应该加入一些定时器。请读者自行编写程序，并进行调试。

## 任务三　旋转供料模块控制

轴工艺对象配置



【任务描述】

旋转料仓使用步进电动机+谐波减速器进行旋转供料。通过 PLC 控制旋转料仓每次顺时针旋转 60°，且在工件检测传感器 I0.3 检测到某一工位有工件时，旋转料仓暂停运动，再反向旋转 60°，将此工位旋转到工件抓取位置，等待工业机器人抓取物料。

旋转料仓转动一圈可以给机器人提供 6 个平均分布的工位，如图 2-16 所示。为保证每次设备上电，旋转料仓都能够回到同一位置，在旋转料仓上安装了一个电感式接近开关，作为旋转供料台原点检测；为了检测工位上是否存在物料，安装了一个光电传感器对旋转供料台进行工件检测。第一个检测位距原点位置的角度为 27°。

通过本任务的学习，读者可以掌握 S7-1200 PLC 的比较指令、数学运算指令、移动指令及运动控制指令，并能使用相关指令正确控制旋转供料模块。

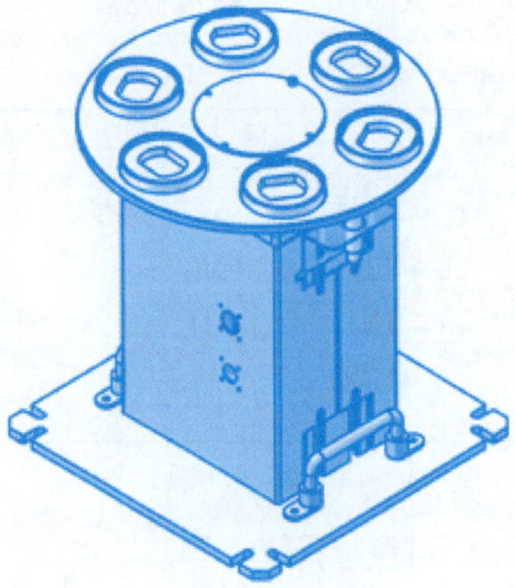

图 2-16　旋转供料模块

【知识准备】

### 1. 比较指令

使用比较指令可比较两个数据类型相同的值。比较结果为 TRUE 时，该触点会被激活。表 2-10 给出了常用的比较指令。

表 2-10　常用的比较指令

| 指令 | 功能 |
|---|---|
| "IN1"<br>==<br>Int<br>"IN2" | 判断 IN1 是否等于 IN2，满足为真。类似的还有不等于、大于、小于、大于或等于、小于或等于指令 |

（续）

| 指令 | 功能 |
|---|---|
| 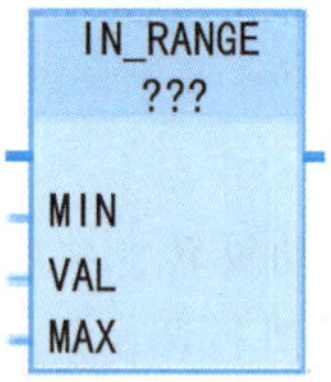 | IN_RANGE 判断 VAL 是否位于 MIN 与 MAX 之间。类似的还有 OUT_RANGE 指令 |

## 2. 数学运算指令

常用的数学运算指令见表 2-11。使用数学运算指令时，可以通过单击指令，从下拉列表中选择运算类型和数据类型。数学运算指令的输入、输出参数的数据类型要保持一致。

表 2-11 常用的数学运算指令

| 指令 | 功能 |
|---|---|
| 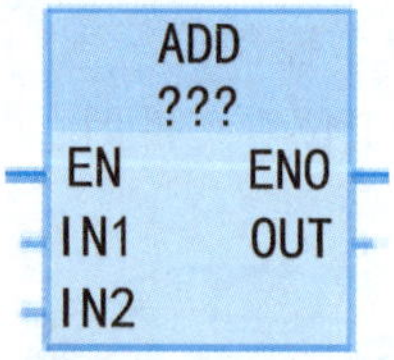 | ADD:加法(IN1+IN2=OUT)<br>SUB:减法(IN1-IN2=OUT)<br>MUL:乘法(IN1 * IN2=OUT)<br>DIV:除法(IN1/IN2=OUT)<br>整数除法运算会截去商的小数部分,以生成整数输出 |
| 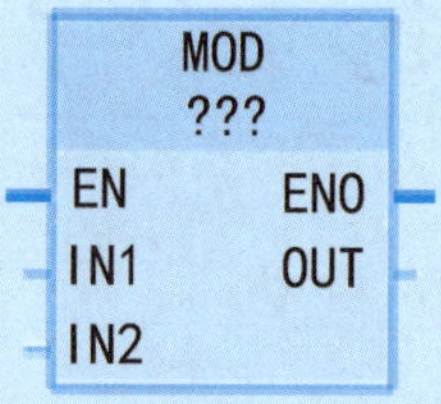 | MOD(求模)指令用于 IN1 以 IN2 为模的数学运算。<br>IN1 MOD IN2=IN1-(IN1/IN2)=OUT |
| 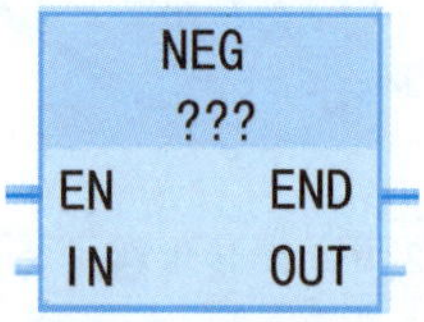 | 使用 NEG(取反)指令可将参数 IN 的值的算术符号取反并将结果存储在参数 OUT 中 |
| 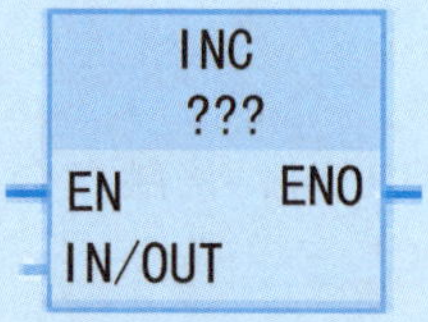 | 递增有符号或无符号整数值<br>INC(递增):参数 IN/OUT 值+1=参数 IN/OUT 值 |
| 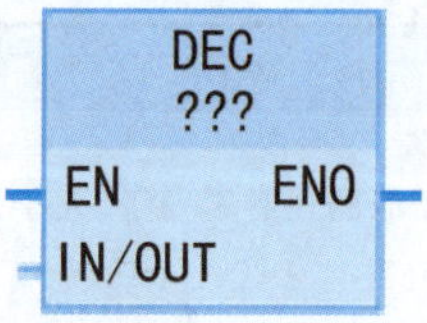 | 递减有符号或无符号整数值<br>DEC(递减):参数 IN/OUT 值-1=参数 IN/OUT 值 |

### 3. 移动指令

使用移动指令将数据元素复制到新的存储地址，并从一种数据类型转换为另一种数据类型。移动过程不会更改源数据。常用的移动指令见表 2-12。

表 2-12　常用的移动指令

| 指令 | 功能 |
| --- | --- |
| 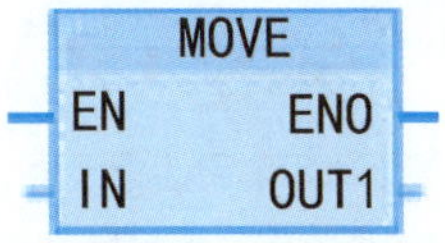 | 将单个数据元素从 IN 参数指定的源地址复制到 OUT 参数指定的目标地址 |
|  | 将数据元素块复制到新地址的可中断移动。COUNT 指定要复制的数据元素个数。每个被复制元素的字节数取决于 PLC 变量表中分配给 IN 和 OUT 参数变量名称的数据类型 |
| 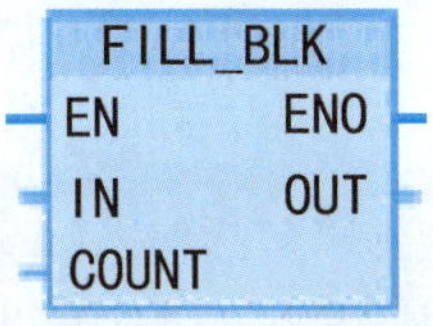 | 可中断填充指令使用指定数据元素的副本填充地址范围。将源数据元素 IN 复制到通过参数 OUT 指定其初始地址的目标中。复制过程不断重复并填充相邻地址块，直到副本数等于 COUNT 参数 |
| 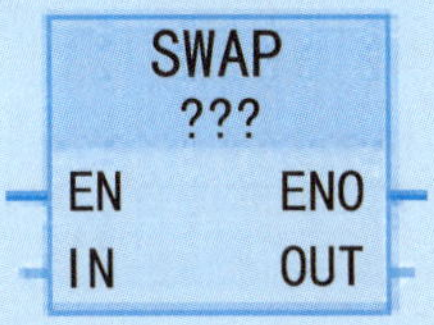 | SWAP 指令用于调换二字节和四字节数据元素的字节顺序，不改变每个字节中的位顺序。执行 SWAP 指令之后，ENO 始终为 TRUE |

### 4. 运动控制指令

常用的运动控制指令见表 2-13。通过运动控制指令可使用相关工艺数据块和 CPU 的专用 PTO 来控制轴的运动。所有运动控制指令都需要指定背景数据块。

表 2-13　常用的运动控制指令

| 指令 | 功能 |
| --- | --- |
| 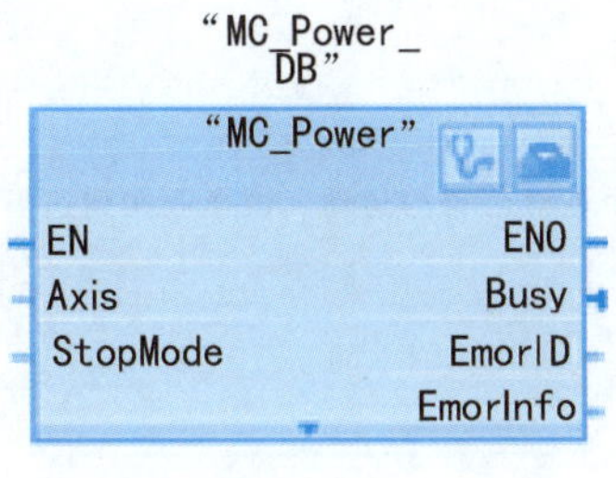 | MC_Power 可启用和禁用运动控制轴 |

（续）

<table>
<tr><th>指令</th><th>功能</th></tr>
<tr><td>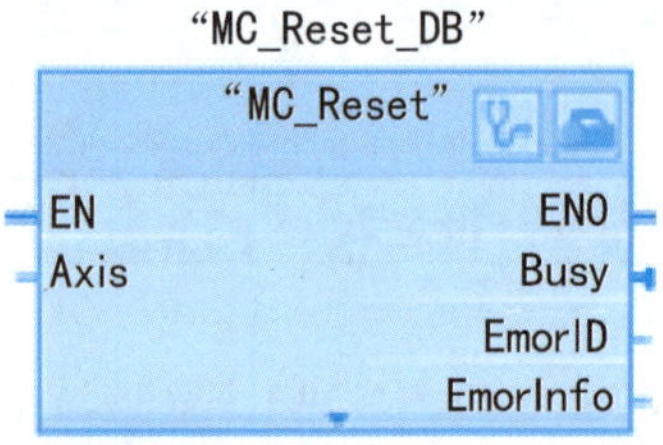
</td><td>MC_Reset 可复位所有运动控制错误。所有可确认的运动控制错误都会被确认</td></tr>
<tr><td>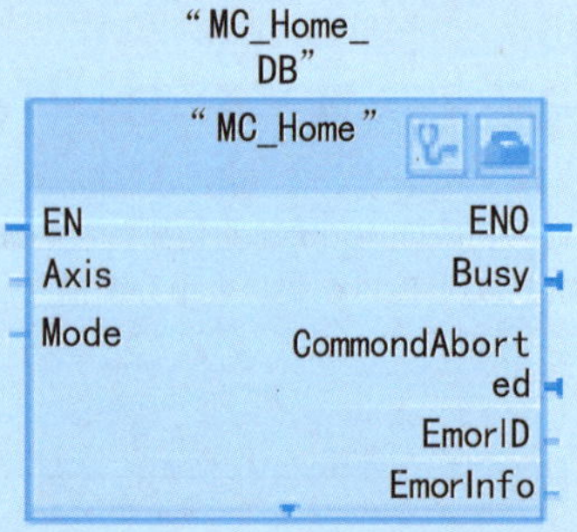
</td><td>MC_Home 可建立轴控制程序与轴机械定位系统之间的关系</td></tr>
<tr><td>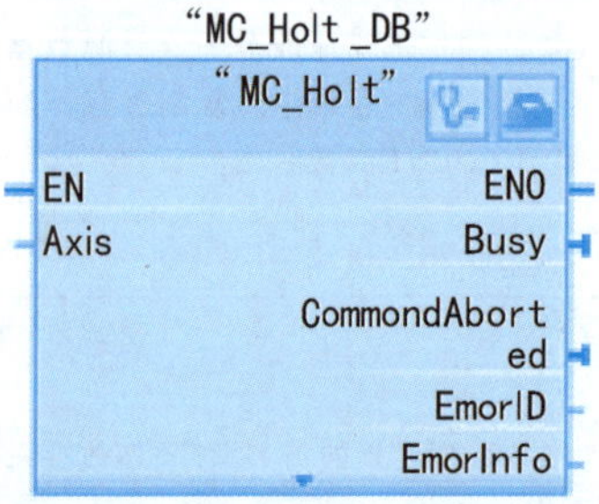
</td><td>MC_Halt 可取消所有运动过程并使轴运动停止。停止位置未定义</td></tr>
<tr><td>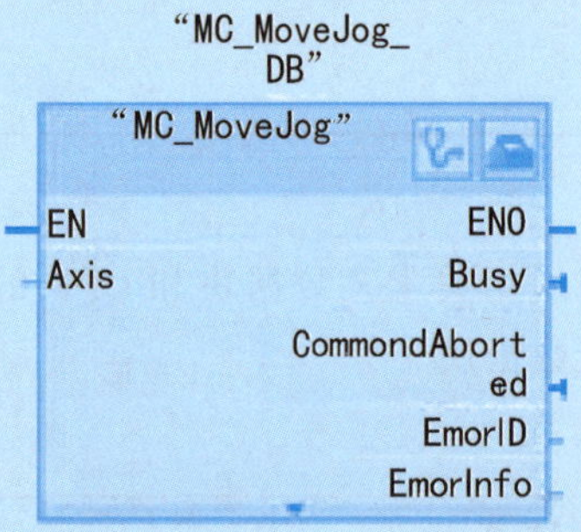
</td><td>MC_MoveJog 可执行用于测试和启动目的的点动模式</td></tr>
<tr><td>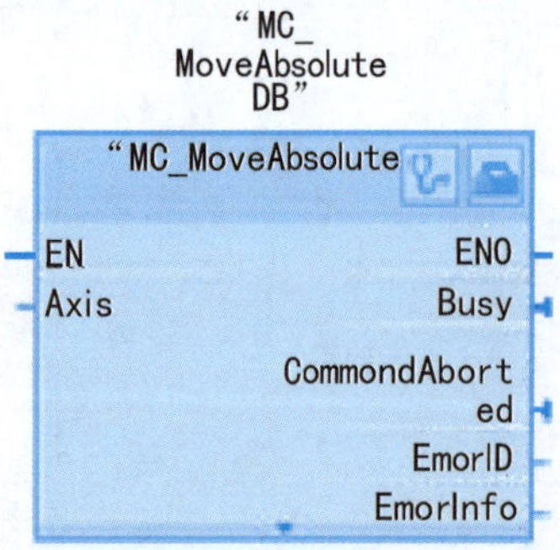
</td><td>MC_MoveAbsolute 可启动到某个绝对位置的运动。该作业在到达目标位置时结束</td></tr>
</table>

（续）

| 指令 | 功能 |
| --- | --- |
| 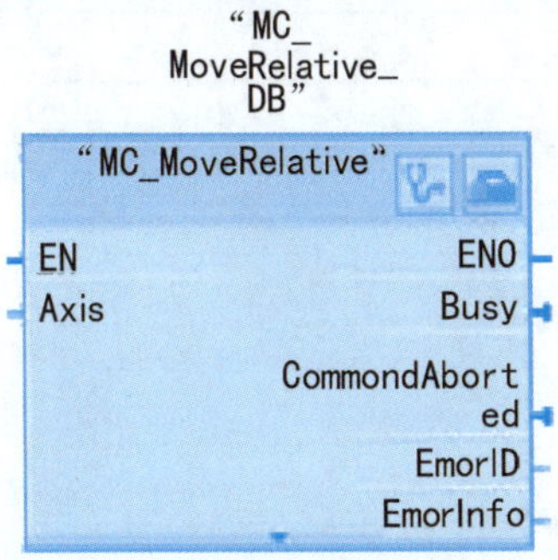 | MC_MoveRelative 可启动相对于起始位置的定位运动 |
| 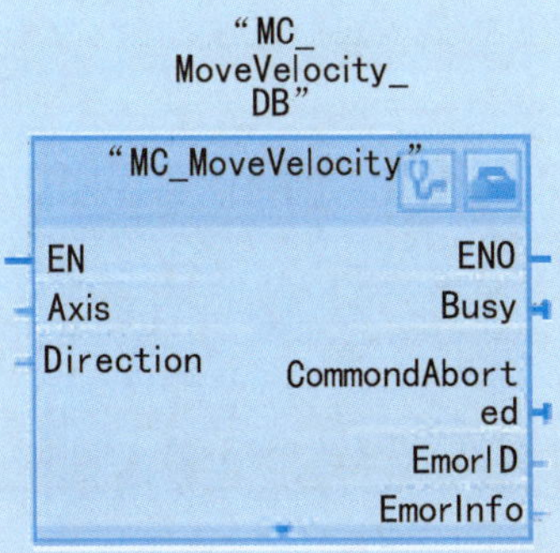 | MC_MoveVelocity 可使轴以指定的速度平动 |

## 【任务实施】

### 1. 旋转料仓控制 I/O 分配

旋转料仓控制 I/O 分配见表 2-14。

表 2-14　旋转料仓控制 I/O 分配

| 序号 | 地址 | 功能 | 序号 | 地址 | 功能 |
| --- | --- | --- | --- | --- | --- |
| 1 | I0.2 | 旋转供料台原点 | 1 | Q0.0 | 旋转供料台电动机方向 |
| 2 | I0.3 | 旋转供料台工件检测 | 2 | Q0.1 | 旋转供料台电动机脉冲 |

### 2. 旋转料仓运动控制

（1）激活脉冲发生器　在项目视图中打开设备配置，选中 CPU，在“属性”对话框的“脉冲发生器（PTO/PWM）”项中，选择“PTO1/PWM1”，如图 2-17 所示，选中“启用该脉冲发生器”选项。在“脉冲选项”中，脉冲发生器的信号类型选择“PTO（脉冲 A 和方向 B）”。硬件输出为系统默认。

（2）组态工艺对象“轴”　“轴”表示驱动的工艺对象，“轴”工艺对象是用户程序与驱动的接口。工艺对象从用户程序中收到运动控制指令，在运行中执行并监视执行状态。运动控制中必须对工艺对象进行组态才能应用控制指令块。如图 2-18 所示，创建轴工艺，并对轴名称进行命名，并选择相应版本。

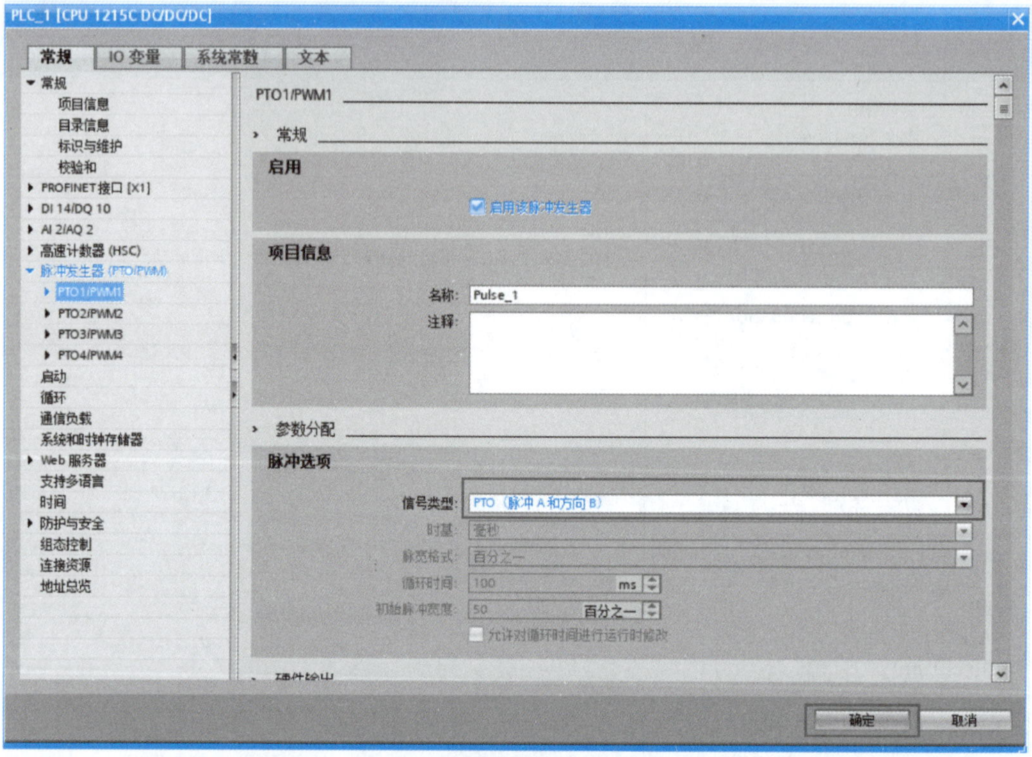


图 2-17　激活脉冲发生器功能

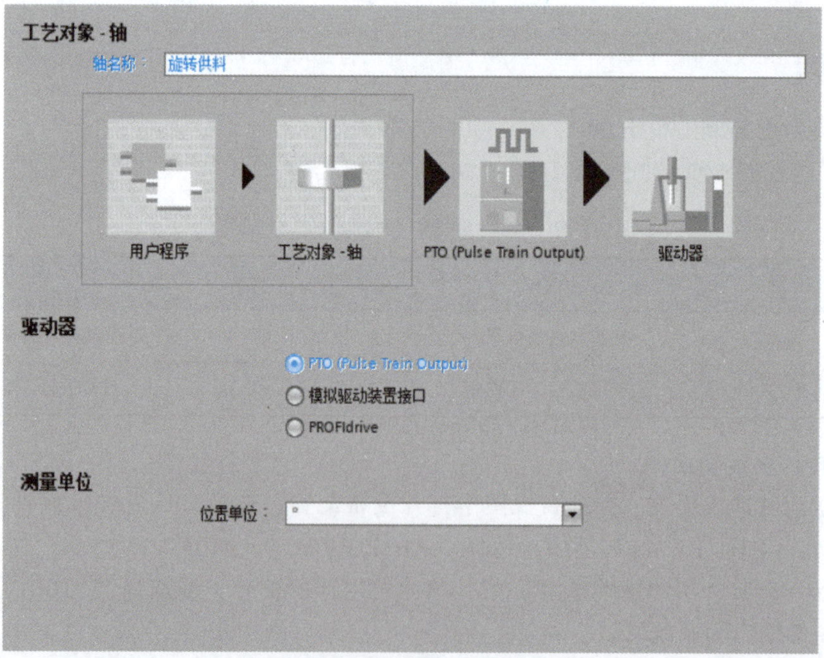


图 2-18　添加旋转供料轴

创建轴工艺完成后，单击轴配置数据块下的组态，在基本参数驱动器选项下设置此轴的脉冲发生器，如图 2-19 所示。

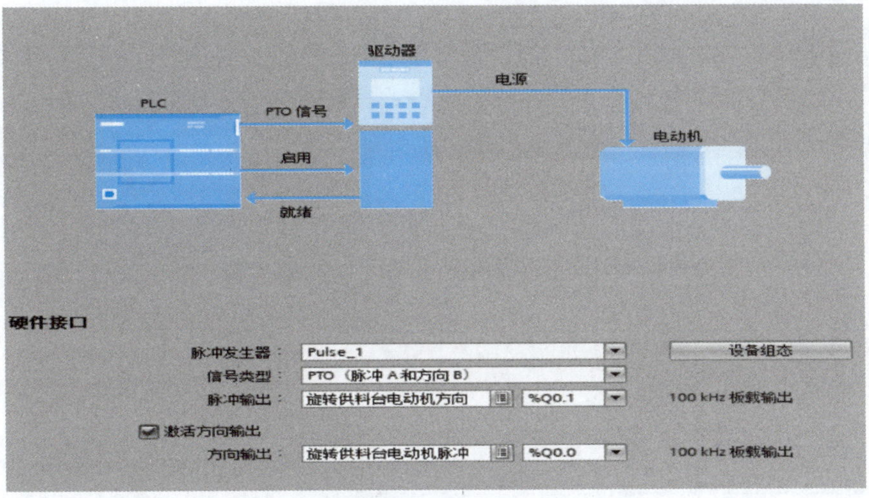


图 2-19　设置轴的脉冲发生器



单击扩展参数下的机械选项，根据电动机参数设定每转脉冲数及负载位移值，如图 2-20 所示。

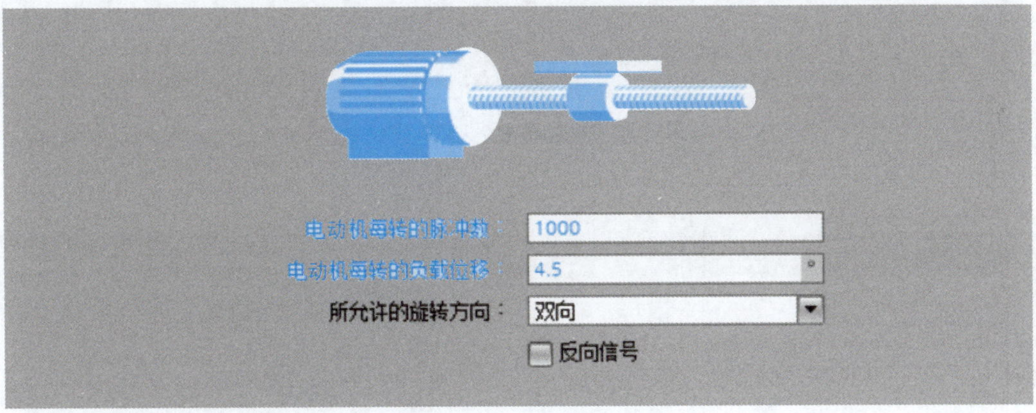


图 2-20　设定电动机参数

单击动态参数下的常规选项，根据实际情况设置轴的速度限值的单位、最大转速、启动/停止速度、加速时间和减速时间，如图 2-21 所示。

单击动态参数下的急停选项，根据实际情况设置最大转速、启动停止时间和急停减速时间，如图 2-22 所示。

（3）添加运动控制指令　在旋转供料模块的控制逻辑中，要求轴能够实现正转、反转、急停、点动和回零这些运动形式，每一个轴都需要添加一个启用轴指令。图 2-23～图 2-26 所示为旋转供料模块中的轴运动控制指令。

（4）编写运动逻辑控制指令　运动逻辑控制指令的功能包括控制轴的各种运动、在什么情况下以何种参数执行什么样的运动。限于篇幅，这里只对关键控制逻辑进行解释，其余可以参考样例程序。图 2-27～图 2-33 所示为旋转供料模块中的运动逻辑控制指令。

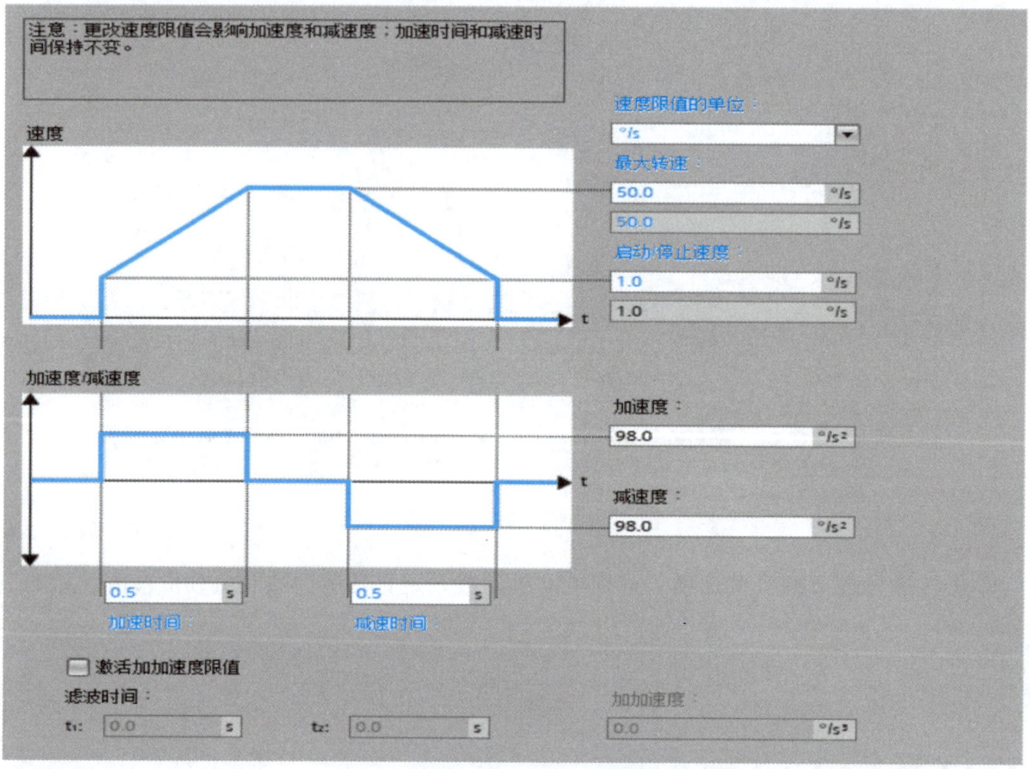


图 2-21 设定电动机加/减速时间

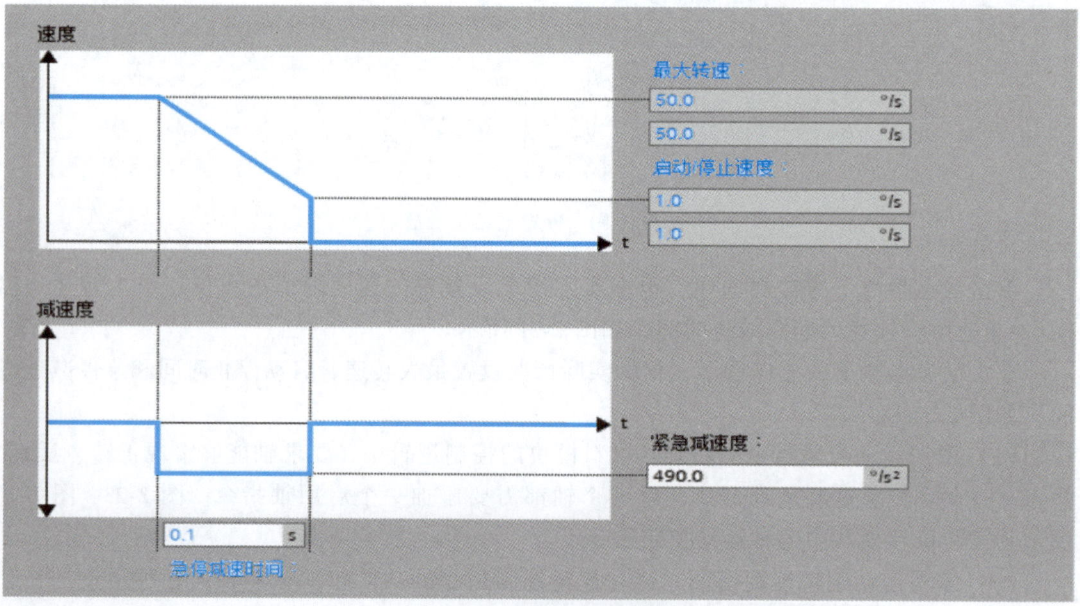


图 2-22 设置急停减速时间

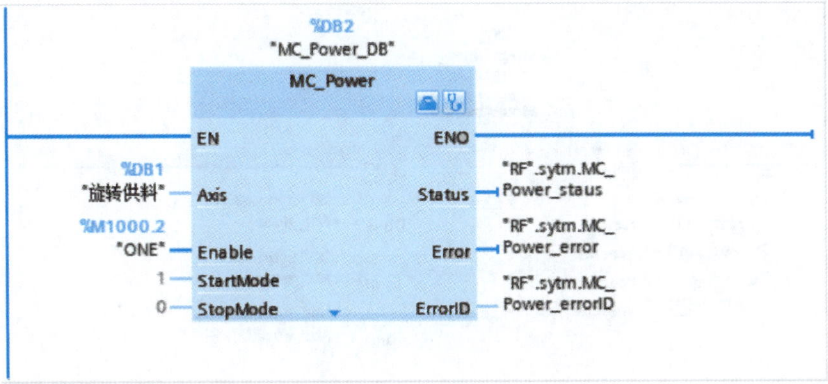


图 2-23　启用轴指令



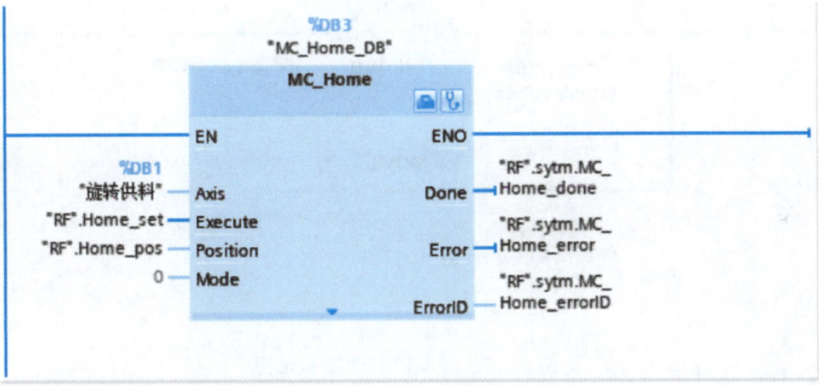


图 2-24　回零指令

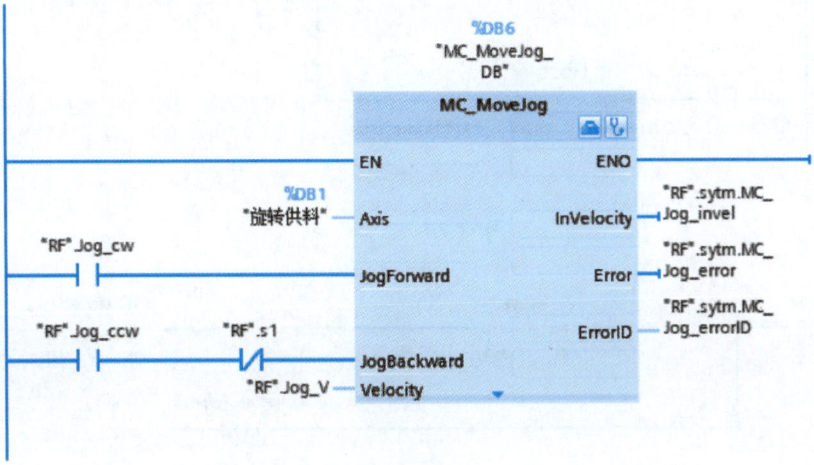


图 2-25　点动指令

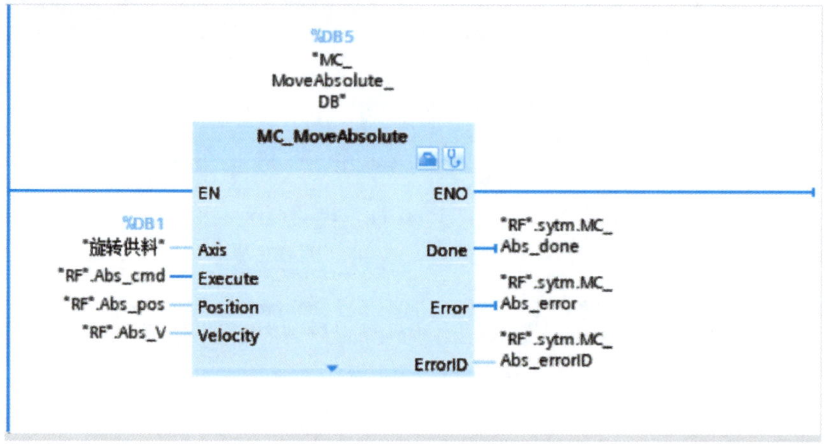


图 2-26 绝对定位指令



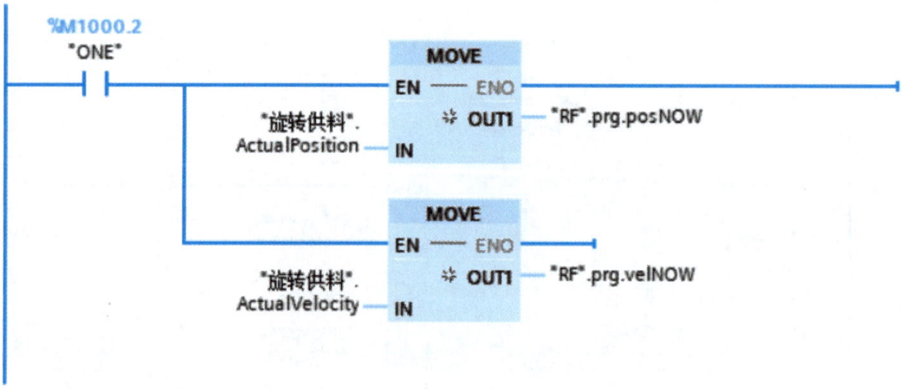


图 2-27 读取轴的速度和位置

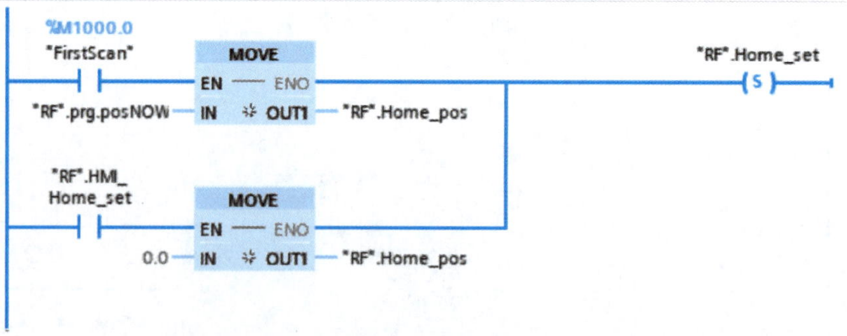


图 2-28 设置原点

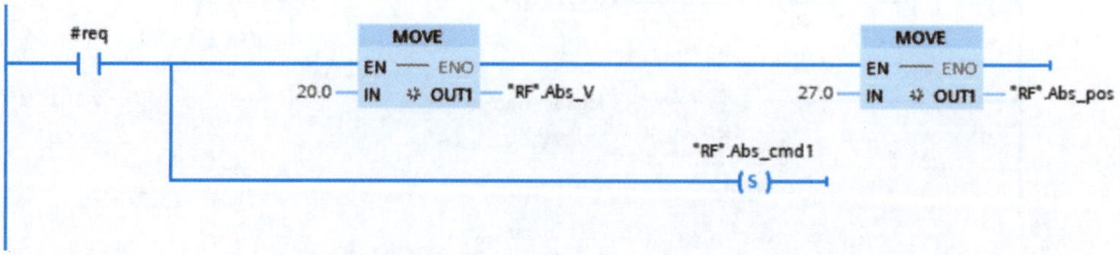


图 2-29 设定轴运动速度为 20°/s，绝对定位到检测位

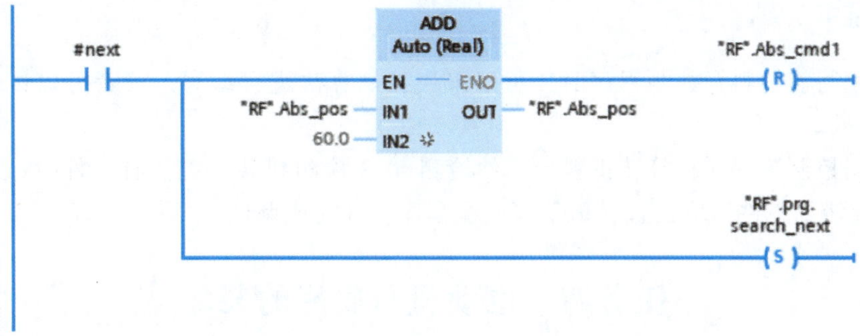


图 2-30 旋转 60°，搜索工件

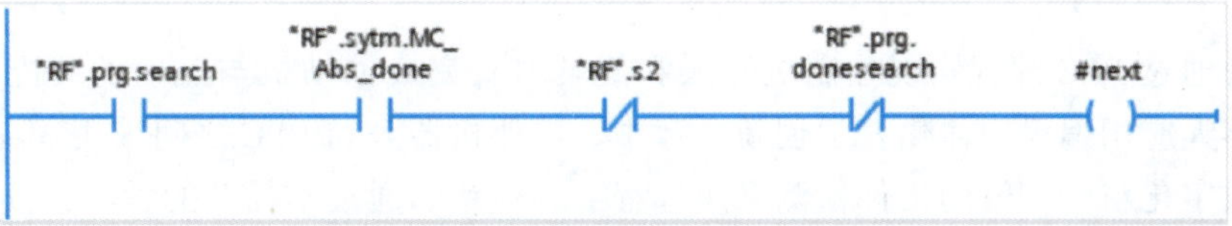


图 2-31 未搜索到进入下一个工位

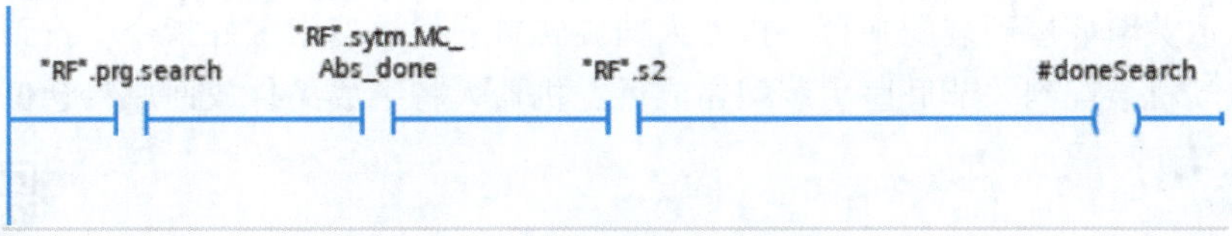


图 2-32 搜索到工件，设置标志

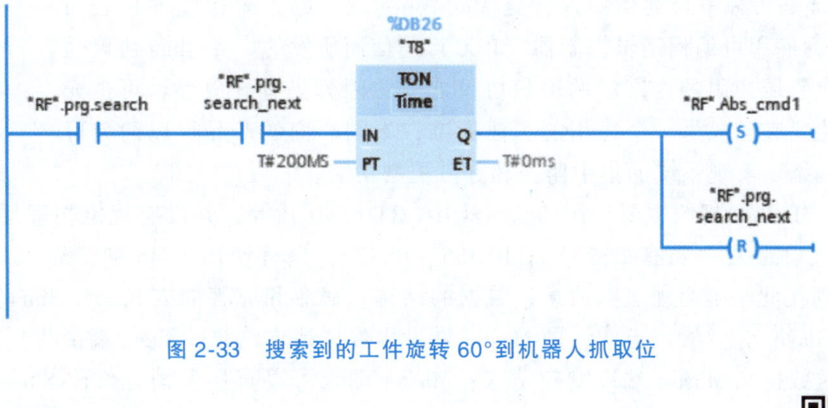


图 2-33 搜索到的工件旋转 60°到机器人抓取位

## 【思考与练习】

旋转料仓 PLC 程序与 HMI 操作界面编写

1. 旋转料仓运行的流程可以有多种，读者可以自己设计至少一种控制流程，并编写 PLC 程序，在设备上调试运行，最后根据运行结果，找出效率最高的一种运行流程。

2. 旋转料仓供料控制中设置了两个传感器，一个是旋转供料台原点检测，一个是旋转供料台工件检测。在本任务控制流程中还设置了一个工件抓取位置，请思考工件抓取位置是以上两个传感器的位置，还是其他位置，可能有几种情况。

【扩展训练】

1. 在编写旋转料仓控制程序时，可以采用控制算法进行编写，读者可以试着编写并完成调试。

2. 根据控制流程，在旋转供料台工件检测 I0.3 检测到某一工位有工件时，旋转料仓要将此工位旋转到工件抓取位置，请编写此段程序，并完成调试。

## 任务四　电动机与底座的装配

【任务描述】

本任务通过 PLC 编程实现控制机器人和旋转料仓完成电动机与底座的装配任务。在华数工业机器人应用编程一体化教学创新平台中，工业机器人和 PLC 之间采用 Modbus TCP 通信协议，数字化料仓工位的工件检测采用远程 I/O 模块。通过本任务的学习，读者将能了解 Modbus 及远程 I/O 的相关知识，掌握远程 I/O 的组态方法，通信数据块的创建及通信指令的相关内容，编写 PLC 控制程序实现 PLC 与机器人的互动，即通过 PLC 发送装配指令并控制机器人抓取关节底座到装配平台，机器人向旋转料仓发送搜索工件指令，找到工件后，机器人抓取电动机装配到关节底座。装配完成后，机器人将半成品件放回原料仓位置。



【知识准备】

PFID 工艺对象配置

### 1. Modbus 通信

Modbus 是一种串行通信协议，是 Modicon（现在的施耐德电气）公司于 1979 年为使用可编程逻辑控制器（PLC）通信而研发的。Modbus 协议是工业自动化领域应用最为广泛的通信协议之一，因为具有开放性、可扩充性和标准化，它已成为一个通用的工业标准，不同厂商的产品可以简单可靠地接入网络，实现系统的集中监控和分散控制功能。

目前，Modbus 规约主要使用的是 ASCII、RTU、TCP 等，并没有规定物理层。而 Modbus 常用的接口形式主要有 RS232C、RS485、RS422，也有使用 RJ45 的，Modbus 的 ASCII、RTU 协议则在此基础上规定了消息、数据的结构、命令和应答的方式。Modbus 数据通信采用 Master/Slave（主/从）方式，即 Master 端发出数据请求消息，Slave 端接收到正确消息后就可以发送数据到 Master 端以响应请求；Master 端也可以直接发消息修改 Slave 端的数据，实现双向读写。

通过用户程序建立 Modbus TCP 连接时，可以使用 MB_CLIENT 指令或 MB_SERVER 指令，并在程序编辑器中分配指令的参数。MB_CLIENT 指令作为 Modbus TCP 客户端通过 TCP 连接进行通信。通过该指令，可以在客户端和服务器之间建立连接，向服务器发送 Modbus 请求并接收相应的 Modbus 响应。用户还可以使用该指令控制 TCP 连接的设置。

MB_SERVER 指令作为 Modbus TCP 服务器通过 TCP 连接进行通信。该指令将处理 Modbus 客户端的连接请求，接收并处理 Modbus 请求并发送响应。用户还可以使用该指令控制 TCP 连接的设置。

在 Modbus TCP 开放式通信中，只要涉及 IP，客户端和服务器就需要通过一个 S7 子网（PROFINET）来连接。设置采用 Modbus TCP 的开放式通信时，主要步骤如下：

1）在 TIA 博途的“设备与网络”编辑器的网络视图中，组态带有 CPU 的 S7-1200 自动化系统。

2）在项目树中，选择“程序块”文件夹。双击该文件夹，打开文件夹中的 OB1，系统将打开程序编辑器。

3）从“指令”任务卡→“通信”区域→“其他”→“MODBUS TC”中，选择所需的指令（如 MB_CLIENT）并拖放到 OB1 的程序段中。

4）分配 MB_CLIENT 或 MB_SERVER 指令的参数。分配参数时，应遵守以下规则：必须为每个 MB_CLIENT 连接指定 IPv4 服务器地址；每个 MB_CLIENT 或 MB_SERVER 连接都必须使用具有数据结构 TCON_IP_v4 的唯一背景数据块；连接 ID 与背景数据块组合成对，对于每个连接，组合对都必须唯一。

5）将硬件组态和用户程序下载到 CPU。

如果使用 Modbus TCP 服务器作为连接到 Modbus RTU 协议的网关，则使用静态参数 MB_UNIT_ID 对串行网络中的从站设备编址。MB_UNIT_ID 参数对应于 Modbus RTU 协议中该从站地址的字段。在此情况下，MB_UNIT_ID 参数会将请求转发到正确的 Modbus RTU 从站地址。用户不必亲自进行网关功能编程，可以在与 MB_CLIENT 指令关联的背景数据块中找到 MB_UNIT_ID 参数。



华数工业机器人应用编程一体化教学创新平台中，PLC 与工业机器人之间的通信是以工业机器人为主站（Master）、以 PLC 为从站（Slave）建立通信关系的。PLC 与机器人 IPC 的数据交互有读和写两种，并且两种对应的区域也不同，总共有四个部分：写 IPC 中的 DI、读 IPC 中的 DQ、写 IPC 中的 RI 和读 IPC 中的 RQ，而“MB_CLIENT”指令每次只能传递一个部分的数据，因此通信指令需要调用四次。在西门子的 PLC 中，“MB_CLIENT”指令不论调用几次，都需要在同一背景数据块中运行，否则会导致通信失败。因此在编写程序时，需要注意这一点。表 2-15 是 MB_CLIENT 指令的参数说明。

表 2-15 MB_CLIENT 指令的参数说明

| 参数 | 声明 | 说 明 |
|---|---|---|
| REQ | 输入 | FALSE＝无 Modbus 通信请求<br>TRUE＝请求与 Modbus TCP 服务器通信 |
| DISCONNECT | 输入 | 0:且连接不存在时,可启动建立被动连接<br>1:且连接存在时,断开连接 |
| MB_MODE | 输入 | 模式选择：分配请求类型（0＝读，1＝写） |
| MB_DATA_ADDR | 输入 | 分配 MB_CLIENT 访问的数据的起始地址 |
| MB_DATA_LEN | 输入 | 数据长度：数据访问的位数或字节数 |
| MB_DATA_PTR | 输入/输出 | 指向 Modbus 数据寄存器的指针：寄存器缓冲数据进入 Modbus 服务器或来自 Modbus 服务器。该指针必须分配一个标准全局 DB 或一个 M 存储器地址 |
| CONNECT | 输入/输出 | 指向连接描述结构的指针。可以使用以下结构（系统数据类型）：<br>1）TCON_IP_v4：包括建立指定连接时所需的所有地址参数。使用 TCON_IP_v4 时，可通过调用指令“MB_CLIENT”建立连接<br>2）TCON_Configured：包括所组态连接的地址参数。使用 TCON_Configured 时，将使用下载硬件配置后由 CPU 创建的已有连接 |

（续）

| 参数 | 声明 | 说　明 |
|---|---|---|
| DONE | 输出 | 上一请求已完成且没有出错后，DONE 位将保持为 TRUE 一个扫描周期时间 |
| BUSY | 输出 | 0：无 MB_CLIENT 操作正在进行<br>1：MB_CLIENT 操作正在进行 |
| ERROR | 输出 | 0：无错误<br>1：出错。出错原因由参数 STATUS 指示 |
| STATUS | 输出 | 指令的详细状态信息 |

其中，CONNECT 需要在数据块中建立对应的数据类型（TCON_IP_v4）变量来连接这个引脚。下面对 TCON_IP_v4 所要修改的参数及相应意义进行说明。

1）Interface Id：硬件标识符（PLC 以太网口标识符“Local~PROFINET_接口_1”）。

2）ID：连接 ID（1~4095）。

3）Active Established：建立连接。主动为 1（客户端），被动为 0（服务器）。

4）Remote Address：远程设备 IP 地址。

5）Remote Port：远程端口号。



### 2. 远程 I/O

远程 I/O SIMATIC ET 200SP 是一个高度灵活的可扩展分布式 I/O 系统，用于通过现场总线将过程信号连接到上一级控制器。因为 SIMATIC ET 200SP 分布式 I/O 系统的功能十分全面，因此适用于各种应用领域。而扩展设计允许用户根据当地的需求调整具体的组态，使用不同的 CPU 接口模块连接到 PROFINET I/O 或 PROFIBUS DP。华数工业机器人应用编程一体化教学创新平台中，ET 200SP 通过以太网线连接到 PLC 的 PROFINET 端口，通过 PROFINET 通信方式与 PLC 建立连接。

建立机器人和 PLC 通信

## 【任务实施】

### 1. 组态远程 I/O

打开网络视图窗口，在硬件目录中找到本设备中使用的 ET 200SP 型号，将其拖动到左侧窗口的空白处，单击 ET 200SP 的以太网口，将其控制器分配到 PLC_1，如图 2-34 所示。

双击 ET 200SP 模块，进入设备视图窗口，在硬件目录中找到本设备中使用的信号模块型号，将其拖放到机架 1 中，如图 2-35 所示。

在硬件目录中找到本设备中使用的服务器模块型号，将其拖放到机架 2 中，如图 2-36 所示。

选中信号模块，在属性→常规→I/O 地址中，可以设置 I/O 地址，如图 2-37 所示。

返回网络视图，在属性→常规→以太网地址中，可以设置 ET 200SP 的 IP 地址，如图 2-38 所示。

数字化料仓工位工件有无信号通过远程 I/O 传输给 PLC，立体仓库工位检测远程 I/O 地址列表见表 2-16。

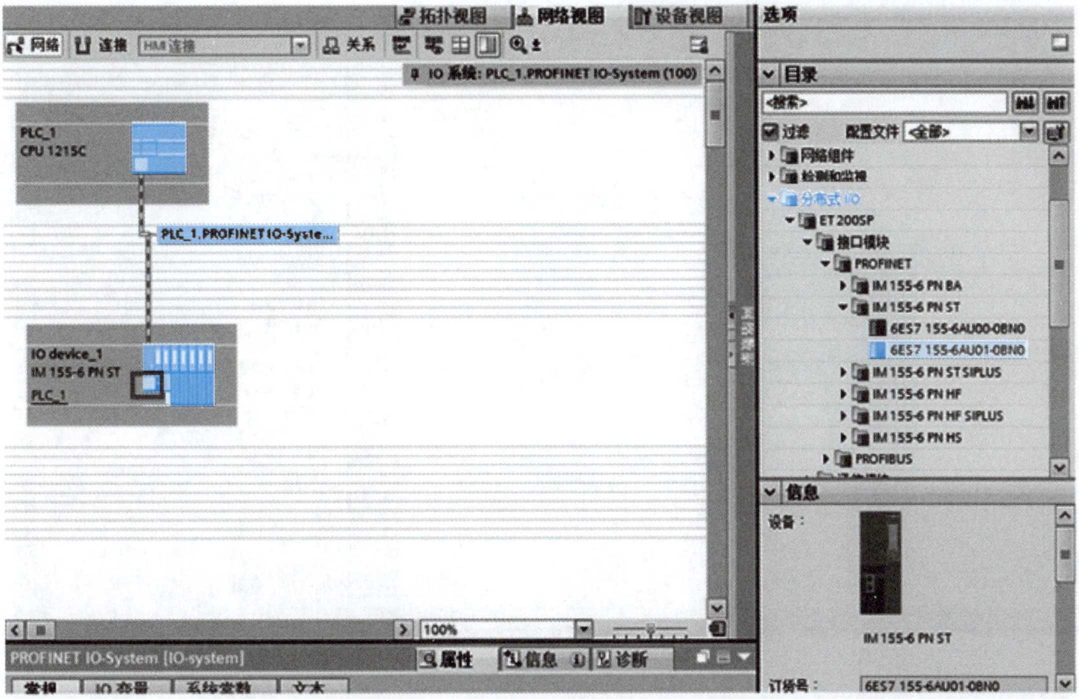


图 2-34　组态远程 I/O 接口模块

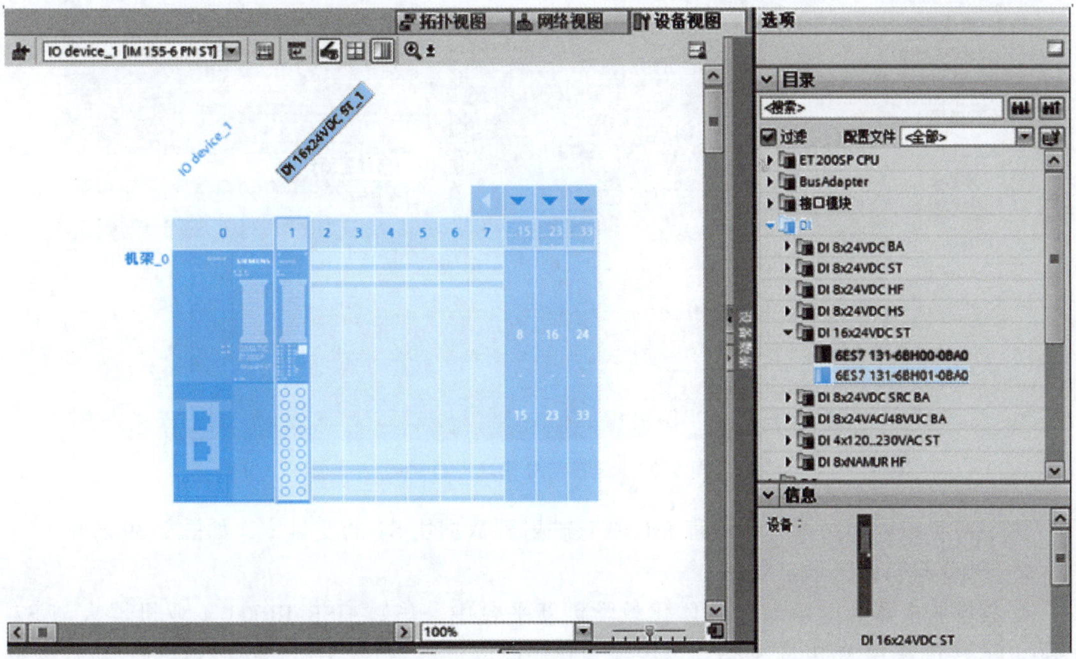


图 2-35　组态远程 I/O 信号模块

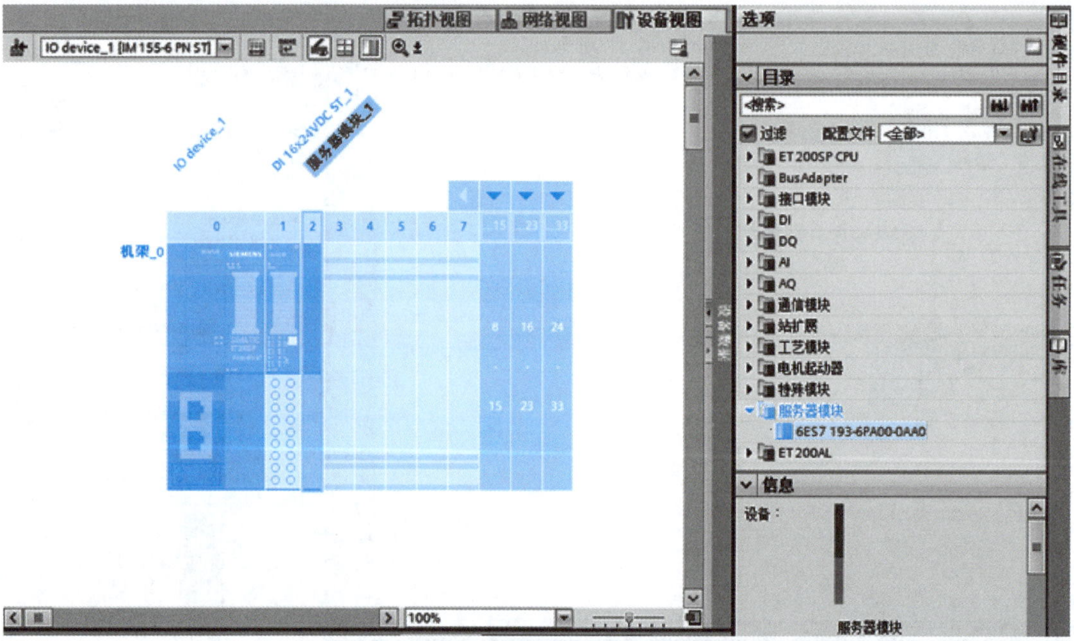


图 2-36 组态服务器模块

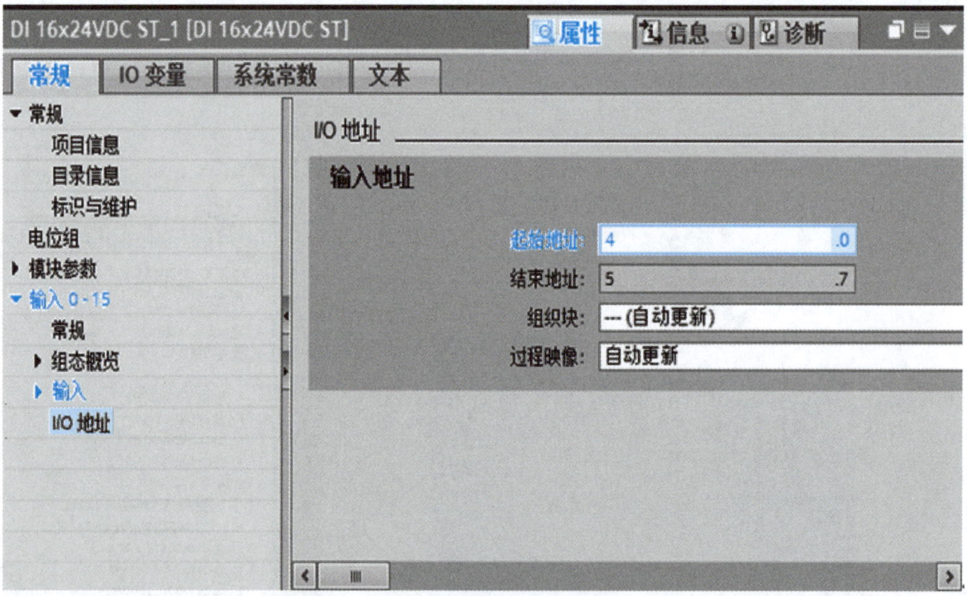


图 2-37 设置信号模块 I/O 地址

为了便于编程和阅读，将远程 I/O 变量映射到数据块 ST 的变量中，如图 2-39 所示。

### 2. PLC 与机器人通信程序

华数工业机器人应用编程一体化教学创新平台中，华数 HSR-JR603 工业机器人与 S7-1200 PLC 之间采用 Modbus 通信，需要编写程序读取机器人 IPC 中 R 寄存器数据，将数据写入机器人 IPC 中的 R 寄存器。限于篇幅，这里只给出具体的程序示例，其他程序读者可以参照本书示例程序。

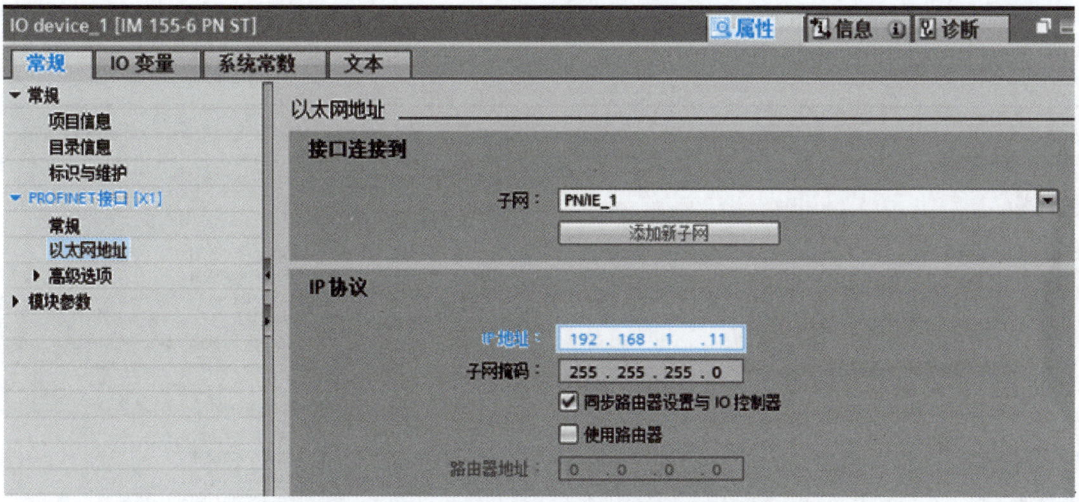


图 2-38　设置远程 I/O 模块 IP 地址

表 2-16　立体仓库工位检测远程 I/O 地址列表

| DI | 功能 | DI | 功能 |
|---|---|---|---|
| I4. 0 | 101 号工位 | I5. 0 | — |
| I4. 1 | 102 号工位 | I5. 1 | — |
| I4. 2 | 103 号工位 | I5. 2 | — |
| I4. 3 | 201 号工位 | I5. 3 | — |
| I4. 4 | 202 号工位 | I5. 4 | — |
| I4. 5 | 203 号工位 | I5. 5 | — |
| I4. 6 | — | I5. 6 | — |
| I4. 7 | — | I5. 7 | — |

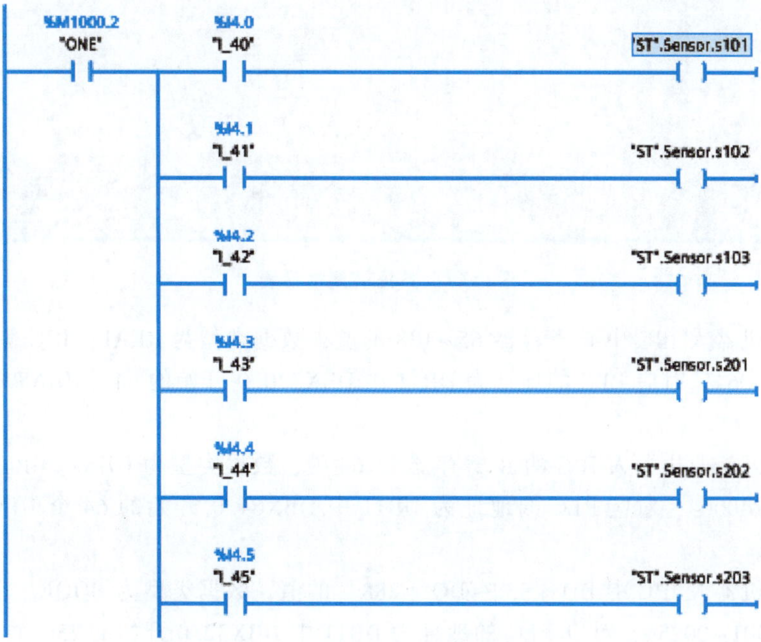


图 2-39　远程 I/O 变量映射程序

通信数据块如图 2-40 所示。对于这个数据块，一定要在属性中取消选中“优化的块访问”选项，如图 2-41 所示。

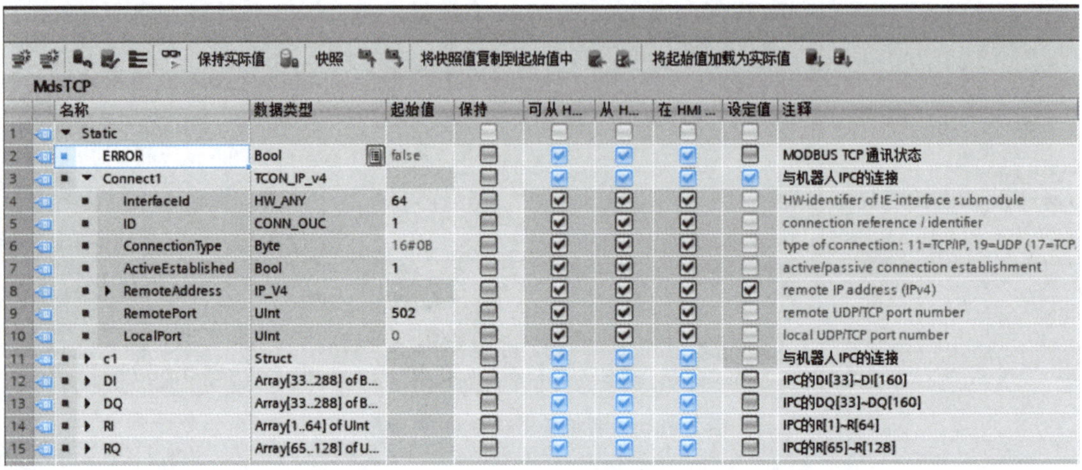


图 2-40 通信数据块

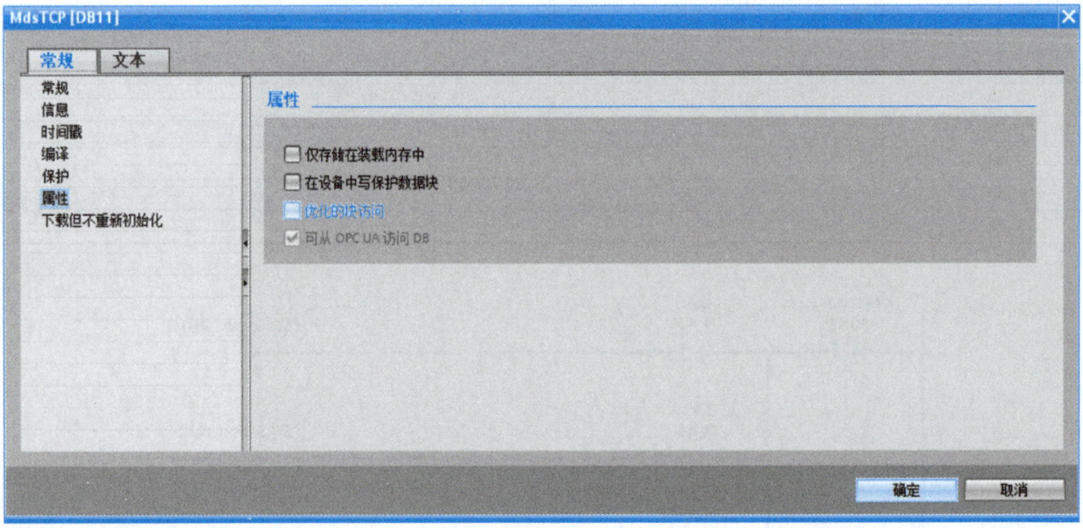


图 2-41 数据块属性设置

读取工业机器人 IPC 中 R 寄存器 65~128 的值，数据类型为 REAL。IPC 侧的 Modbus 地址为 30001~30064，对应 PLC 的地址为 DB11 中 DBX320.0 开始的 64 个 UINT 的存储区，如图 2-42 所示。

将数据写入工业机器人 IPC 的 R 寄存器 1~64 中，数据类型为 REAL。IPC 侧的 Modbus 地址为 40001~40064，对应 PLC 的地址为 DB11 中 DBX64.0 开始的 64 个 UINT 的存储区，如图 2-43 所示。

读取工业机器人 IPC 中 DQ［33］~DQ［288］的值，数据类型为 BOOL。IPC 侧的 Modbus 地址为 00001~00256，对应 PLC 的地址为 DB11 中 DBX32.0 开始的 256 个 BOOL 的存储区，如图 2-44 所示。

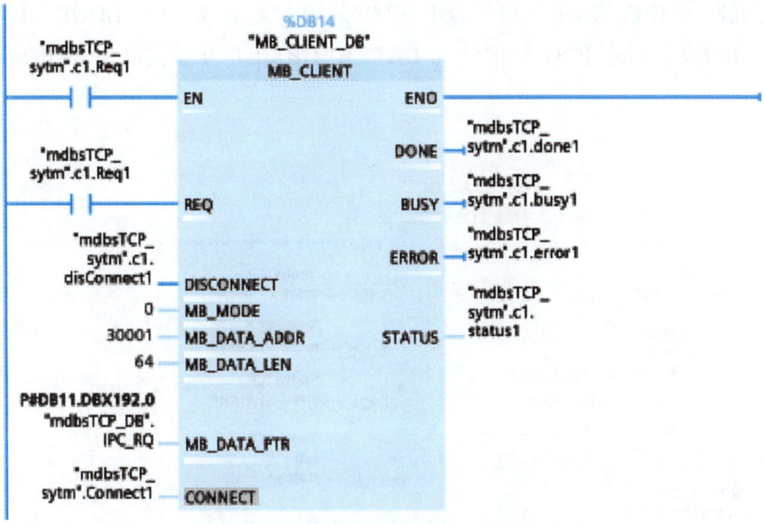


图 2-42 读取工业机器人 IPC 中 R 寄存器 65~128 的值

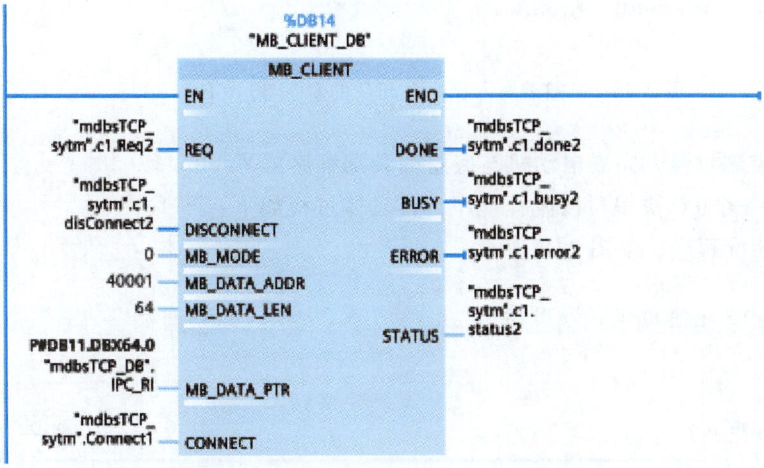


图 2-43 将数据写入工业机器人 IPC 的 R 寄存器 1~64 中

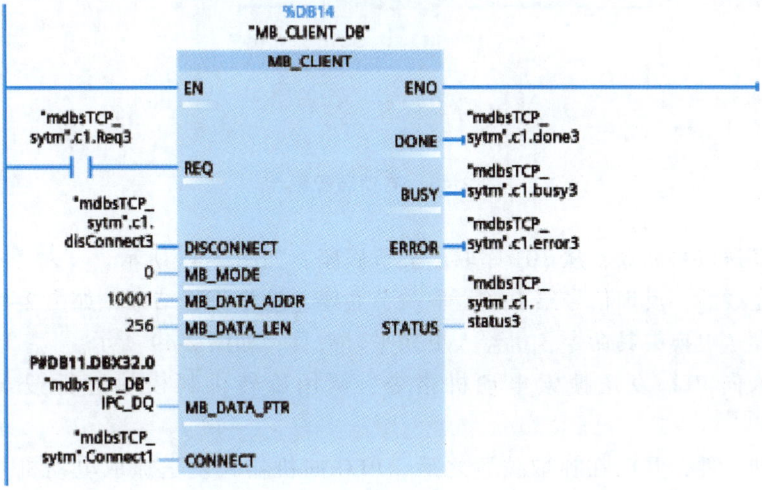


图 2-44 读取工业机器人 IPC 中 DQ［33］~DQ［288］的值

将数据写入机器人 IPC 的 DI［33］~DI［288］中，数据类型为 BOOL。IPC 侧 Modbus 的地址为 40001~40064，对应 PLC 的地址为 DB11 中 DBX0.0 开始的 256 个 BOOL 的存储区，如图 2-45 所示。

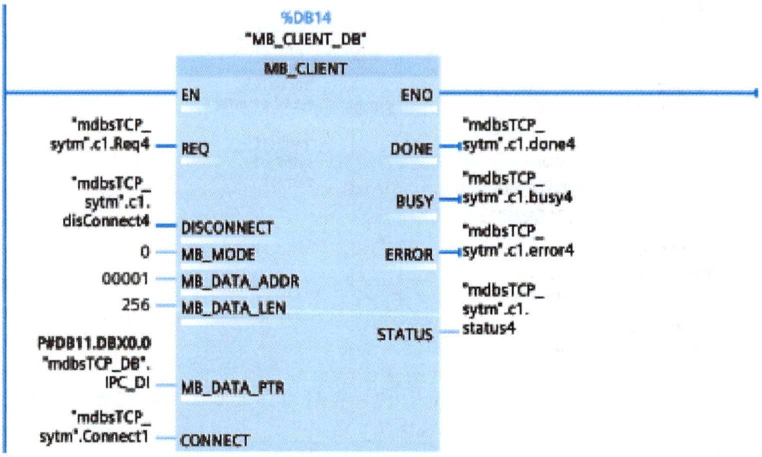


图 2-45　将数据写入机器人 IPC 的 DI［33］~DI［288］中

### 3. PLC 控制机器人完成电动机与底座的装配程序编写

这里采用一个 FC 块编写该流程程序，其具体过程如下：

1）启动装配程序，如图 2-46 所示。

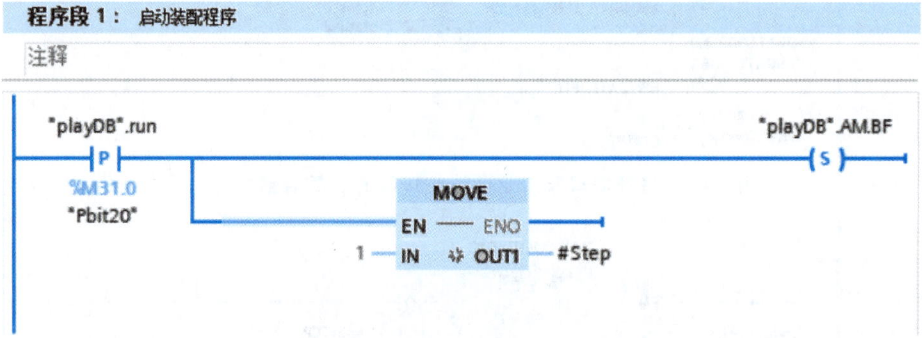


图 2-46　启动装配程序

2）PLC 发送取料命令，从 101 库取出关节底座，如图 2-47 所示。

3）取料完成后，反馈信号给 PLC，取关节底座，动作流程结束，如图 2-48 所示。

4）PLC 发送更换夹具命令，机器人更换平口夹具，如图 2-49 所示。

5）机器人向 PLC 发送搜索电动机指令，调用旋转供料模块进行搜索，如图 2-50 所示。

6）搜索到工件，并已在抓取位置之后，PLC 向机器人发送抓取电动机并进行装配命令，如图 2-51 所示。

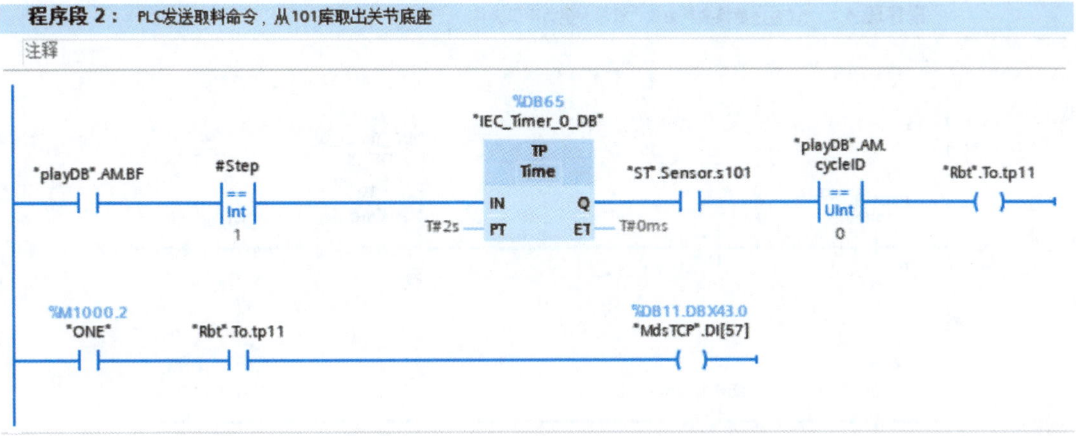


图 2-47　从 101 库取出关节底座



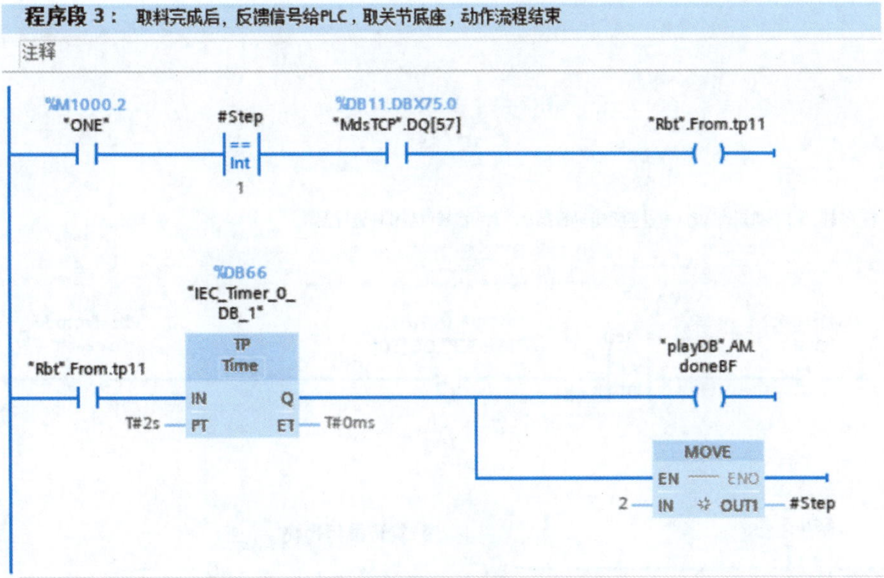


图 2-48　取料完成

7）PLC 向机器人发送更换弧口夹具命令，如图 2-52 所示。

8）PLC 向机器人发送从装配平台抓取工件到 101 仓位命令，如图 2-53 所示。

9）放回弧口夹具并回零，如图 2-54 所示。

PLC 流程控制程序需要与相应的机器人程序配合使用，并且 PLC 每发出一条命令，在机器人完成相应动作之后，要得到相应的应答，这也是工业现场需要的。

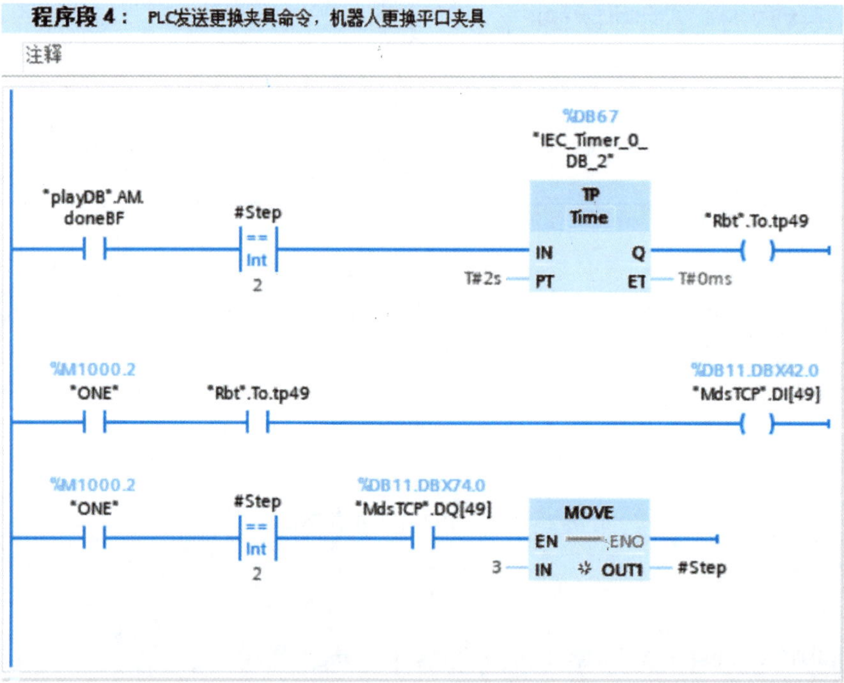


图 2-49　更换平口夹具

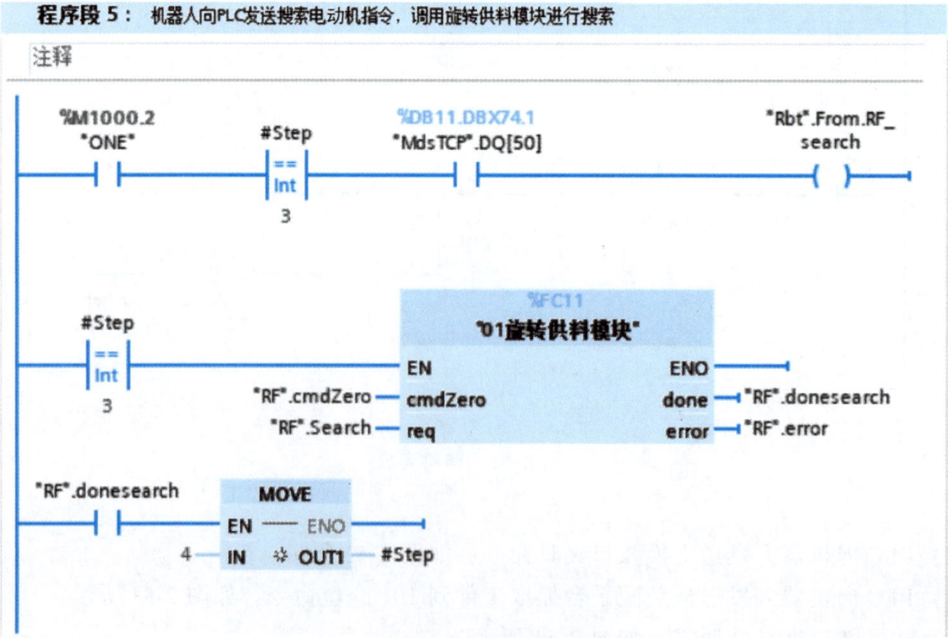


图 2-50　调用旋转供料模块搜索工件

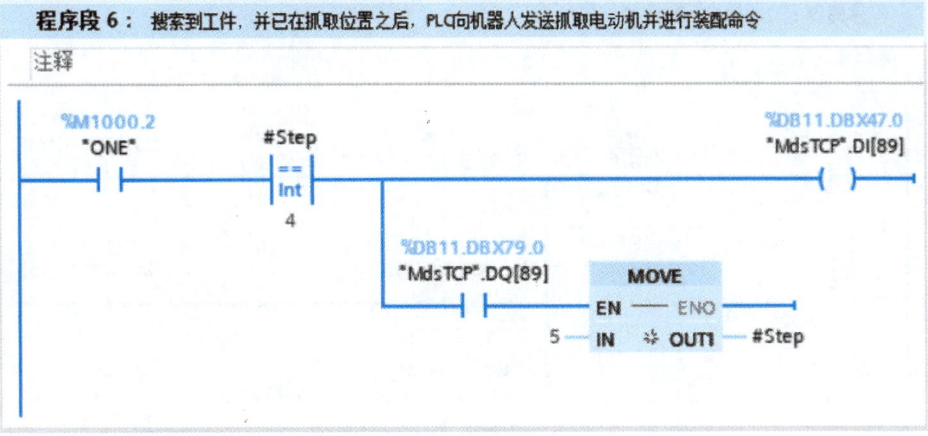


图 2-51　抓取电动机并进行装配

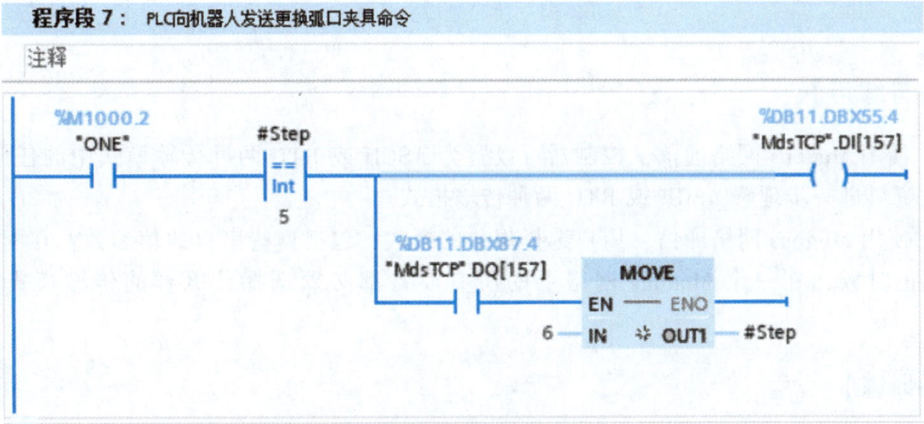


图 2-52　更换弧口夹具

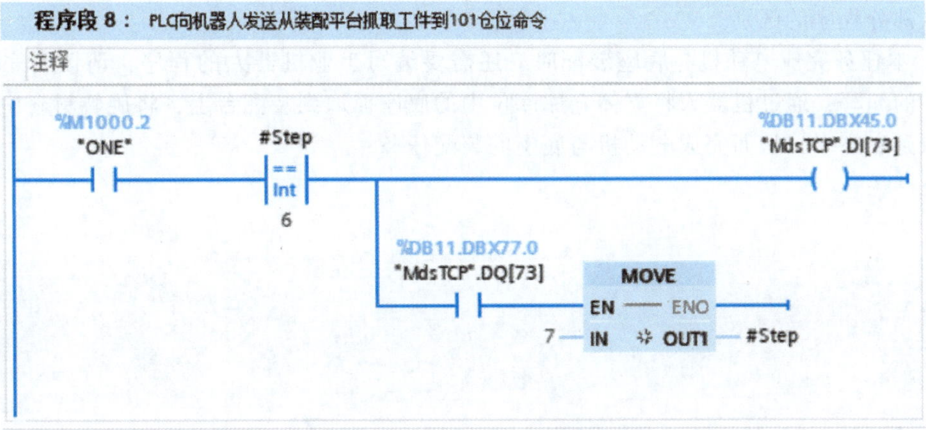


图 2-53　抓取工件到 101 仓位

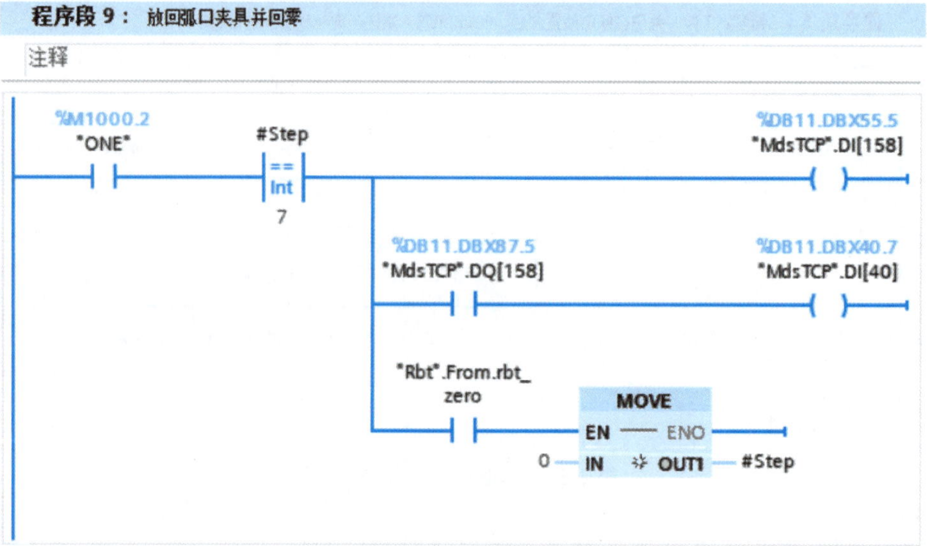


图 2-54 放回弧口夹具并回零

## 【思考与练习】

1. 使用 Modbus 网络通信，控制器可设置为 ASCII 或 RTU 两种传输模式中的任何一种。请查找资料进一步理解 ASCII 或 RTU 两种传输模式。

2. 使用 Modbus 网络通信，用户选择想要的模式，包括哪些串口通信参数？在配置每个控制器的时候，在一个 Modbus 网络上的所有设备都必须选择什么样的传输模式和串口参数？

## 【扩展训练】

1. 本任务在编写通信程序时，仅编写了读取机器人 IPC 中 R 寄存器数据和将数据写入机器人 IPC 中的 R 寄存器中的程序。在工程实际中，应用 Modbus 通信，经常还要编写读 Modbus TCP 通信错误代码的程序，请读者完成这部分程序，并在调试后说明有这部分程序和无这部分程序的区别。

2. 本任务完成电动机与底座装配时，还需要编写工业机器人的程序，请读者完成这部分程序的编写，通过机器人将立体仓库库位中的底座抓取到装配台上，将旋转料仓中的电动机抓取到底座中，从而完成电动机与底座的装配任务。

# 项目三 机器人关节部件视觉分拣编程

## 【项目目标】

### 1. 知识目标

1）描述视觉系统的工作原理及流程。

2）描述视觉系统的组成。

3）描述视觉标定的方法。

4）设计视觉模板并描述颜色识别的方法。

5）描述视觉系统与机器人、PLC 的联调方法。

### 2. 技能目标

1）能够实现 VisionMaster、PLCInterface 的安装和配置。

2）能够实现对工件颜色及形状的识别。

3）能够完成视觉系统与 PLC、机器人的联调。

### 3. 素养目标

1）培养学生具备安全操作意识。

2）培养学生具备团结协作精神。

3）培养学生具备独立创新意识。

## 【知识结构】

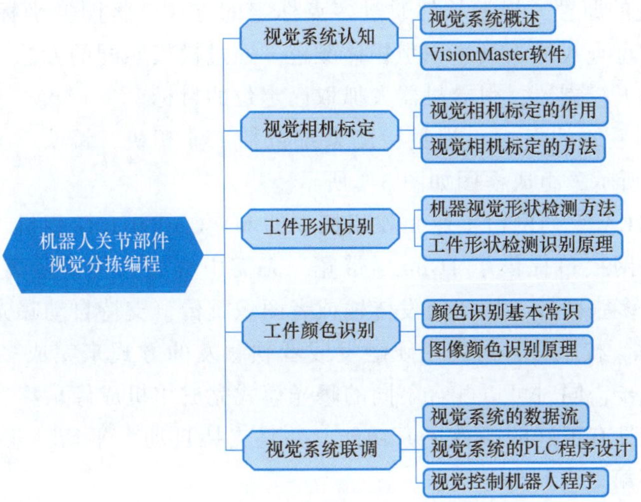

# 任务一 视觉系统认知

## 【任务描述】

验证视觉系统的数据

视觉系统就是用机器代替人眼来做测量和判断。视觉系统一般通过机器视觉产品（即图像摄取装置，分为 CMOS 和 CCD 两种）将被摄取目标转换成图像信号，传送给专用的图像处理系统，根据像素分布、亮度和颜色等信息，转变成数字化信号；图像系统对这些信号进行各种运算来抽取目标的特征，进而根据判别的结果来控制现场的设备动作。视觉系统经常被应用在生产、装配、包装和检测缺陷等方面。

本任务以华数工业机器人应用编程一体化教学创新平台中用到的海康威视视觉配置软件为载体，介绍视觉系统的组成以及各部分的作用。通过本任务的学习，读者要学会视觉配置软件 VisionMaster 与 PLCInterface 的安装与配置，为后续视觉系统各部分的调试与编程打下基础。

## 【知识准备】

为完成视觉系统设置，读者需要先了解 VisionMaster、PLCInterface 两款软件对计算机配置的要求，并且应具有一定的软件安装基础。



### 1. 视觉系统概述

视觉系统由 6 轴工业机器人、视觉检测系统、基础工作台、PC 平台和分拣机构组成。通过对该教学平台的工件进行视觉分拣、视觉定位抓取、检测、搬运和定位放置等操作实训，可以更直观地了解机器人视觉系统的组成及原理，学习智能视觉流程编辑，培养学员的机器人基础操作能力及机器人视觉系统综合应用能力。

（1）视觉系统的作用　在来料位置不固定、来料型号多样化并且颜色有差异时，通过视觉系统可以识别来料型号、颜色并定位到物体坐标，引导机器人将物体放置在指定区域。

（2）视觉系统的原理　视觉软件通过多点标定的方法，将图像坐标系与机器人坐标系建立关系。使用颜色查找的工具来识别物体颜色。通过模板匹配的方法，定位到目标物体的坐标并传送给机器人控制器，引导机器人抓取已定位的目标。

（3）视觉检测系统的组成　视觉检测系统包括工业相机、镜头、光源和视觉控制器。其实物图如图 3-1 所示，组成框图如图 3-2 所示。

海康威视 CE&CA 系列网口工业面阵相机中的 MV-CA060-10G 相机（图 3-3）的功能特性如下：千兆以太网接口提供了 1Gbit/s 带宽，无需中继最大传输距离可达 100m，128MB 板上缓存，可缓存多张图片，用于突发传输或者图像重传，支持自动曝光控制、用户自定义查找表 LUT、Gamma 校正等，可使用硬触发或者软触发的方式来完成多台相机或者相机与外部设备之间的同步，同时可以配合不同的曝光模式完成相机成像采集。该相机植入了优异的图像插值算法，具有更好的颜色还原功能，并且支持自动白平衡，兼容 GigE Vision 协议 V1.2，可无缝链接第三方软件。

图 3-1 视觉检测系统的实物图

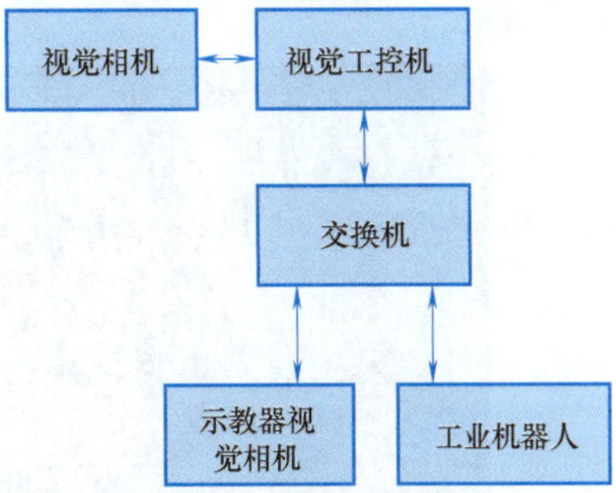


图 3-2 视觉检测系统的组成框图

图 3-3 海康威视 MV-CA060-10G 相机的实物图



### 2. VisionMaster 软件

VisionMaster 软件是与海康威视相机配套的图像处理软件。该软件封装了千余种海康威视自主开发的图像处理算子，形成了强大的视觉分析工具库，无需编程，通过简单灵活的配置，便可快速构建机器视觉应用系统。该软件旨在为客户提供解决视觉应用的基础工具，让视觉应用更轻松，大幅增强了客户体验，主要实现工件的有无检测、正反检测、形状的识别、颜色的区分、位置的判断、定位以及尺寸测量等功能。VisionMaster 软件图标如图 3-4 所示。

图 3-4 VisionMaster 软件图标

VisionMaster 软件具有如下特点：

1）响应快。在 VisionMaster 视觉识别系统中，所有的识别算法都是海康威视自主开发的，有很快的响应时间和灵活的处理方式。

2）界面友好。VisionMaster 编辑界面拥有多种设计图形，能够实现各种图形化交互，也可以进行拖曳式操作，完成可视化操作。

3）功能强大。系统内部包含千余种图像处理算子，算法性能优异。可以根据需要自行编辑界面，有丰富的通信接口。

4）兼容性强。支持 GigE Vision USB3 Vision 协议标准，可以接入多种品牌的相机。

## 【任务实施】

### 1. VisionMaster 的安装

打开 VisionMaster 安装程序开始安装，按步骤执行即可完成软件安装。软件安装完成后有完成提示，如图 3-5 所示。

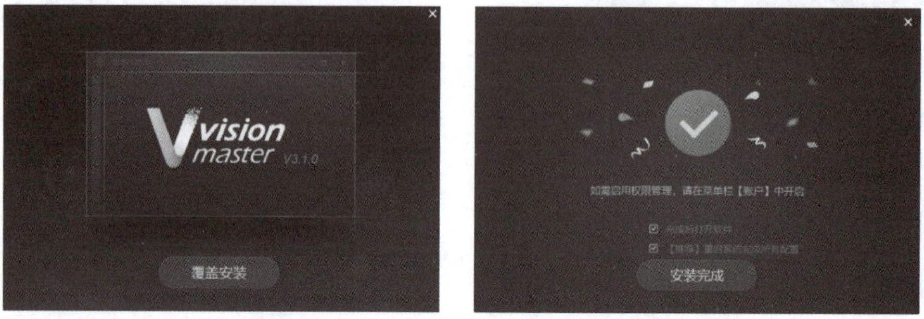


a) 安装开始　　b) 安装完成

图 3-5　VisionMaster 软件安装示意图

### 2. VisionMaster 的界面介绍

VisionMaster 的界面如图 3-6 所示，该界面由菜单栏、工具栏、图像显示栏、状态显示栏和流程图区组成，用户可以根据工具栏提供的控件和自身需要设计流程图。

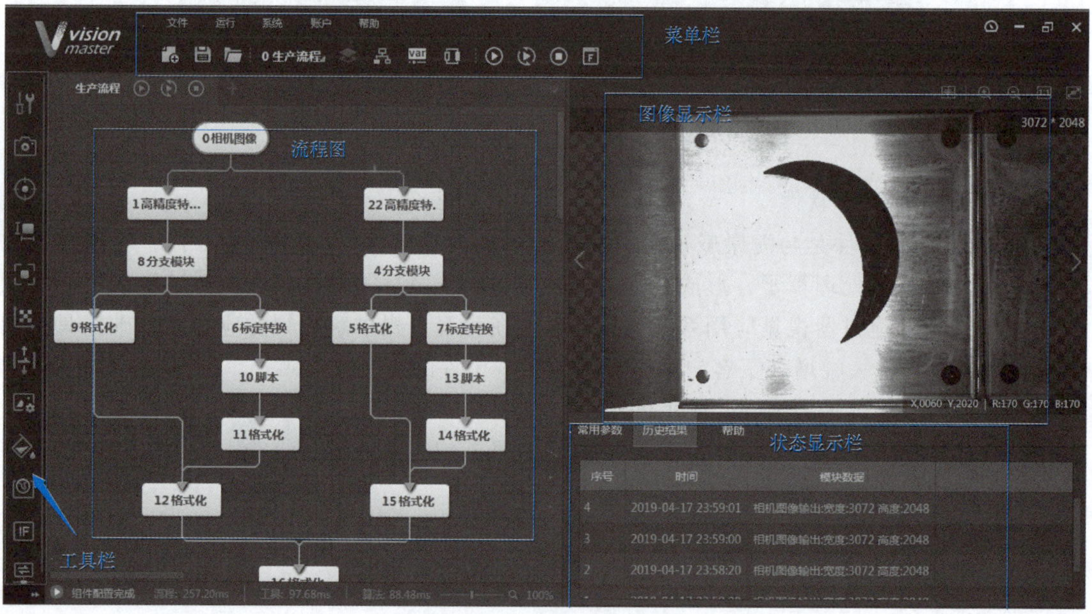


图 3-6　VisionMaster 的界面

### 3. PLCInterface 通信配置

1）机器人端：无须配置，通过二次开发接口接收数据。

2）工控机端：打开 PLCInterface 软件，按图 3-7 所示配置：A 型连接目标 IP 为 192.168.1.200，或者 B 型连接目标 IP 为 192.168.1.201，分别连接机器人和软件。

### 4. 工控机网络通信配置

在工控机网络通信配置界面设置网卡 IP 地址，与机器人的 IPC 地址为同一网段：192.168.1.213（A 型）或者 192.168.1.214（B 型）与机器人通信配置。工控机网络通信配置如图 3-8 所示。系统将自动获取与相机的通信配置。

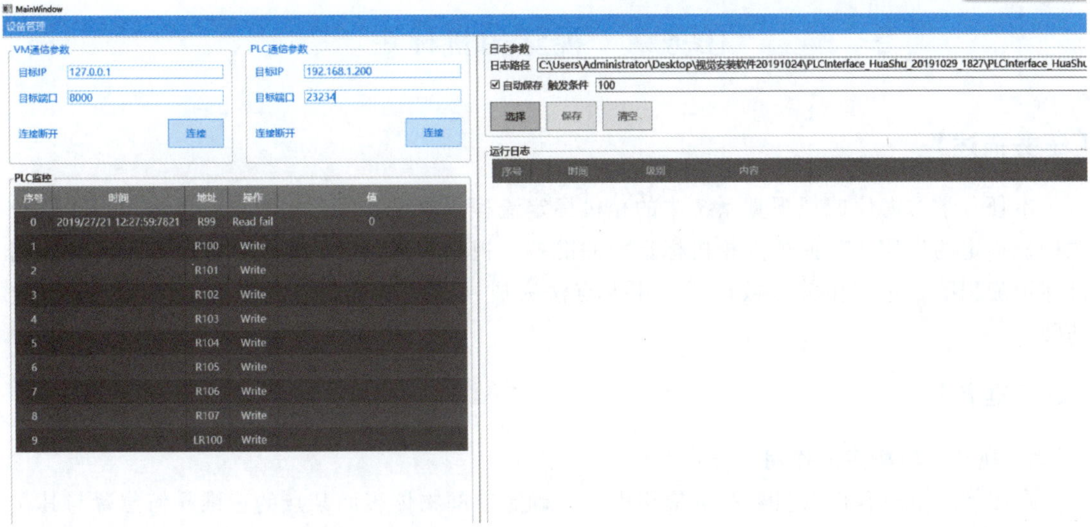


图 3-7 PLCInterface 通信配置

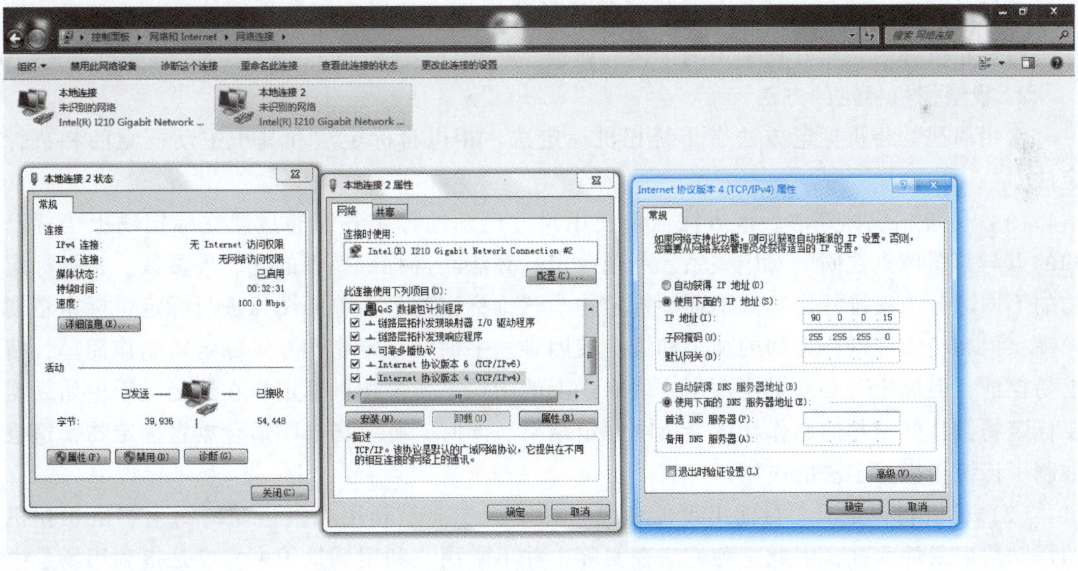


图 3-8 工控机网络通信配置

## 【思考与练习】

1. 视觉系统由哪几部分组成？各有什么作用？
2. 如何实现 PLC Interface 的通信配置？

调试海康威视相机

## 【扩展训练】

查阅资料，描述 VisionMaster 界面工具栏中各个控件的作用。

# 任务二 视觉相机标定

## 【任务描述】

本任务学习海康威视视觉系统中的相机标定流程。通过本任务的学习，读者可以了解视觉相机标定的作用，掌握视觉相机标定前的准备、视觉相机标定的步骤，能正确绘制视觉相机标定流程图，进行相关参数设置，用九点法完成视觉相机标定，为后续工件的识别奠定基础。

## 【知识准备】

### 1. 视觉相机标定的作用

在图像测量过程以及机器视觉应用中，为确定空间物体表面某点的三维几何位置与其在图像中对应点之间的相互关系，必须建立相机成像的几何模型，这些几何模型参数就是相机参数。在大多数条件下，这些参数必须通过试验与计算才能得到，这个求解参数的过程称为相机标定（或摄像机标定）。无论是在图像测量或者机器视觉应用中，相机参数的标定都是非常关键的环节，其标定结果的精度及算法的稳定性直接影响视觉识别结果的准确性。因此，做好相机标定是做好视觉识别工作的前提。

### 2. 视觉相机标定的方法



常用的视觉相机标定方法有传统相机标定法、相机自标定法和基于主动视觉的相机标定法。

(1) 传统相机标定法　该方法需要使用尺寸已知的标定物，通过建立标定物上坐标已知的点与其图像点之间的对应关系，利用一定的算法获得相机模型的内、外参数。根据标定物的不同可分为三维标定物和平面型标定物。三维标定物可由单幅图像进行标定，标定精度较高，但高精密三维标定物的加工和维护较困难。平面型标定物比三维标定物制作简单，精度易保证，但标定时必须采用两幅或两幅以上的图像。传统相机标定法在标定过程中始终需要标定物，且标定物的制作精度会影响标定结果。同时，有些场合不适合放置标定物，这也限制了传统相机标定法的应用。

(2) 相机自标定法　目前出现的相机自标定法主要是利用相机运动的约束。由于相机的运动约束条件太强，因此这种方法在实际中并不常用。利用场景约束主要是指利用场景中的一些平行或者正交的信息。其中空间平行线在相机图像平面上的交点称为消失点，它是摄影几何中一个非常重要的特征，所以很多学者研究了基于消失点的相机自标定法。相机自标定法的灵活性强，可对相机进行在线定标。但由于它是基于绝对二次曲线或曲面的方法，因此其算法鲁棒性差。

(3) 基于主动视觉的相机标定法　该方法是指已知相机的某些运动信息对相机进行标定。该方法不需要标定物，但需要控制相机做某些特殊运动，利用这种运动的特殊性可以计算出相机内部参数。基于主动视觉的相机标定法的优点是算法简单，往往能够获得线性解，故鲁棒性较高；缺点是系统的成本高、试验设备昂贵、试验条件要求高，而且不适合运动参数未知或无法控制的场合。

本设备平台由于机器人坐标系和相机坐标系并不重合，相机计量单位为像素，机器人计量单位为 mm，需要九点法标定换算。视觉软件通过多点标定的方法，将图像坐标系与机器人坐标系建立关系，进行工件种类和颜色的识别。通过模板匹配的方法，定位到目标物的坐标并传送给机器人控制器，引导机器人抓取已定位到的目标。

## 【任务实施】

### 1. 标定前的准备

视觉相机标定前，须进行相应准备，步骤如下：

1）将工业机器人以吸嘴为中心，新建一个工具坐标系（如 Tool10）。

2）准备一张纸或硬纸板，并绘制 9 个标记中心位置的圆，标定纸板示意图如图 3-9 所示。

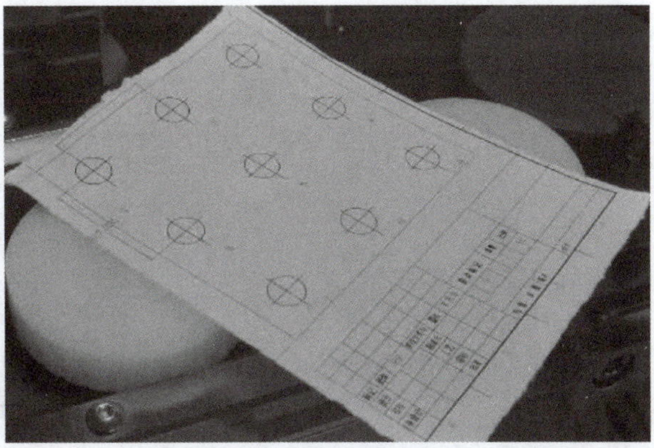

图 3-9　标定纸板示意图

3）切换工业机器人工具坐标系为步骤 1）新建的工具坐标系，并选择世界坐标系操控机器人。

### 2. 标定任务的实施

按照视觉相机标定步骤，绘制视觉相机标定流程图，进行相关参数的设置，用九点法完成视觉相机标定，生成并保存标定文件。

（1）标定流程　拖动软件左侧工具栏的“相机图像”、“高精度特征匹配”和“N 点标定”控件至界面主窗口，创建标定流程图，如图 3-10a 所示。

（2）相机图像　双击流程图中的，进行触发设置和常用参数的设置（图 3-10b、c）：

1）触发源：SOFTWARE。

a) 相机标定流程图　　b) 设置触发源　　c) 选择相机和像素格式

图 3-10　相机标定流程图及相机图像设置

2）选择相机：Hikvision MV-CA060-10G。

3）像素格式：MONO8。

（3）高精度特征匹配　单击视觉软件主界面单次执行工具，双击流程图中的

设置参数：

1）创建“特征模板”，单击“创建”按钮，系统弹出图 3-11 所示的“模板配置”对话框，按图完成特征模板的创建。

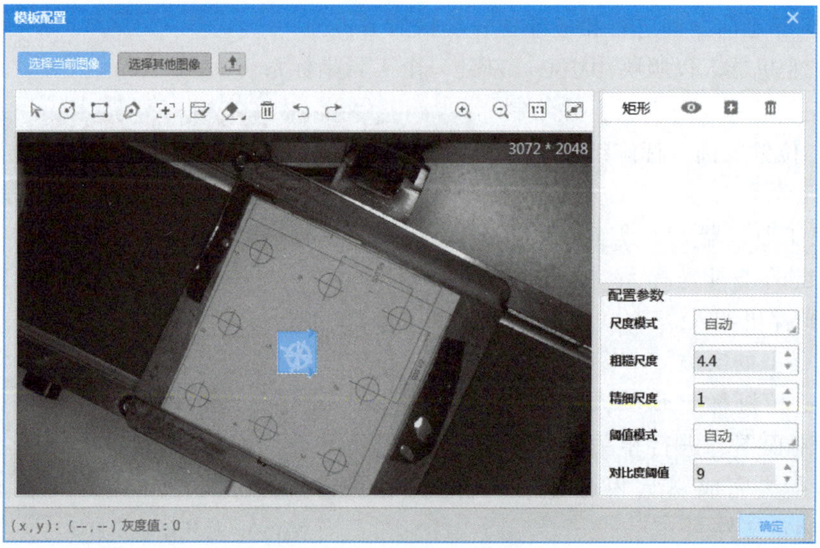


图 3-11　特征模板参数设置

① 选择当前图像，新建模板。

② 用圆形框或矩形框选中小圆圈。

③ 选择模型匹配中心。

④ 选择小圆中心点，如果有其他非圆弧边界，用橡皮擦工具去除。

⑤ 单击勾选按钮，生成模型。

⑥ 单击“确定”按钮，完成模板配置。

2）设置“运行参数”，最大匹配个数设置为 9，如图 3-12 所示。

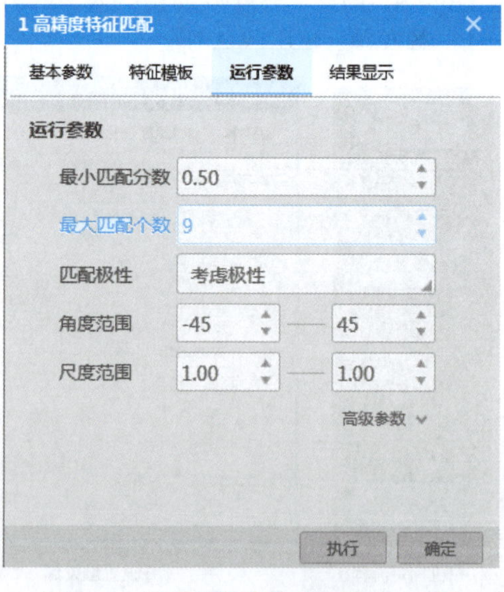


图 3-12　运行参数中最大匹配个数设置

（4）N 点标定　双击流程图中的“N 点标定”，主要进行基本参数设置，设置平移次数为 9，选中不相关的标定点，单击“清空标定点”按钮，初始化标定点，如图 3-13 所示。N 点标定的操作步骤如下：

1）双击主窗口流程图中的“高精度特征匹配”，拖动蓝色拍照框至 9 个小圆圈处，单击“单次执行”按钮。

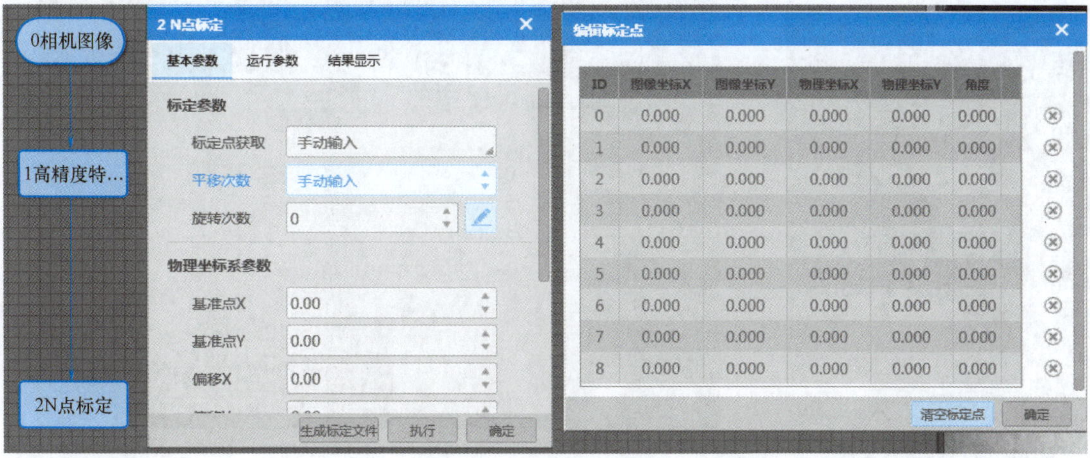


图 3-13　N 点标定

2）双击流程图中的“N 点标定”，查看图像显示窗口中，上一步骤单次执行后 9 个点的轨迹是否与图像窗口显示的轨迹匹配，如果不匹配，清空标定点后重复上一步操作；如果匹配，单击“旋转次数”后面的笔形图标，调出“编辑标定点”表格，如图 3-14 所示。

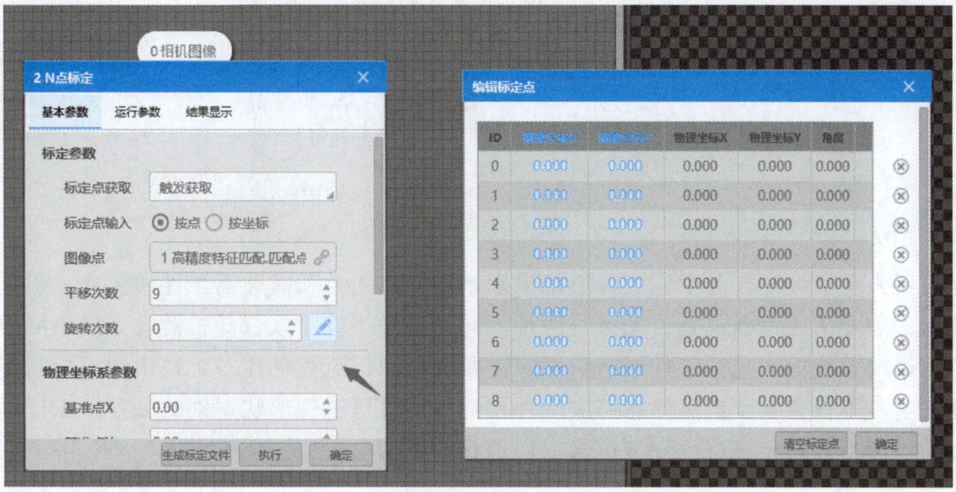


图 3-14　九点标定

3）系统会自动填写左侧图像坐标 X、Y，工业机器人按顺序依次运行到每个小圆圈的中心点，用 LR 寄存器记录坐标值。机器人姿态如图 3-15 所示。

4）把保存的图像坐标 X、Y 值填入相机“编辑标定点”表格的物理坐标 X、Y 中，如图 3-16 所示。

5）单击“确定”按钮。

6）先单击“执行”按钮，然后单击“生成标定文件”，保存在文件夹中。

7）标定完成。

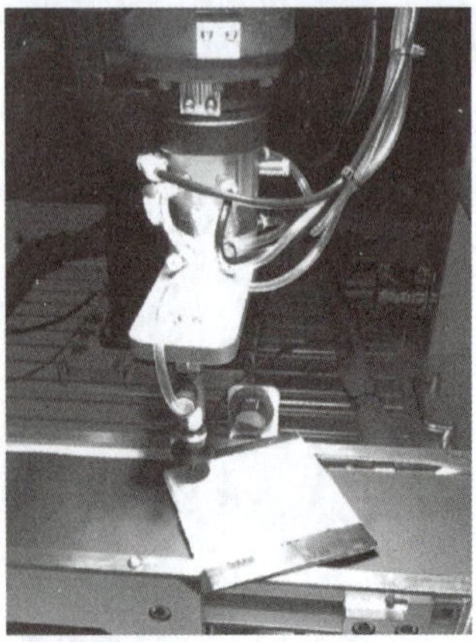

图 3-15 机器人姿态

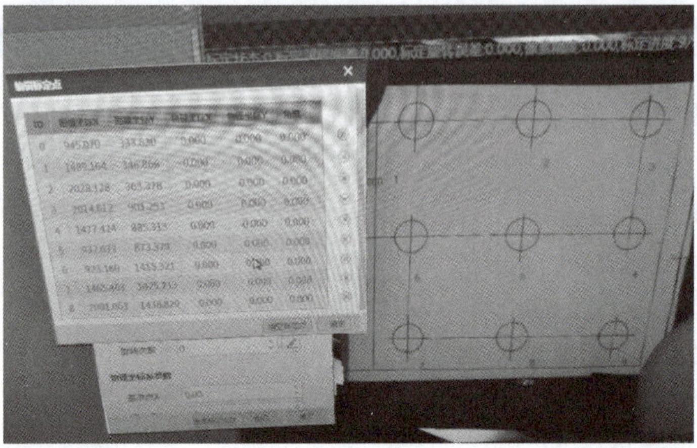

图 3-16 编辑标定点

【思考与练习】

1. 视觉相机标定的意义是什么？
2. 简述用九点法进行视觉相机标定的步骤。

制作九点标定文件

【扩展训练】

查阅资料，了解九点法标定进行坐标运算的原理。



# 任务三 工件形状识别

## 【任务描述】

在机器人关节装配任务中，工件形状识别是指完成法兰和减速器工件的区分，引入视觉系统之后，需要采用机器视觉自动区分两种不同类型的工件，以引导机器人完成不同的装配动作。在当前系统中，进行工件形状识别，需要进行识别流程创建、工件识别模板制作及测试。通过学习本任务，读者可熟悉海康威视视觉系统进行工件形状识别的流程，工件形状参数设置的方法，最终完成法兰和减速器工件形状的识别。

## 【知识准备】

### 1. 机器视觉形状检测方法

机器视觉是指以机器代替人眼视觉完成观察和检测任务的技术。随着计算机运算速度的不断提高，机器视觉在很多领域不断得到应用，逐渐成为许多机器和生产线的一部分，并发挥着重要作用，常用于大批大量生产过程的产品质量检测、目标定位，如外观、缺陷等的检测、工件精定位，以及一些不适合人的危险环境或者人眼视觉难以满足要求的场合。采用机器视觉系统可以在很大程度上提高检测精度和检测效率。

### 2. 工件形状检测识别原理

在机器视觉中应用比较广泛的形状检测方法是基于几何特征的模板匹配算法。该算法对于光照的影响不是很敏感，且可以有效地处理遮挡问题，对于非刚性变形（伸缩、旋转等）也可以得到满意的效果。该算法首先提取出模板的特征信息，如边缘、角点、模板重心，并对特征进行训练，通过训练后得到的特征对目标图像进行特定搜索匹配，其整个过程如图 3-17 所示。

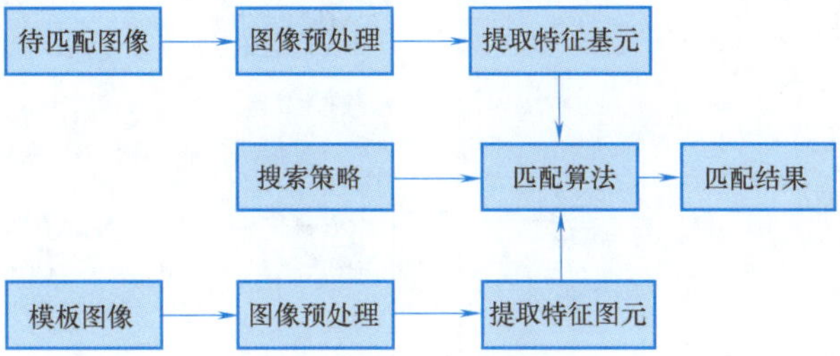


图 3-17　工件图像匹配过程

基于几何特征的模板匹配方法具有鲁棒性好、抗干扰性强，对于复杂情况（如遮挡和部分隐藏的情况）也可以得到预想的匹配效果，而且可以很好地处理旋转、伸缩变形及微小畸变的情况。

## 【任务实施】

### 1. 创建形状识别流程图

新建形状识别流程图，通过选取工具栏相应的模块，创建如图 3-18 所示的用于识别法兰、减速器工件形状的识别流程图。

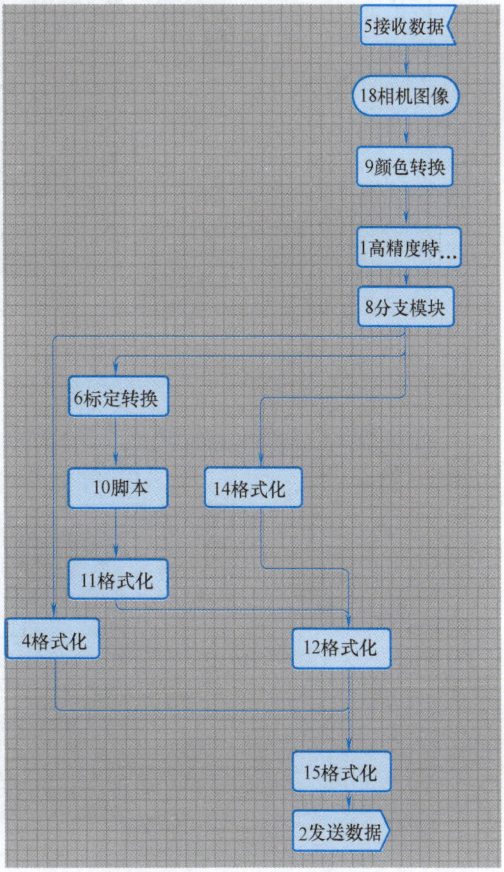


图 3-18　形状识别流程图

### 2. 工件形状识别参数设置

1）相机常用参数和触发的设置。选择相机为 Hikvision MV-CA060-10G，像素格式为 MONO8，触发为 SOFTWARE，如图 3-19 所示。

2）定义工件“高精度特征匹配→特征模板”，创建模板。创建模板需要将相机设置为灰色，选择当前图像，进行模板的创建。创建完成后，将相机设置为彩色 RGB。

创建模板时，将工件放在摄像头照射的中心位置，缺口方向与装配的放置方向重合。模板 1 为法兰、模板 2 为减速器，分别创建，具体如图 3-20 和图 3-21 所示。

3）定义工件“高精度特征匹配→运行参数”。输入角度范围为 $-45° \sim 45°$，参数设置如图 3-22 所示。

4）工件“标定转换→基本参数”定义与设置，将标定文件加载到此处。标定转换设置如图 3-23 所示。

图 3-19　相机常用参数和触发的设置

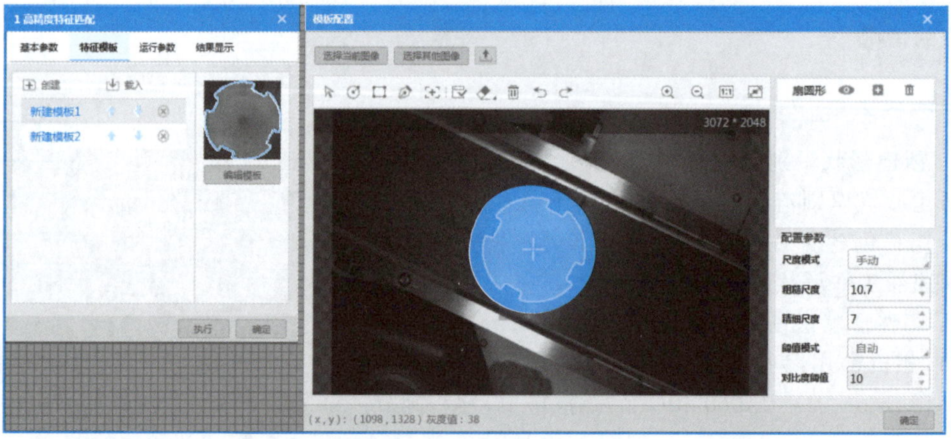


图 3-20　法兰特征模板创建

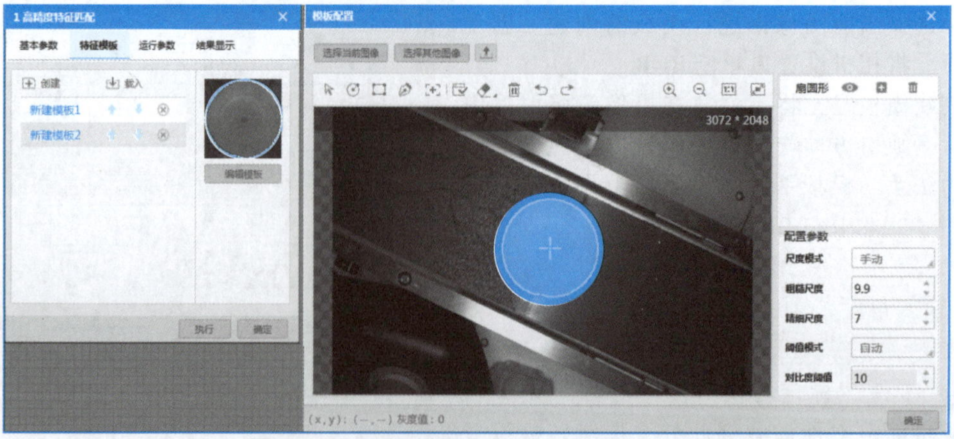


图 3-21　减速器特征模板创建

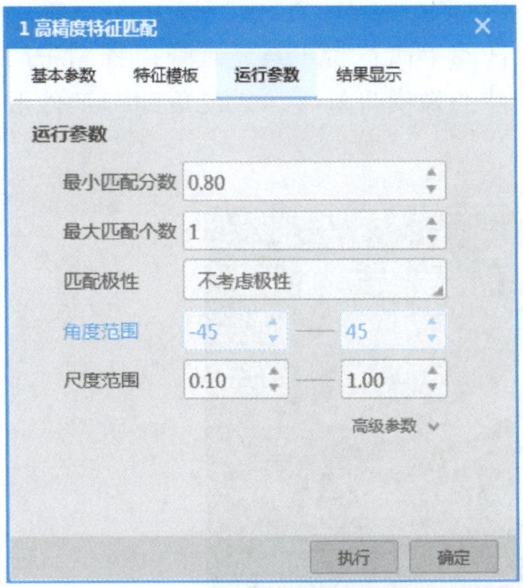


图 3-22　运行参数设置

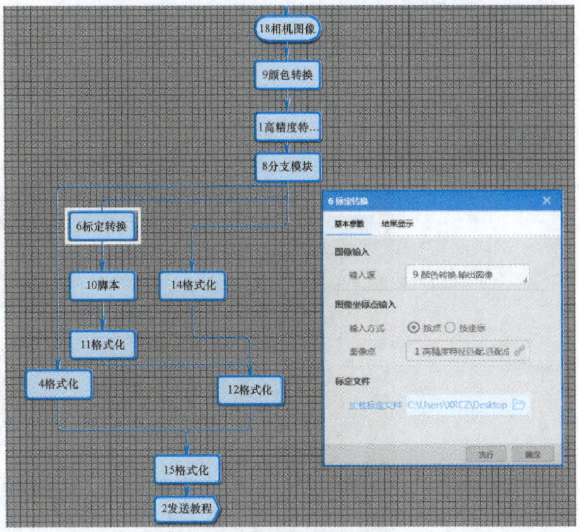


图 3-23　标定转换设置

5）工件脚本信息编制如图 3-24 所示。

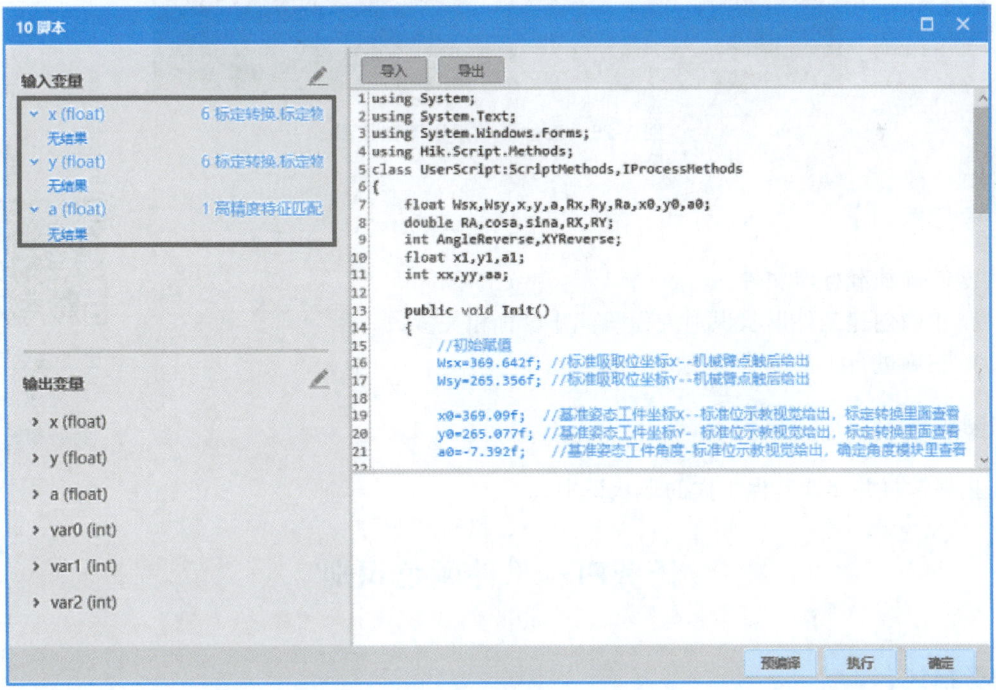


图 3-24　工件脚本信息编制

注意：在创建模板时，进行视觉拍照后，不要动工件，打开脚本，将图 3-24 中“输入变量”的 3 个数值填写到右侧代码中，对应坐标，然后移动机器人工具坐标系 T10 到工件的正中心，将到达中心处时机器人的实际位置填写到右侧代码中，然后依次单击“预编译”“执行”“确认”按钮。

### 3. 工件形状识别的测试

将法兰或减速器放置在视觉相机下，单击视觉软件的单次执行工具，选择流程图中的高精度匹配，查看图像显示窗口的结果是否正确显示工件的像素坐标 X、Y 及角度。工件形状识别测试结果如图 3-25 所示。

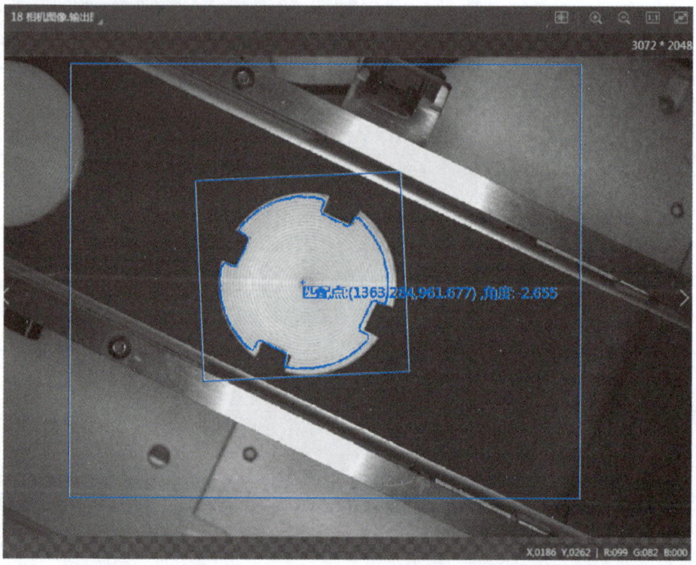

图 3-25 工件形状识别测试结果



## 【思考与练习】

1. 正确加载标定文件。
2. 正确创建工件形状识别流程图，并设置相关参数。
3. 正确进行工件形状识别的测试。

建立法兰盘和减速器特征模板

## 【扩展训练】

拓展学习并实践其他工件的形状识别。

# 任务四 工件颜色识别

## 【任务描述】

在机器人关节装配任务中，工件颜色识别是指对相同类型工件不同颜色的区分。引入视觉系统之后，需要采用机器视觉技术自动区分不同颜色的同类工件，以引导机器人按照设定的工件颜色完成装配任务。颜色识别同形状识别类似，需要首先建立识别流程，其次要设定颜色转换参数，最后进行识别检测。通过本任务的学习，读者可以掌握颜色识别流程的创建方法、颜色模板的制作方法，进而能够对法兰、减速器工件的不同颜色进行识别。

设定视觉位置和颜色脚本

## 【知识准备】

### 1. 颜色识别基本常识

（1）可见光　一般来说，可见光的波长在 380~780nm 之间。在光谱范围内，不同波长的辐射引起人的不同颜色感觉。大多硅光电二极管的光谱影响范围在 300~1000nm 之间，可以满足要求。

（2）颜色的特性

1）色调。以波长为基础，色调是区分不同颜色的特征属性。

2）饱和度。饱和度反映颜色的纯度，任意一种颜色都可以看作某种光谱色与白色混合的结果，光谱色所占比例越大，颜色的饱和度越高。

3）亮度。亮度是描述颜色亮暗的一种属性，是一种光强度的测量方法，与光的能量有关。

4）三基色原理。适当选取三种基色（红 R，绿 G，蓝 B），将它们按不同比例进行合成，就可以引起不同的颜色感觉，合成彩色光的亮度由三个基色的亮度之和决定，色度由三种基色分量的比例决定，三种基色彼此独立，任一种基色不能由其他两种颜色配出。国际照明委员会（CIE）推荐使用的波长为 700nm（红）、546.1nm（绿）和 435.8nm（蓝）。通常人们看到的物体颜色，实际上是物体表面吸收了照射到它上面的白光（日光）中的一部分有色成分、反射出另一部分有色光在人眼中的反应。白色是由各种频率的可见光混合在一起构成的，也就是说，白光中包含各种颜色的色光（如红 R、黄 Y、绿 G、青 V、蓝 B、紫 P）。根据德国物理学家赫姆霍兹（Helinholtz）的三原色理论可知，各种颜色是由不同比例的三原色（红、绿、蓝）混合而成的。

5）Pixel 是由 Picture（图像）和 Element（元素）这两个单词的字母所组成的，是用来计算数码影像的一种单位，也称为“像素”。

### 2. 图像颜色识别原理

工件在视觉系统中的停止位置坐标确定后，通过拍照获取图像，然后取出每个工件的 RGB 值，根据 RGB 各分量值的大小进行颜色判断。但是同一种颜色的工件返回来的 RGB 值也存在一定的差异，为了保证颜色识别的准确性，必须做相应的处理。解决方法是将背景板设置成纯黑色，RGB 值都为 0，减小背景色塑料瓶颜色的干扰。其次，在每次进行颜色判断时，在工件中心点坐标附近按一定的间隔取出多个像素点的 RGB 值，然后通过对这些值求平均值来判断颜色。

在同一种环境里，同一种颜色瓶子的 RGB 值相对来说是比较稳定的，可以对不同颜色工件进行大数量的抽样，确定每种颜色 RGB 值的取值范围，根据这个范围确定每种颜色 RGB 值的阈值大小，把各个工件的 RGB 值跟各个颜色的阈值进行比较，只要在某种颜色范围之内的，就判断这个工件为这种颜色。通过以上处理，可大大提高颜色识别的准确率。

## 【任务实施】

### 1. 创建颜色识别流程图

本任务是通过颜色判断，将工件自身的颜色转换到不同的通道（R/G/B），进行颜色区分，创建的颜色识别流程图如图 3-26 所示。

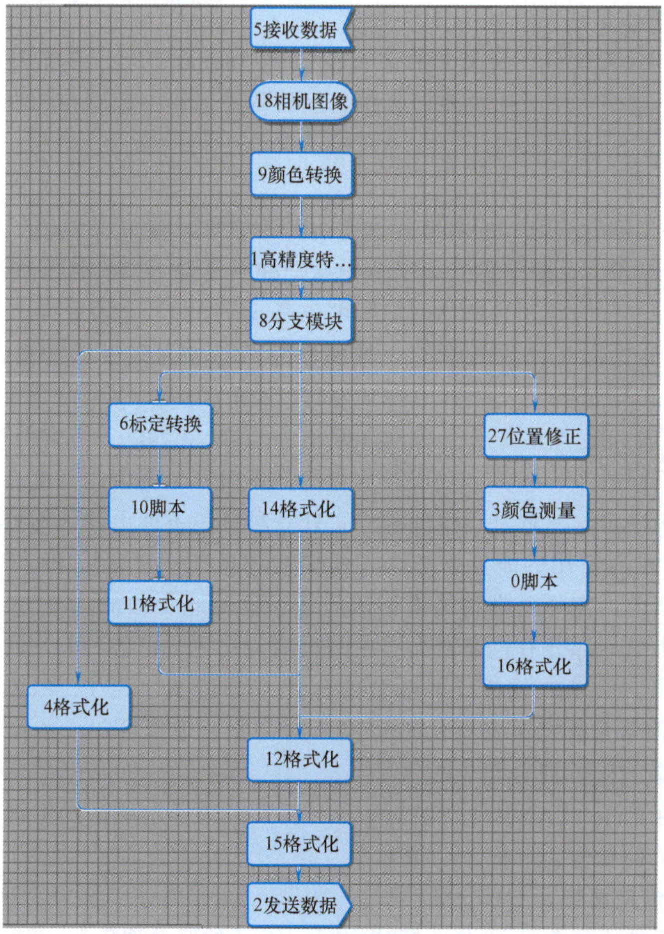


图 3-26 颜色识别流程图

### 2. 工件颜色识别参数

（1）位置修正　通过相机图像视觉先识别定位原点和角度，再通过单击“创建基准”按钮，设置基准点，保证原点和基准点相对位置固定不变。位置修正如图 3-27 所示。

（2）颜色测量　通过输入的相机图像，打开位置修正，加载修正信息，在三个通道中分别获取同一个工件位置的颜色均值，用于脚本运算。颜色测量如图 3-28 所示。

（3）脚本　通过获取颜色测量三个通道的均值，进行比对运算，输出工件对应颜色。脚本如图 3-29 所示。

（4）格式化　将颜色脚本输出的数值，进行格式化处理，如图 3-30 所示。

### 3. 工件颜色识别的测试

选择如图 3-31 所示的格式化控件，单击“单次执行”按钮，查看图像显示窗口中的检测结果。

放置黄色法兰工件在视觉拍照位置，工件颜色识别测试结果如图 3-32 所示。

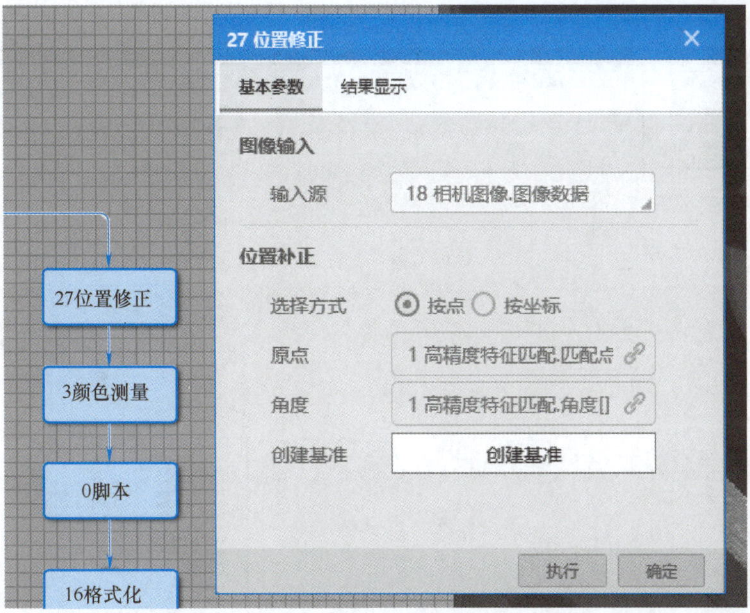


图 3-27　位置修正

图 3-28　颜色测量

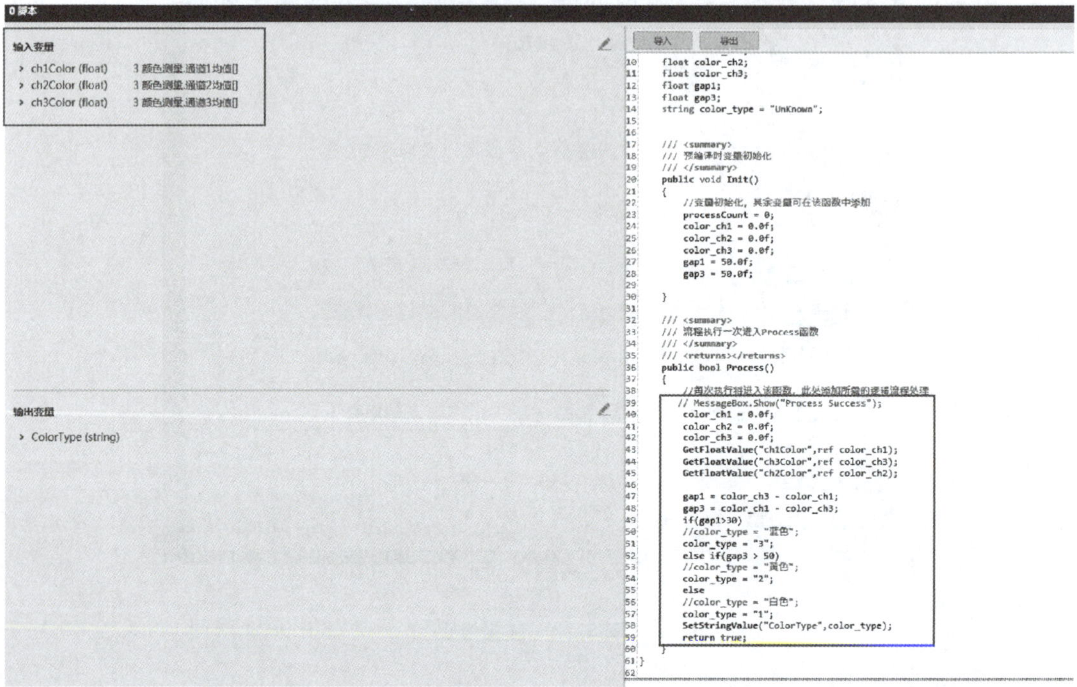


图 3-29 脚本

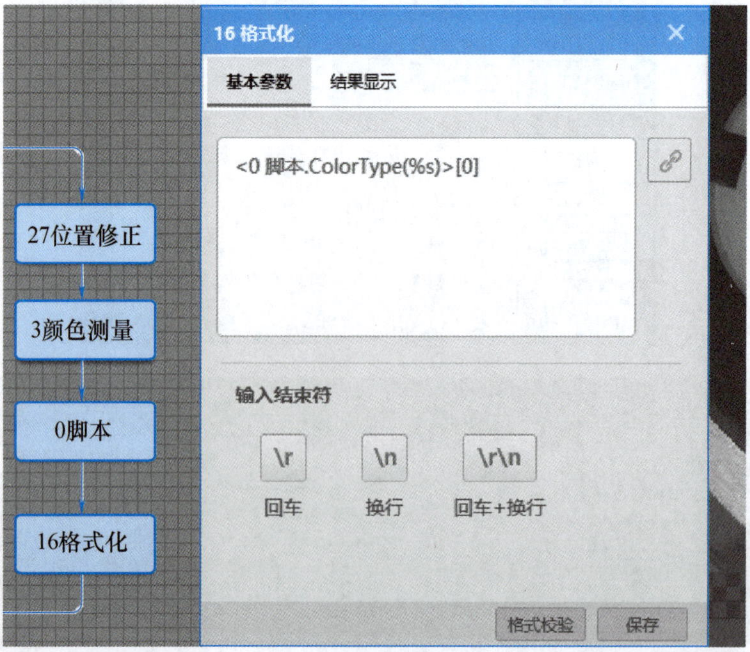


图 3-30 格式化

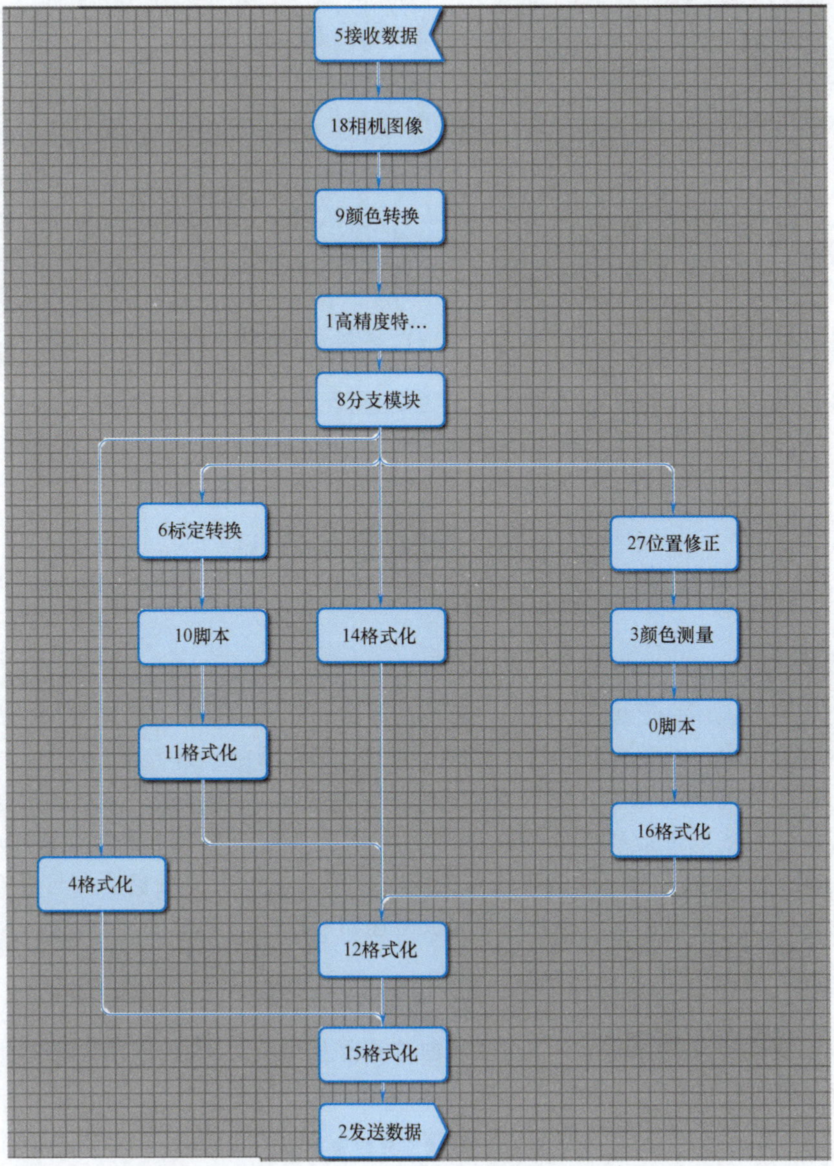


图 3-31　工件颜色识别测试步骤

## 【思考与练习】

1. 正确创建颜色识别流程图。
2. 正确配置颜色识别相关参数，判定法兰、减速器的颜色，并进行检测。

## 【扩展训练】

拓展学习并实践减速器的颜色识别。

图 3-32　工件颜色识别测试结果

# 任务五　视觉系统联调

## 【任务描述】

无论是颜色识别还是形状识别，最终都要应用到实际系统中，这就需要同外部系统进行协同。在本套设备中，视觉数据存储在机器人的 IPC 寄存器中，为了让客户能够直观地看到识别结果，需要通过 PLC 编程，获取到相关数据，并显示到 HMI 端。这就需要进行多方联调。本任务将介绍华数工业机器人应用编程一体化教学创新平台上的视觉系统、机器人、PLC 及 HMI 之间的调试方法。通过本任务的学习，读者能够实现对机器人与视觉系统的联调，并在此基础上运用机器人和视觉系统完成减速器和法兰的装配。

## 【知识准备】

在华数工业机器人应用编程一体化教学创新平台上，视觉系统的拍照触发、状态数据及识别结果等信息都存储在工业机器人的 R 寄存器中，具体的存储位置及功能见表 3-1。

表 3-1　视觉部分数据存储

| 机器人 R 寄存器 | 功能 | 机器人 R 寄存器 | 功能 |
|---|---|---|---|
| R[99] | 视觉-1 拍照 | R[103] | 视觉-*Y* 坐标值 |
| R[100] | 视觉-拍到有 1/没拍到 2 | R[104] | 视觉-*θ* 坐标值 |
| R[101] | 视觉-白色 1/黄色 2/蓝色 3 | R[105] | 视觉-法兰 1/减速器 2 |
| R[102] | 视觉-*X* 坐标值 | | |

为了让用户能够直观地看到识别结果，进行应用系统设计时，在 HMI 需要设计视觉的信息窗口，供用户随时查看识别结果。

### 1. 视觉系统的数据流

视觉系统的数据流如图 3-33 所示。视觉系统的触发由机器人端设置

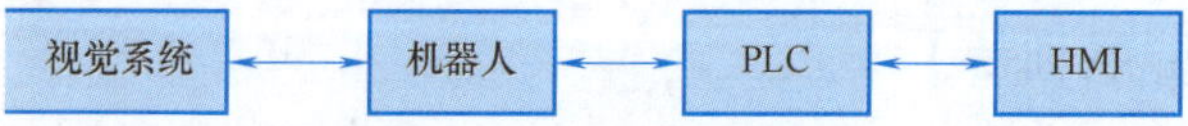


图 3-33　视觉系统的数据流

相应的 R 寄存器值进行控制。一方面，视觉系统的拍照识别结果存储到机器人端的相应寄存器中，PLC 通过 Modbus 通信协议获取到机器人端相关寄存器的值，将数据存储到 PLC 端，HMI 依据不同的识别结果完成界面显示；另一方面，PLC 端需要判断当前识别的结果是否与 HMI 用户输入的工件类型及颜色一致，并将判断结果反馈给机器人，以引导机器人执行不同的动作。

### 2. 视觉系统的 PLC 程序设计

创建独立的视觉处理模块（Vision Module），用于判断工件类型和颜色是否符合要求，并将结果发送到机器人端。Vision Module 的功能及数据说明如图 3-34 所示。

| | 名称 | 数据类型 | 默认值 | 注释 |
|---|---|---|---|---|
| 1 | ▾ Input | | | |
| 2 | color | Int | | 工件颜色 |
| 3 | type | Int | | 工件类型：1 法兰　2 减速器 |
| 4 | ▾ Output | | | |
| 5 | DI[101] | Bool | | 工件为指定颜色与类型 |
| 6 | DI[102] | Bool | | 工件是减速器 |
| 7 | DI[103] | Bool | | 工件是法兰 |

▸ 程序段 1：　工件为指定颜色与类型

▸ 程序段 2：　工件是法兰

▸ 程序段 3：　工件是减速器

▸ 程序段 4：　……

图 3-34　Vision Module 的功能及数据说明

下面依次列出图 3-34 中程序段 1~3 的具体实现部分及 Vision Module 的调用示例。注意：调用模块的输入参数为 PLC 端获取到机器人相关数据保存的位置，依据实际设置需要调整。

程序段 1：工件为指定颜色与类型，如图 3-35 所示。

图 3-35　判断工件颜色与类型

程序段 2：如图 3-36 所示，当类型为 1 时，输出工件是法兰。

图 3-36　输出工件是法兰

程序段 3：如图 3-37 所示，当类型为 2 时，输出工件是减速器。

图 3-37 输出工件是减速器

如图 3-38 所示，在主程序中调用已经写好的视觉程序。

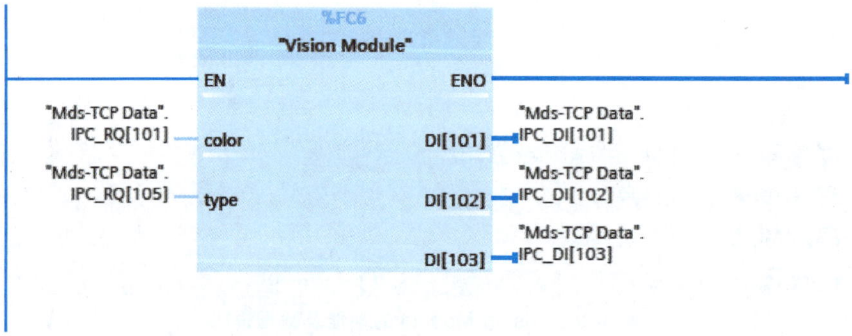


图 3-38 Vision Module 调用示例



### 3. 视觉控制机器人程序

机器人端的视觉识别子程序的参考代码如下：

```
UTOOL_NUM=10
UFRAME_NUM=-1
L LR[98]

LR[99][0]=R[102]
LR[99][1]=R[103]
L LR[99]
LR[100][0]=R[102]
LR[100][1]=R[103]
L LR[100]
WAIT TIME=100
DO[12]=ON
WAIT TIME=100
L LR[99]
L LR[98]
L LR[102]
J LR[105]
```

```
LR[106][3]=-163.897-R[104]
L LR[106]
LR[107][3]=-163.897-R[104]
L LR[107] VEL=100
WAIT TIME=100
DO[12]=OFF
WAIT TIME=100
L LR[106]
L LR[112]
L LR[109] VEL=100
L LR[106]
L LR[107] VEL=100
WAIT TIME=100
DO[12]=ON
WAIT TIME=100
L LR[110]
WAIT TIME=100
DO[12]=OFF
WAIT TIME=100
L LR[111]
J LR[102]
' L LR[98]
WAIT TIME=100
R[99]=0
R[100]=0
R[101]=0
R[102]=0
R[103]=0
R[104]=0
R[105]=0
UTOOL_NUM=-1
UFRAME_NUM=-1
```



【任务实施】

本任务通过视觉系统与机器人的联调，实现减速器的装配。从前面的内容可知，视觉系统已完成形状、颜色的采集和判断，并通过通信软件发送到机器人中。本任务主要完成法兰的装配。具体操作步骤如下：

1）视觉系统识别工件的颜色、形状，并将相应的参数值返回到机器人寄存器中。R［99］是触发拍照，R［100］表示是否拍摄到物品，R［101］存储颜色值，R［102］存储 X 坐标值，R［103］存储 Y 坐标值，R［104］存储旋转角度值，R［105］存储形状值。

2）机器人根据视觉系统返回的值进行判断：若未拍摄到，不做任何处理动作；若拍摄到，则进行第 3）步。

3）判断是否为需要的法兰：若是，则进行第 4）步；若不是，则进行第 6）步。

4）机器人根据相应寄存器存储的坐标系，调整好姿态，进行法兰的抓取。抓取姿态如图 3-39 所示。

5）将法兰装配到减速器中。装配姿态如图 3-40 所示。

6）若不是需求的法兰，则将其放入其他位置，丢弃姿态如图 3-41 所示。

图 3-39 抓取姿态

图 3-40 装配姿态

图 3-41 丢弃姿态

## 【思考与练习】

简述视觉系统返回数值在机器人中的存储方法。

## 【扩展训练】

查阅资料，描述机器人实现减速器装配的方法。

# 项目四 机器人关节部件试装与检测

## 【项目目标】

### 1. 知识目标

1）描述人机界面（HMI）布局及画面组态的方法，并了解 HMI 的组成及工作原理，能根据设备需要选择合适的 HMI 型号。

2）了解模拟信号与数字信号的区别，描述使用数值运算将模拟信号转换成数字信号的方法与步骤。

3）描述组态 RFID 工艺对象的方法与步骤，并了解组态过程中参数设置的意义。

4）描述 PLC 与输入/输出设备的连接方法，并了解 PLC 内部存储器的分配情况。

5）了解 PLC 的基本指令、指令块的功能和使用方法，描述 PLC 控制系统设计的基本原则及步骤。

### 2. 技能目标

1）能够根据任务要求设计 HMI，学会按钮、I/O 域、图形域和文本域的设置方法，并通过画面组态实现 HMI 与 PLC 的通信。

2）学会组态 RFID 工艺对象，并根据任务要求设置参数。

3）学会称重模块与 RFID 读写模块中的 PLC 指令，并根据任务要求设计称重模块与 RFID 读写模块的控制程序。

4）联调 PLC、机器人 HSR-JR603 与 HMI，实现机器人关节试装与检测。

### 3. 素养目标

1）提高学生系统分析、调试、维护方面的素养。

2）培养学生团队合作精神。

3）提高学生的方法能力、专业能力和社会实践能力。

## 【知识结构】

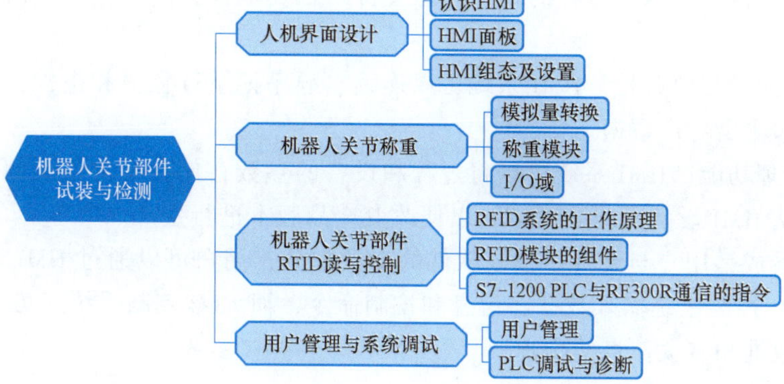

# 任务一 人机界面设计

## 【任务描述】

HMI 界面设计基础

人机界面装置是操作人员与 PLC 之间双向沟通的桥梁，很多工业被控对象要求控制系统具有很强的人机界面功能，从实现操作人员与计算机控制系统之间的对话和相互作用。人机界面装置用于显示 PLC 的 I/O 状态及各种系统信息，接收操作人员发出的各种命令和设置的参数，并将它们传送给 PLC。本任务要完成 PLC 的 I/O 口状态监测画面制作。通过本任务的学习，读者可以掌握 HMI 相关基础知识、组态过程，以及 HMI 基本控件元素的功能、属性设置方法。

## 【知识准备】

### 1. 认识 HMI

从广义上说，人机界面（Human Machine Interface，HMI）泛指计算机与操作人员交换信息的设备。在控制领域，人机界面一般特指用于操作人员与控制系统之间进行对话和相互作用的专用设备。人机界面可以在恶劣的工业环境中长时间连续运行，是 PLC 的最佳搭档。

HMI 由硬件和软件两部分组成，硬件部分包括处理器、显示单元、输入单元、通信接口和存储单元等，其中处理器的性能决定了 HMI 产品性能的高低，是 HMI 的核心单元。

软件一般分为两部分，即运行于 HMI 硬件中的系统软件和运行于个人计算机 Windows 操作系统下的画面组态软件。用户必须先用 HMI 的画面组态软件制作工程文件，再通过个人计算机和 HMI 产品的串行通信接口把编制好的工程文件下载到 HMI 的处理器中运行。

对于一个有实际应用价值的 PLC 控制系统，除了硬件和控制软件之外，还应有适于用户操作的 HMI 系统。HMI 系统承担的主要任务如下：

1）过程可视化。将设备的工作状态显示在 HMI 设备上，显示画面包括指示灯、按钮、文字、图形和曲线等，画面可根据过程变化动态更新。

2）提供操作员控制界面。操作员可以通过图形用户界面来控制过程。例如，操作员可以通过数据或文字输入操作，预置控件的参数或者起动电动机。

3）显示系统报警信息。过程的临界状态会自动触发报警，例如，当超出设定值时显示报警信息。

4）将系统的过程值归档。HMI 系统可以连续、顺序记录过程值和报警，并检索以前的生产数据，打印输出生产数据。

5）参数管理功能。HMI 系统可以将过程和设备的参数存储在配方中。例如，可以一次性将这些参数从 HMI 设备下载到 PLC，以便改变产品版本进行生产。

HMI 可以看成是用户与硬件、控制软件的交叉部分，用户可以通过 HMI 与 PLC 进行信息交换，向 PLC 控制系统输入数据、信息和控制命令，而 PLC 控制系统又可以通过 HMI 回送控制系统的数据和有关信息给用户。

## 2. HMI 面板

面对日益复杂的机器和系统过程，作为一站式供应商，西门子专门设计开发了 SIMATIC HMI 技术。SIMATIC HMI 采用开放式、标准化硬件和软件接口，可快速集成到用户的自动化系统中，从而满足用户的特定人机界面需求。

SIMATIC 面板系列可以为每个应用提供合适的解决方案，从简单的键盘面板、移动和固定操作界面，直到全能面板——坚固、小巧及多界面选项。明亮的显示屏和无差错人机工程学操作，配备键盘或触摸屏操作界面，为系统提高了附加值，特别适合恶劣的工业环境。西门子提供了精简系列面板、精智面板、移动式面板等。这里主要介绍精智面板，如图 4-1 所示。

图 4-1 精智面板

SIMATIC HMI Comfort Panel 是高端 HMI 设备，用于 PROFIBUS 中先进的 HMI 任务以及 PROFINET 环境。由于可以在触摸面板和按键面板中自由选择显示尺寸，可以横向和竖向安装触摸面板，因此可以将它们安装到任何机器上，发挥最佳的性能。SIMATIC HMI Comnfort Panel 的产品有 KTP400、TP700、KP700、TP900、KP900 和 TP1200 等。

## 3. HMI 组态及设置

(1) 添加新设备 在项目视图中生成一个名为“PLC_HMI”的新项目，双击项目树中的“添加新设备”，单击打开对话框中的“HMI”按钮，根据实际设备属性，选择 HMI 的型号，例如：添加 7in（1in = 25.4mm）显示屏，订货号为 6AV2 124-0GC01-0AX0，版本为 15.1.0.0。取消选中复选框“启动设备向导”，单击“确定”按钮，生成 HMI_1 的面板，如图 4-2 所示。

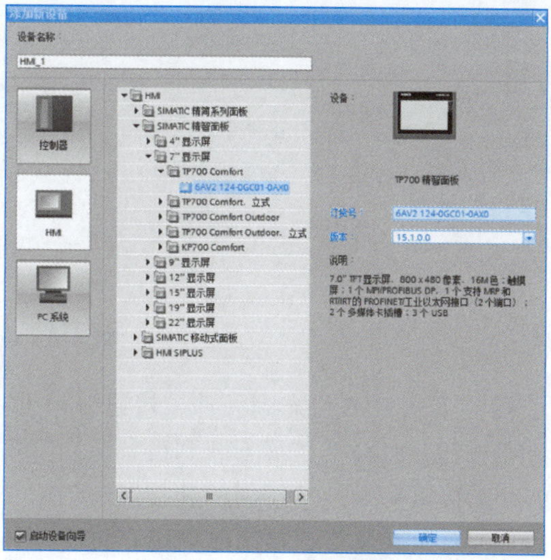


图 4-2 添加 HMI 设备

(2) HMI 连接及设置 生成新 HMI 设备后，双击项目树中的“设备和网络”，打开网络视图，单击工具栏上的“连接”按钮，它右边的选择框显示连接类型为“HMI 连接”，单击选择的 PLC 中的以太网接口（绿色小方块），按住鼠标左键，拖拽至 HMI 的以太网接口，完成 HMI 连接，在屏幕右侧可以看到生成的 HMI 连接的详细信息，如图 4-3 所示。

打开【网络视图】，选择 HMI，在“属性”→“常规”→“PROFINET 接口［X1］”→“以太网地址”中，设置 IP 地址，如图 4-4 所示。

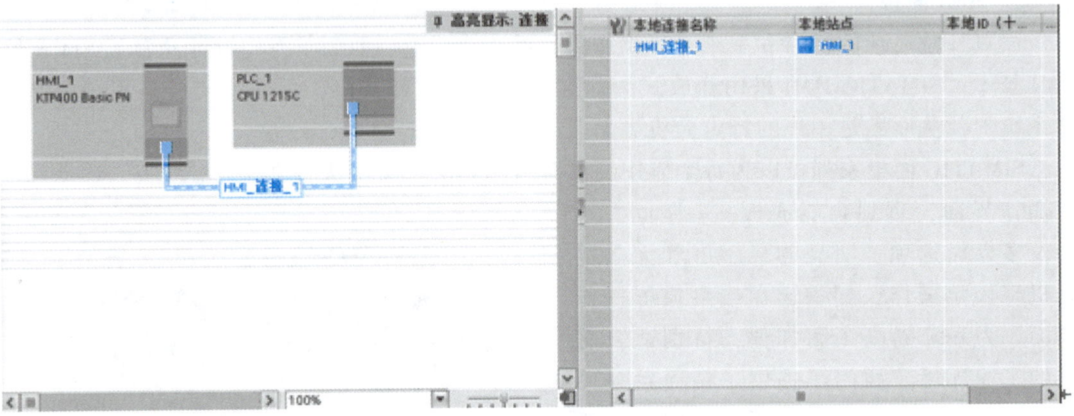


图 4-3　HMI 连接及设置

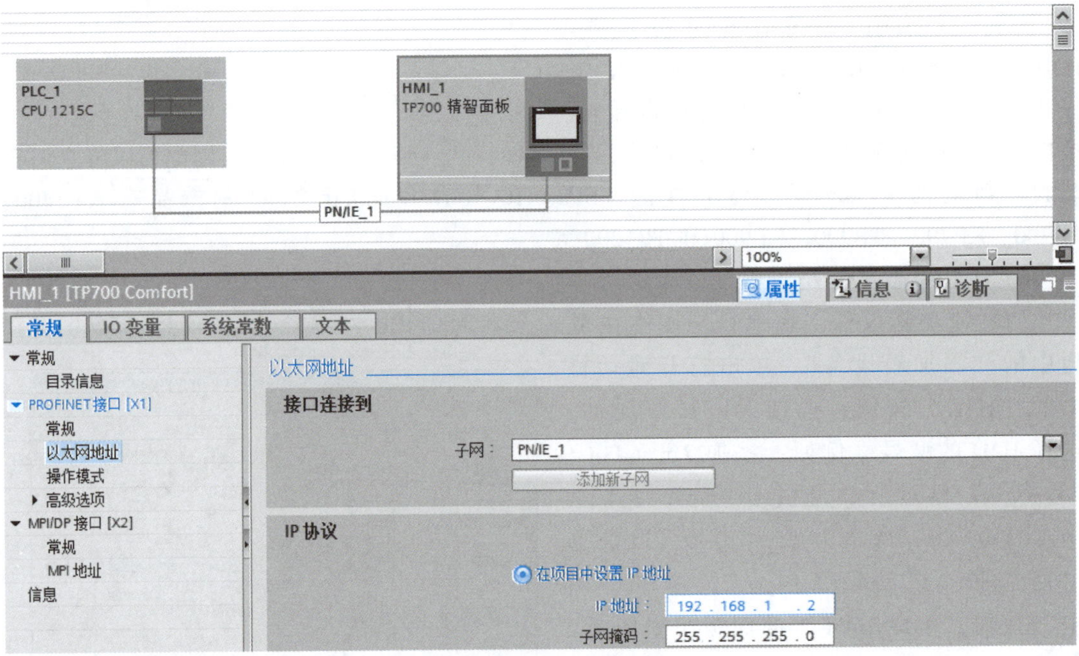


图 4-4　设置 IP 地址

（3）下载 HMI 组态到硬件　接通 HMI 设备的电源，在项目中选中 HMI，单击工具栏上的下载按钮，打开“扩展下载到设备”对话框，如图 4-5 所示。选择“PG/PC 接口的类型”“PG/PC 接口”“接口/子网的连接”，选择“显示所有兼容的设备”，单击“开始搜索”按钮，此时计算机将会扫描网络中所有的设备，将已分配 IP 地址的设备在列表中列出。选中设备，“下载”按钮被激活，将项目下载到 HMI 设备中。下载之前，软件将会对项目进行编译，只有编译无错误才能进行下载。

（4）HMI 组态画面　图 4-6 所示为 TIA 博途中的 HMI 组态画面，分为菜单及工具栏、项目树、工作区、属性栏和工具箱。

1）菜单及工具栏。菜单及工具栏是大型软件应用的基础，可以通过菜单及工具栏访问它所提供的全部功能。当光标移动到一个功能上时，将出现工具提示。菜单栏中浅灰色的命

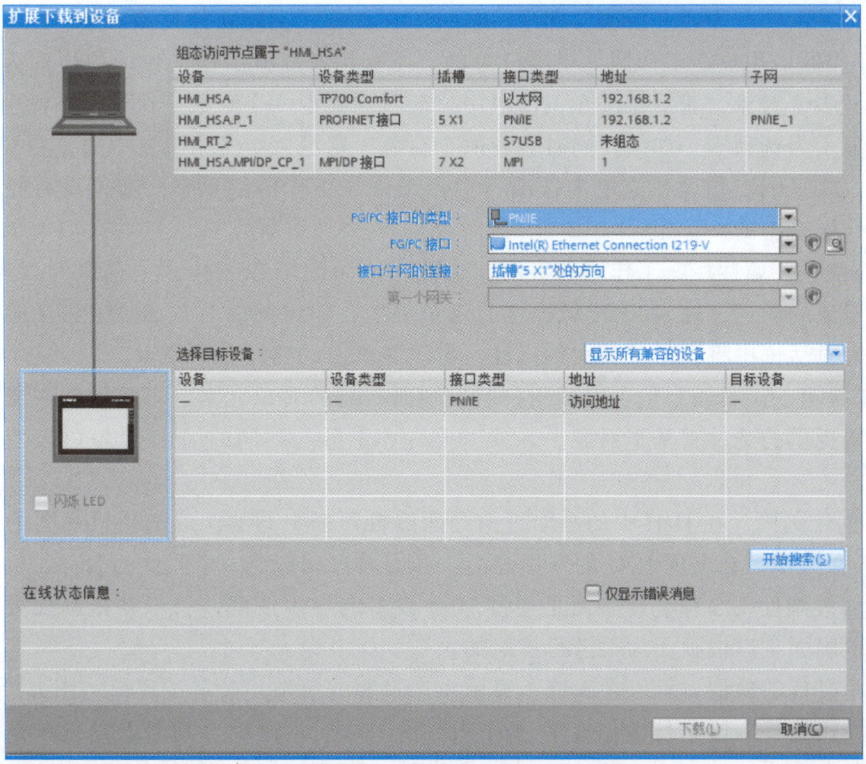


图 4-5　“扩展下载到设备”对话框

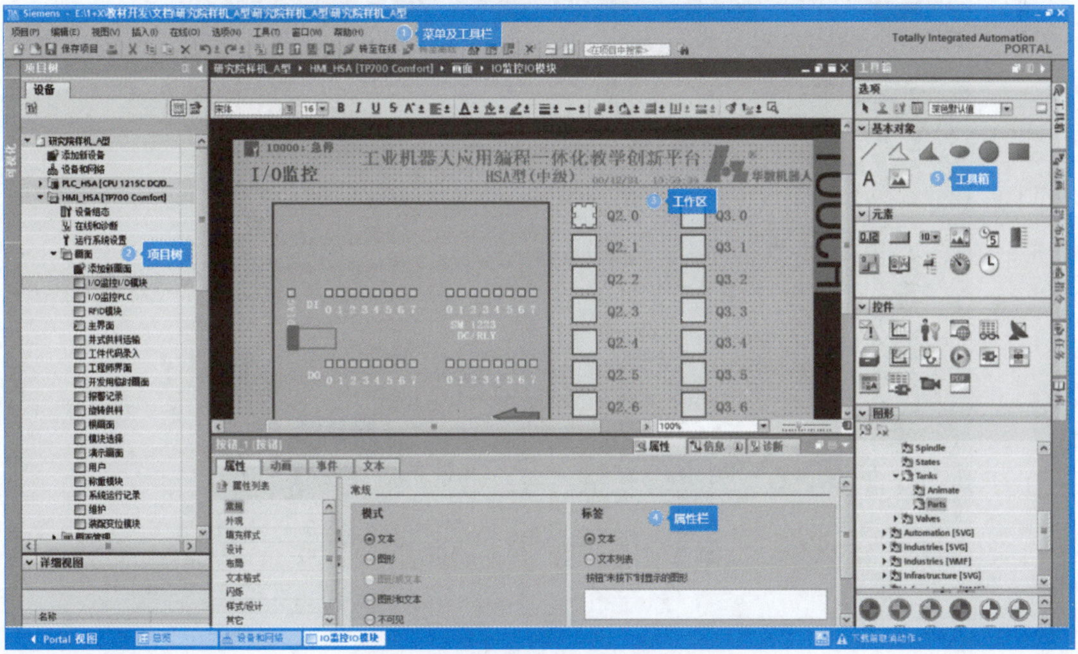


图 4-6　HMI 组态界面

令和工具栏中浅灰色的按钮表明该命令和按钮在当前条件下不能使用。

2）项目树。项目树包含了可以组态的所有元件。项目中的各个组成部分在项目视图中以树形结构显示，分为四个层次，即项目名、HMI 设备、功能文件夹和对象。

3）工作区。用户在工作区编辑项目对象，所有元素都显示在工作区的边框内。在工作区可以打开多个对象，通常每次在工作区中只能看到其中一个对象。在编辑器栏中，所有其他对象均显示为选项卡。如果要同时查看两个对象，则可以单击工具栏中的分栏按钮，以水平或竖直方式平铺工作区；或单击选项卡中浮动停靠工作区的元素。如果没有打开任何对象，则工作区是空的。

4）属性栏。属性栏在工作区的下面。属性栏用于编辑在工作区中选取的对象的属性，例如画面对象的颜色、输入/输出域连接的变量等。在编辑画面时，如果未激活画面中的对象，在属性对话框中将显示该画面的属性，可以对画面的属性进行编辑。

5）工具箱。工具箱中包含编辑用户监控画面所需的对象元素，可将这些对象添加到画面。工具箱提供的选件有基本对象、元素、控件和图形。不同的 HMI 设备可以使用的对象也不同。

（5）创建画面　在 HMI 中的画面是由画面编辑器来组态的。双击项目视图中的“添加新画面”，在工作区会出现 HMI 的外形画面，画面被自动指定一个默认的名称，例如“画面2”，可以修改画面的名称。根画面是通过 HMI 设备向导生成的，可以在根画面处添加其他画面，其他画面是以根画面为根进行扩展的。

画面是过程的映像。可以在画面上显示生产过程的状态并设定过程值。图 4-7 所示为工业机器人应用编程一体化教学创新平台的 PLC 的 I/O 监控画面。画面上方显示系统运行状态，中间部分为当前 PLC 的各个 I/O 端口的状态，最下面为画面切换按钮。

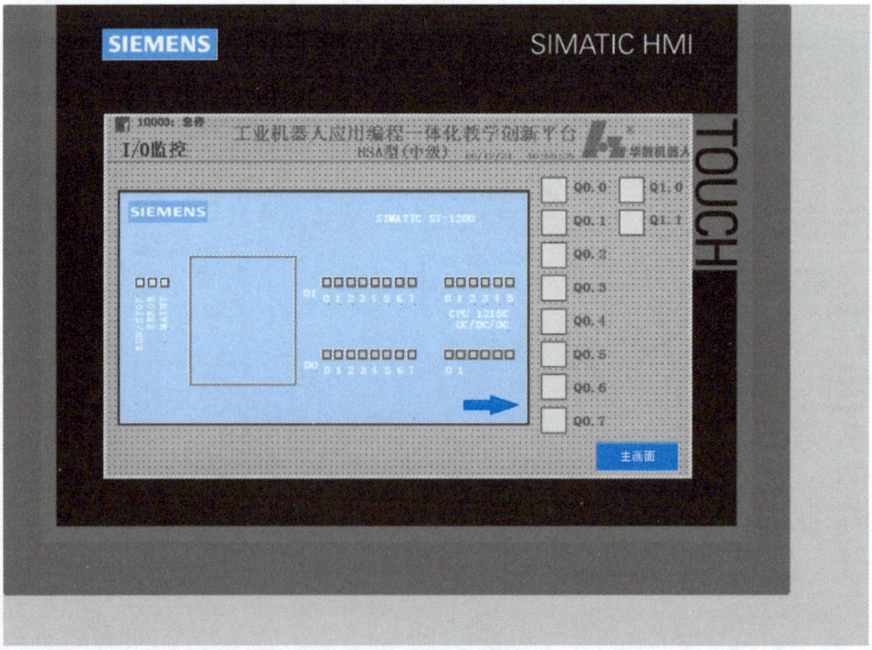


图 4-7　I/O 监控画面

从图 4-8 中可以看到，画面中的元素是由静态元素和动态元素组成的。静态元素（例如文本或图形对象）用于静态显示，在运行时它们的状态不会变化，不需要连接变量。动态元素的状态受变量的控制，需要设置与它们连接的变量，用图形、I/O 域、按钮、指示灯和棒图等画面元素来显示变量的当前状态或当前值。另外，PLC 通过变量与动态元件交换过程值和操作员输入的数据，动态元件的状态随 PLC 程序的运行而实时更新。

## 【任务实施】

以图 4-7 所示的 I/O 监控画面的主画面部分为例进行任务实施。主画面部分包含的元素主要有：两个图形视图分别表示了西门子的公司名称和向右的箭头，一个蓝色填充的矩形框表示了 PLC 面板部分，一些文本域表达了其附近矩形块的含义，一个主画面按钮用于返回到主画面。

### 1. 文本域

在监控系统中，用来描述元素的含义、提示用户信息、描述系统功能等时，常使用文本域。文本域不与变量连接，运行时不能修改文本内容。使用工具箱中的基本对象，单击“文本域”，将其放入 I/O 监控画面的基本区域中，输入文字“Q0.0”，在属性栏的常规画面设置“字体”，如图 4-8 所示；在外观画面设置“背景”的填充图案为“透明”，并且设置“颜色”，如图 4-9 所示；在文本格式画面设置“格式”和“对齐”方式，如图 4-10 所示。

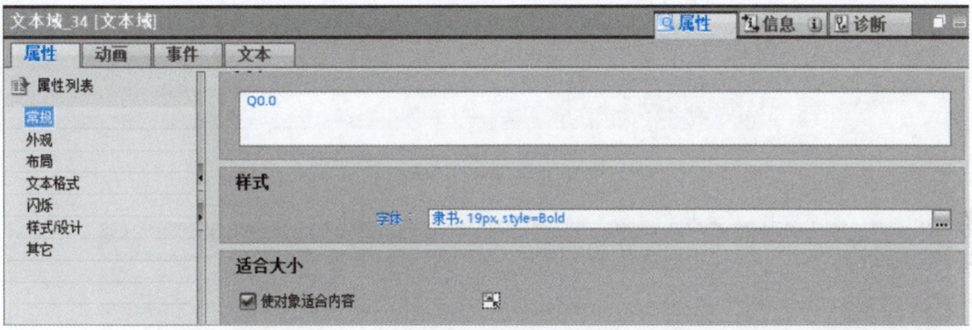


图 4-8　常规设置

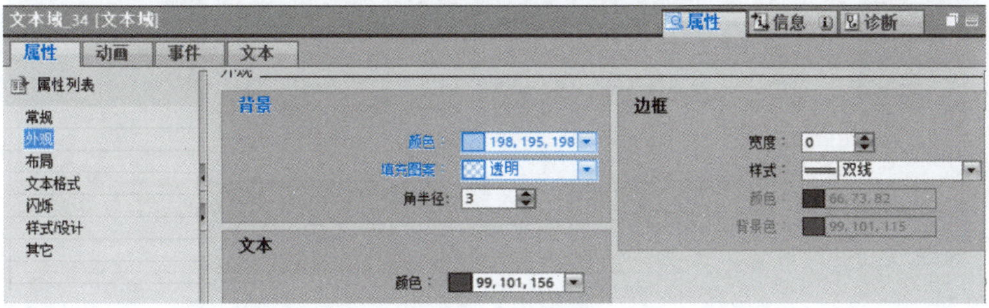


图 4-9　外观设置

图 4-10 设置的文本域文本显示方式为水平方向，图 4-7 所示的画面中有竖直方向的文本域，其设置方法如图 4-11 所示。

### 2. 图形视图

为了更加形象地描述系统的设备，可以在画面中使用图形。图形是没有连接变量的静态显示元素。单击工具箱基本对象中的“图形视图”，将其拖动到画面的基本区域中，如图 4-12 所示。单击图中标记处的按钮，可以选择一张图片插入到初始画面中。

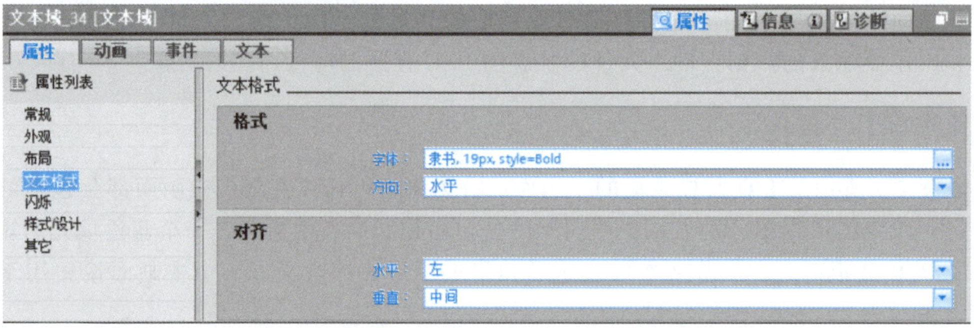


图 4-10　水平方向的文本格式设置

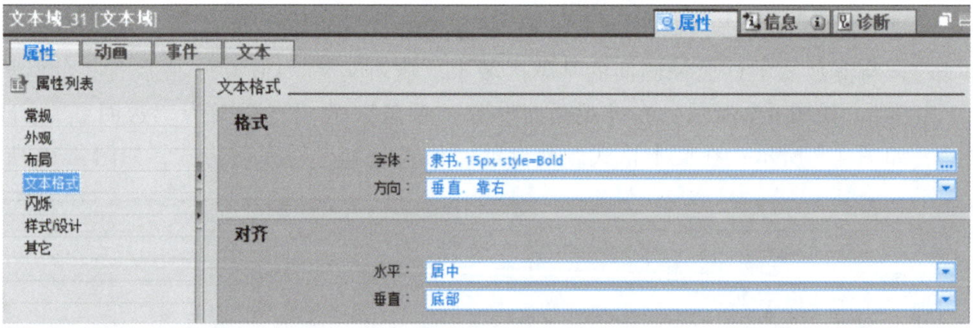


图 4-11　竖直方向的文本格式设置

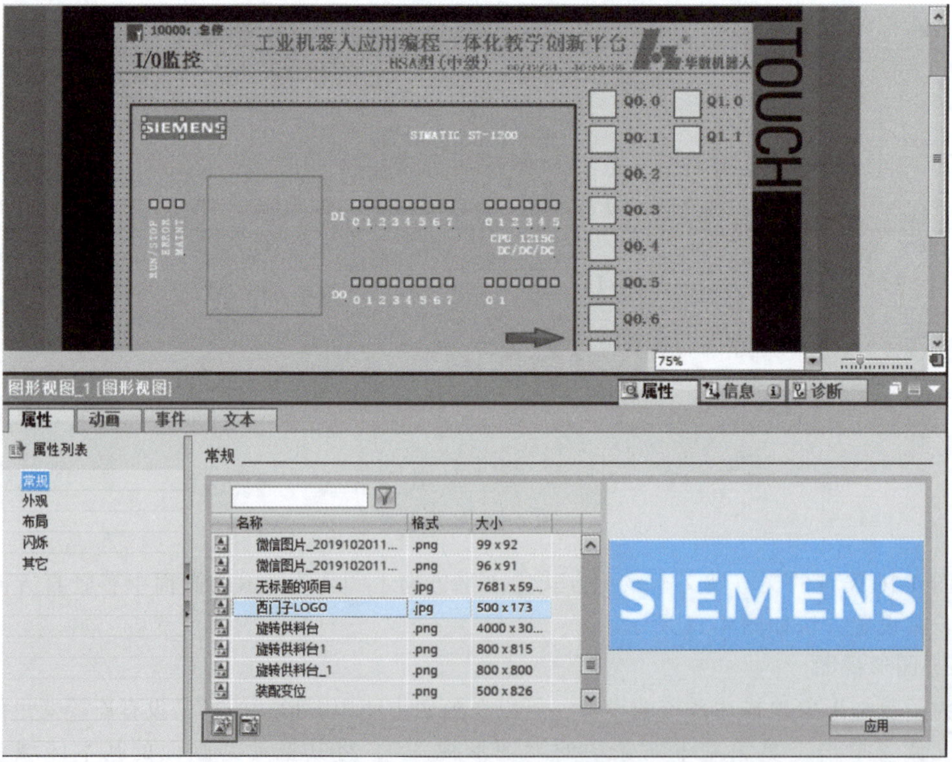


图 4-12　插入图形视图

### 3. 主画面按钮

在使用 HMI 对生产线进行监控时，往往需要多幅画面，画面之间的切换就是通过按钮实现的。使用工具箱中的元素，单击“按钮”，将其放入 I/O 监控画面的基本区域，通过鼠标的拖拽可以调整按钮的大小。在按钮的“属性视图”的“属性”选项卡的“常规”对话框中，输入相应的文字来提示操作人员该按钮的功能，这里输入“主画面”，如图 4-13 所示，表明单击该按钮将会从当前画面切换到主画面。

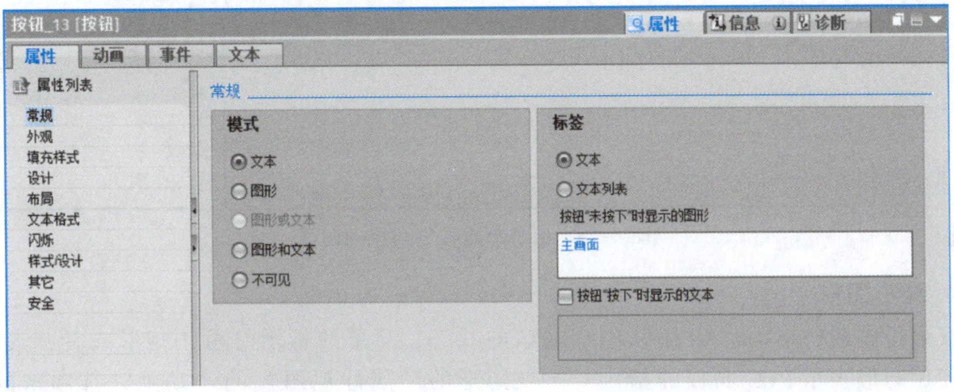


图 4-13 按钮“常规”属性设置

输入相应的文本后还需要为按钮单击事件选择功能。功能的执行总是与指定的事件相连接的。只有当该事件发生时，才触发功能。例如，当单击“主画面”按钮时，这个按钮事件触发画面切换的功能。

在按钮的“属性视图”的“事件”选项卡的“单击”对话框中，单击函数列表最上面一行右侧的按钮，在出现的系统函数列表中选择“画面”文件夹中的函数“激活屏幕”，如图 4-14 所示。

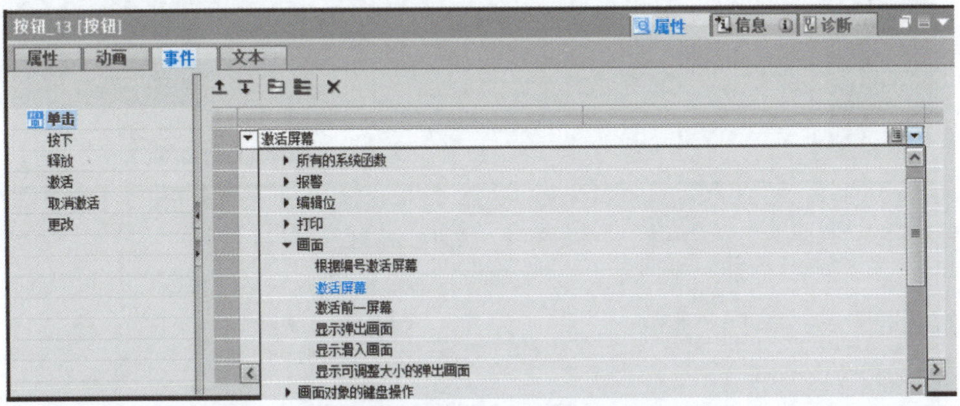


图 4-14 组态单击按钮时执行的函数

单击画面名称右侧按钮，在出现的画面列表中选择需要切换的画面名。在本例中，选择主画面，如图 4-15 所示。在系统运行时，通过单击 I/O 监控画面中的“主画面”按钮，画面将会从 I/O 监控画面切换到主画面。

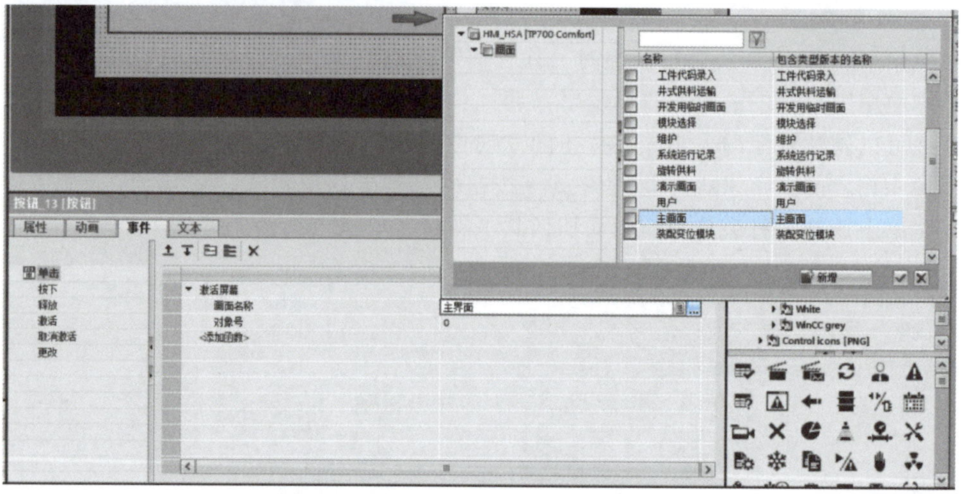


图 4-15　组态单击按钮切换的画面

## 4. 矩形图形

在运行画面中用指示灯表明 PLC 端口的状态，简单的指示灯可用矩形或者圆形表示。这里使用矩形表示 PLC 面板的指示灯。在矩形的“属性视图”的“动画”选项卡的“显示”对话框中，可看到该对象可用的动画，单击“动态化颜色和闪烁”按钮，将显示其动画参数。连接相应的变量“Q_10”，在类型中选择“范围”，在列表中单击“添加”。在“范围”列中输入变量范围，当为 0 时，设置背景色和边框颜色均为灰色，无闪烁；当为 1 时，设置背景色和前景色为绿色，如图 4-16 所示。

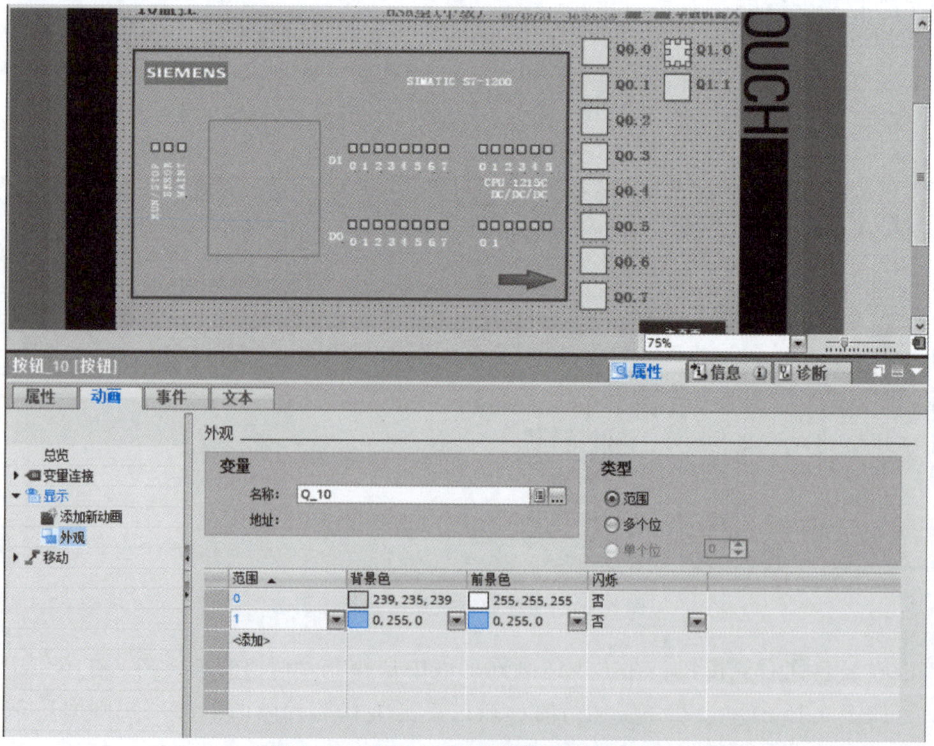


图 4-16　组态 PLC 面板指示灯的属性

### 5. 图形布局

如图 4-17 所示，在工作区上方标记处提供了多个图形元素布局的三个快捷按钮，可以实现画面快速布局和美化。使用时，需先选择多个图形元素，然后进行相应的操作。

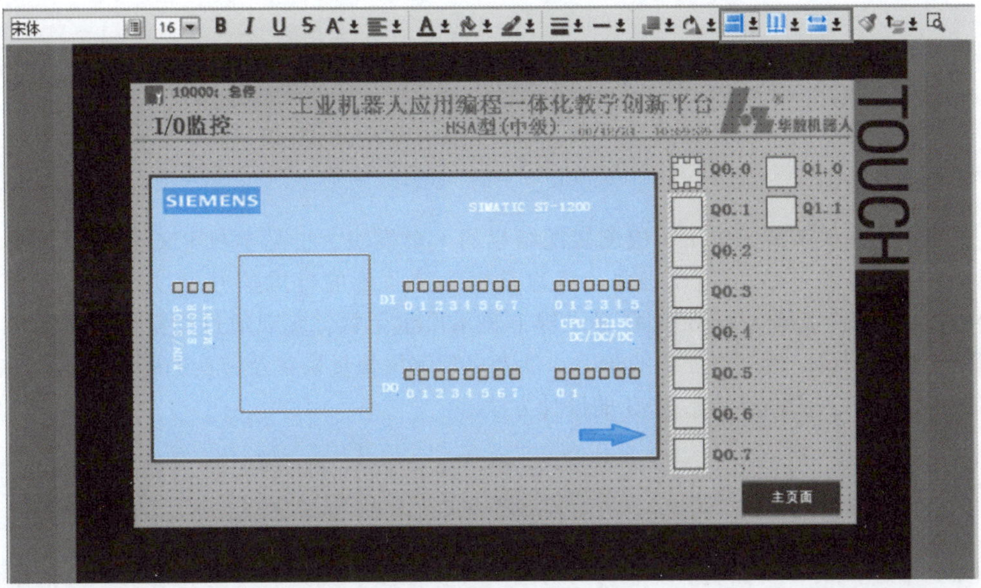


图 4-17 图形布局

## 【思考与练习】

1. 绘制图 4-18 所示工件录入的 HMI，并完成画面中各按钮的组态。

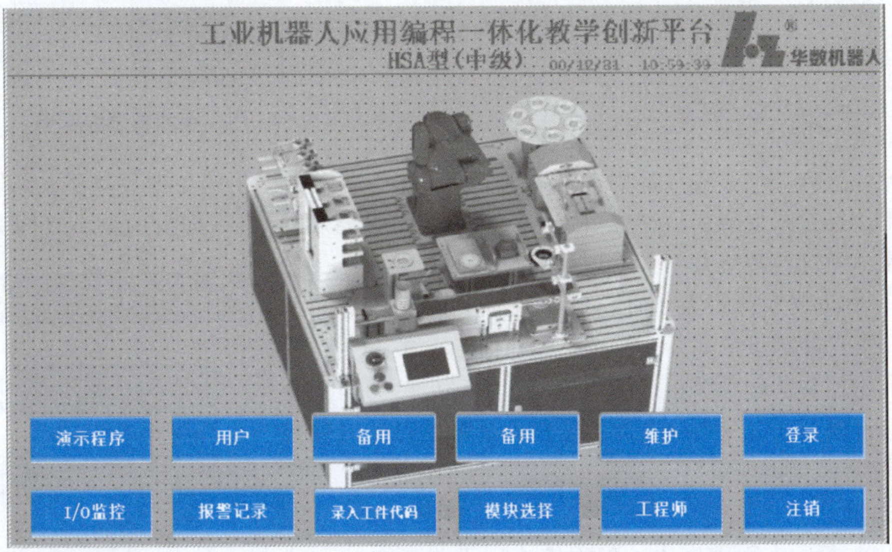


图 4-18 工件录入的 HMI

2. HMI 有哪几种仿真调试的方法？各有什么特点？

## 【扩展训练】

1. 人机界面是否只能连接 PLC？
2. 有通信功能的设备是否一定能与人机界面产品连接？

# 任务二 机器人关节称重

## 【任务描述】

称重模块是关节装配中用于检测装配结果的一个模块，也是学习 PLC 模拟量采集的一个模块。本任务通过编写 PLC 程序，将称重模块接收到的模拟信号经过数值运算变换成 PLC 可接收的数字信号，并在 HMI 显示屏上显示质量示数，实现通过称重模块检测机器人关节是否装配完成。通过本任务的学习，读者应理解模拟量采集及转换的原理，以及 I/O 域的相关属性设定，进一步熟悉 HMI 的设计方法。

## 【知识准备】

### 1. 模拟量转换

在 PLC 组成的自动控制系统中，对物理量（如温度、压力、速度和振动等）的采集是指利用传感器（或变送器）将过程控制中的物理信号转换成模拟信号后，通过 PLC 提供的专用模块将模拟信号转换成 PLC 可以接收的数字信号，然后输入其他设备中。由于 PLC 保存数据时多采用 BCD 码的形式，因此经过 A-D 专用模块的转换后，输入 PLC 数据存储单元的数据应该是一个 BCD 码。PLC 采集数据的过程如图 4-19 所示。

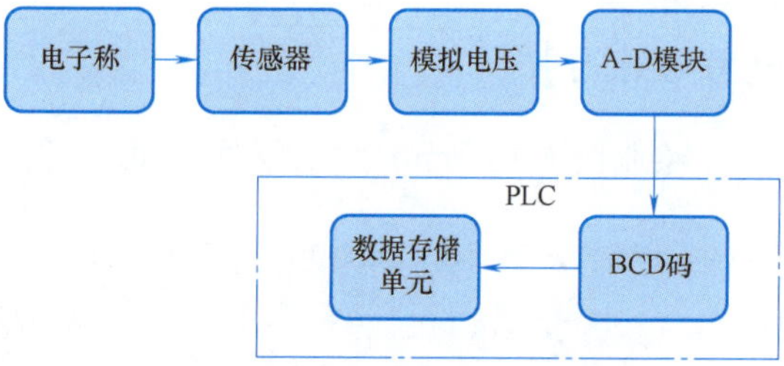

图 4-19 PLC 采集数据的过程

PLC 对模拟量数据的采集基本上都采用专用的 A-D 模块和专用的功能指令相配合，让设计很方便地实现外部模拟量数据的实时采集，并把采集的数据自动存放到指定的数据单元中。经过采集转换后存入数据单元中的 BCD 码数字，与物理量的大小之间有一定的函数关系，但这个数字并不与物理量的大小相等，所以，采集到 PLC 中的数据首先需要进行整定处理，确定两者的函数关系，获得物理量的实际大小。通过整定后的数据才是实时采集的物理量的实际大小，然后才可以进行后续的相关处理，并可根据需要显示出输出数据。模拟量转换设计流程如图 4-20 所示。

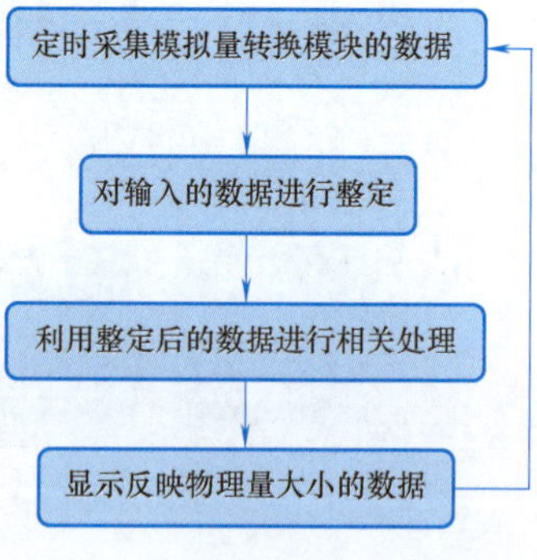

图 4-20 模拟量转换设计流程

### 2. 称重模块

图 4-21 所示为称重模块。称重模块用于测量在其上的物体的质量，质量的值通过一个模拟量返回给 PLC。

称重模块的内部结构如图 4-22 所示。

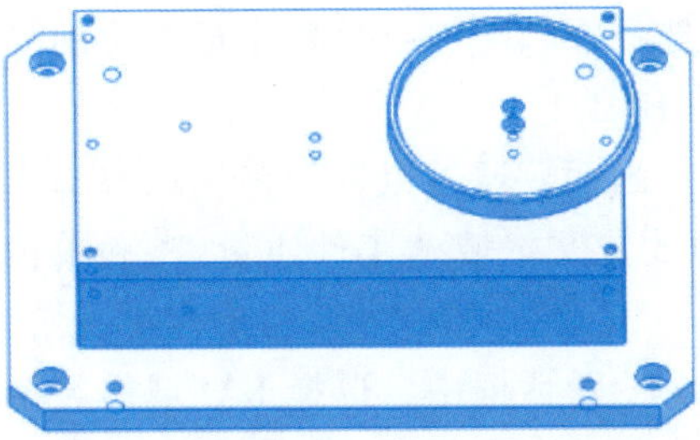

图 4-21 称重模块

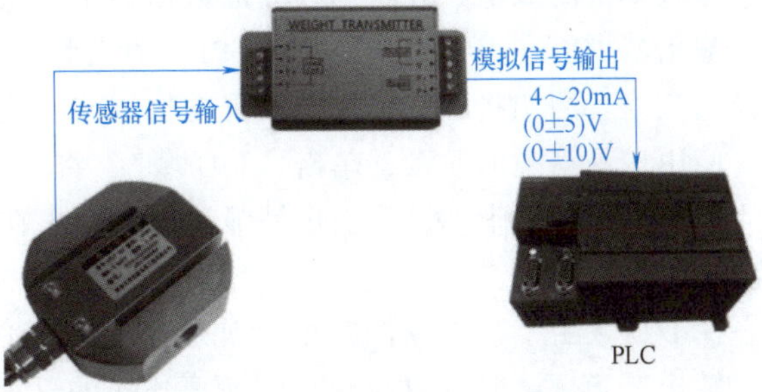


图 4-22 称重模块的内部结构

压力传感器接收外界压力，将输出的信号传递给变送器，变送器将物理量转换为电信号，然后送至 PLC 的模拟量接收端口 AI。称重模块的工作过程如图 4-23 所示。

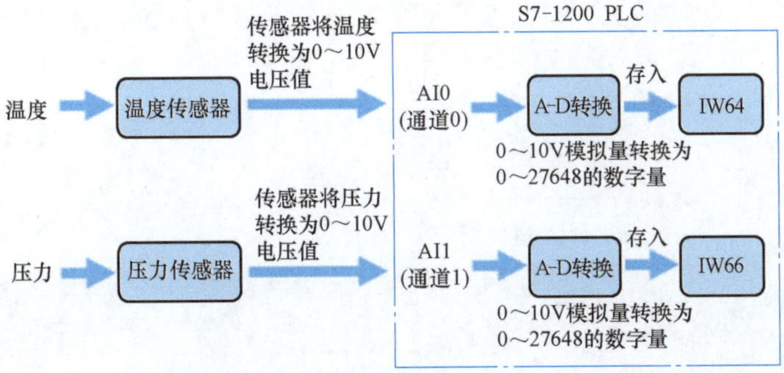


图 4-23 称重模块的工作过程

从 S7-1200 PLC 模拟量输入端口的结构可以看出，模拟量端口采集量经内部 A-D 转换之后，将转换结构存储到 IW64 中或者 IW66 中，其数据类型为整型（Int）。华数工业机器人应用编程一体化教学创新平台中将称重模块的模拟量输入接入 AI0，所以其数据存储在 IW64 中。当物体放置到托盘上之后，产生压力，传感器将信号传递给送变器，经送变器传递给 S7-1200 PLC，数值存储到 IW64 中。IW64 的值为 0～27648 中的一个，即 0 对应 0g，27648 对应 2000g。

因此，物体的质量 $m$ 可以通过公式进行计算，即

$$\frac{m}{2000}=\frac{\mathrm{IW64}-m_0}{27648}$$

式中，$m_0$ 为托盘质量对应的 IW64 值。通过这个公式可以计算出称重物体的质量为

$$m=\frac{(\mathrm{IW64}-m_0)\times 2000}{27648}$$

这里通过测试得到，$m_0$ 的值为 1177。

### 3. I/O 域

“I”是输入（Input）的简称，“O”是输出（Output）的简称，I/O 域即输入域与输出域的统称。I/O 域分为三种模式：输出域、输入域和输入/输出域。其中，输出域只显示变量的数值，不能修改数值；输入域用于操作员输入要传送到 PLC 的数字、字母或符号，将输入的数值保存到指定的变量中；输入/输出域同时具有输入和输出的功能，操作员可以用

它来修改变量的数值，并将修改后的数值显示出来。

输出域可以在 HMI 上显示来自 PLC 的当前值，可以选择以数字、字母数字或符号的形式输出数值。例如将称重模块上放置的物体的质量显示在 HMI 上。

使用工具箱中的元素，单击“I/O 域”，将其放入运行画面，通过鼠标的拖曳调整输出域的大小。为了清晰地说明输出域显示的数据，在其旁边放置文本域“工件质量:”和单位“克”。

在 I/O 域的“属性视图”的“属性”选项卡的“常规”对话框中，选择 I/O 域的类型为“输出”模式。选择这个输出域所要连接的过程变量为“module_WH_weight”。选择显示数据的显示格式为“十进制”，选择格式样式为 9999.9，带一位小数，如图 4-24 所示。

图 4-24　组态输出域“工件质量”的常规属性

## 【任务实施】

称重子程序主要分为三个部分：归零、赋值和计量。称重模块 PLC 程序逻辑图如图 4-25 所示。

添加称重模块【FC2】，创建完成后如图 4-26 所示，在【FC2】中创建程序段。

### 1. 归零程序

归零的过程实际上是将输入的模拟信号与预设值进行比较，在预设值范围内即认为称重平台上没有

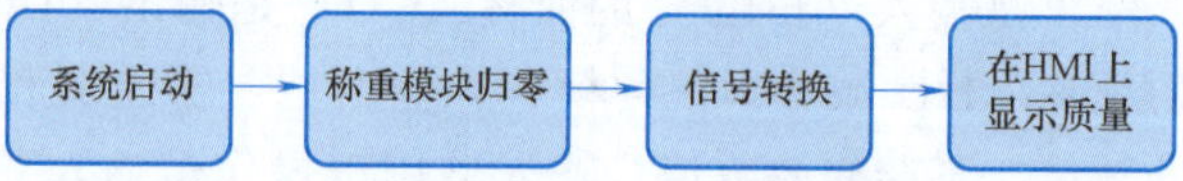


图 4-25　称重模块 PLC 程序逻辑图

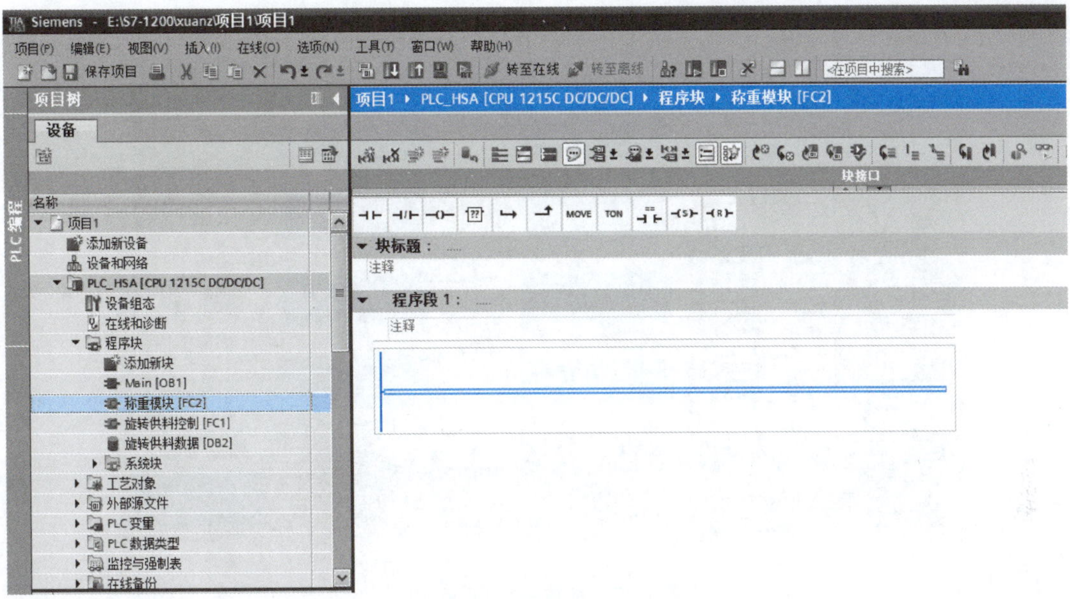


图 4-26　称重模块［FC2］

物品，示数归零。归零程序如图 4-27 所示。

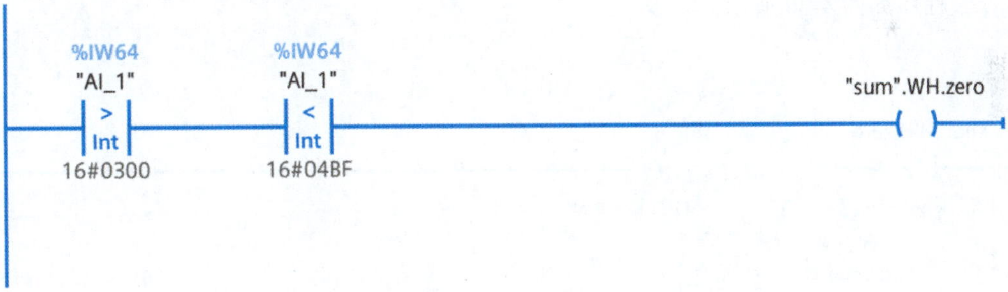


图 4-27　归零程序

## 2. 赋值程序

程序段 2 接收到程序段 1 输出的归零信号后，由于输出的是模拟信号，不能直接在 HMI 显示屏上显示质量示数，因此要将 0.0g 的示数传送给 OUT1 目的地址。赋值程序如图 4-28 所示。

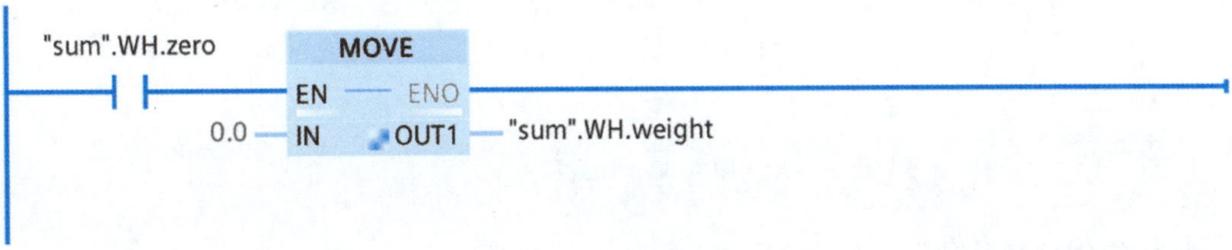


图 4-28　赋值程序

此时在 HMI 显示屏上显示的称重示数如图 4-29 所示。

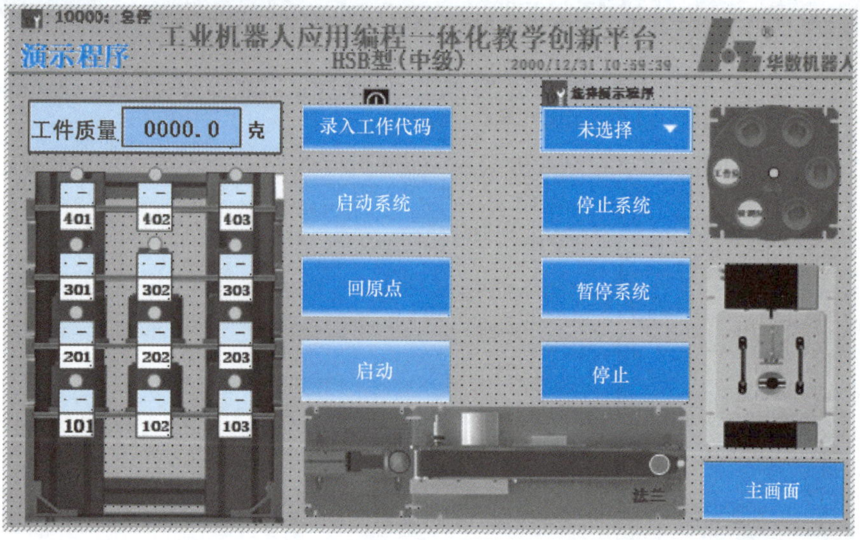


图 4-29 称重示数 0000. 0g

### 3. 计量程序

当称重平台上放置物体后，将称重模块传输的模拟信号经过数学运算模块转换成数字信号。计量程序如图 4-30 所示。

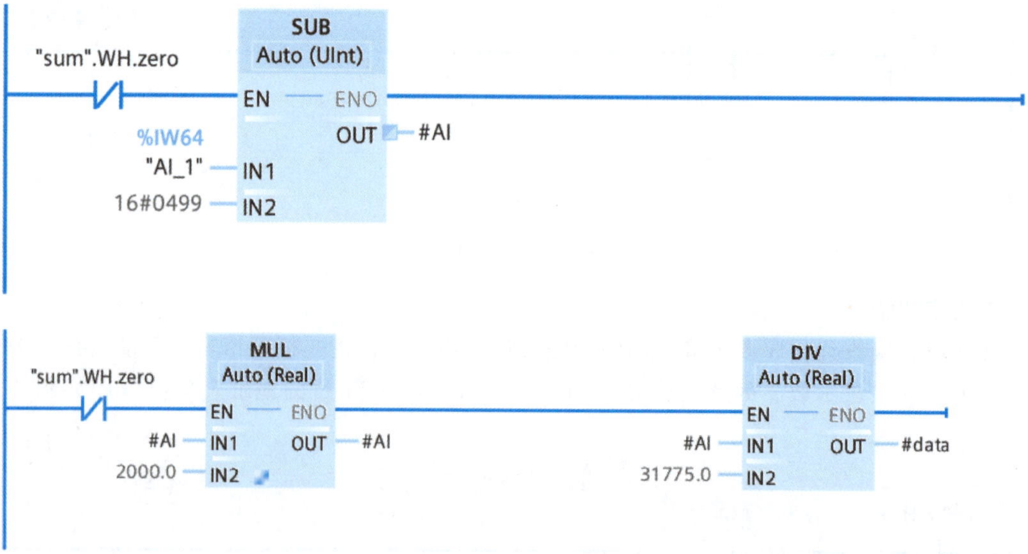


图 4-30 计量程序

此时在 HMI 显示屏幕上显示的称重示数如图 4-31 所示。

通过本任务的学习，读者应了解模拟量转换的基本原理，根据以上指令编写称重模块的 PLC 程序，达到通过称重结果检测机器人关节是否装配完成的目的。

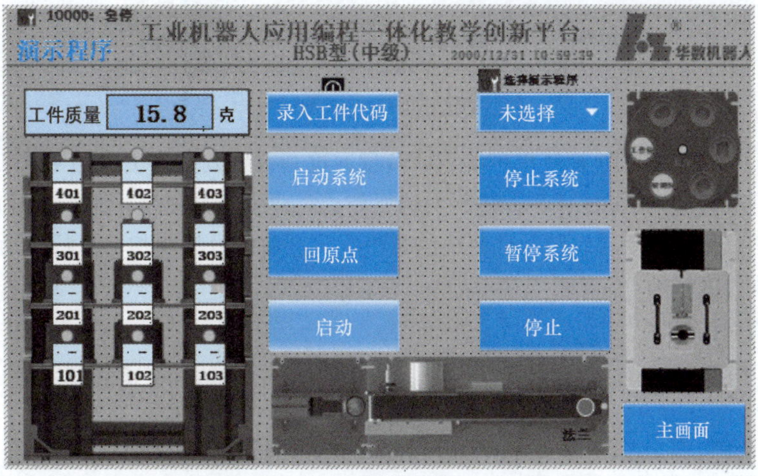


图 4-31　称重示数 15.8g

## 【思考与练习】

1. 影响称重准确率的因素有哪些？
2. 称重示数不归零时，机器人 HSR-JR603 是否能正常执行下一步操作？

## 【扩展训练】

设计一段 PLC 程序，以通过称重模块分辨机器人关节装配完成的工件有哪些。

# 任务三　机器人关节部件 RFID 读写控制

## 【任务描述】

RFID 模块 PLC 程序与 HMI 界面编写

无线射频识别即射频识别技术（Radio Frequency Identification，RFID），是自动识别技术的一种，通过无线射频方式进行非接触双向数据通信，利用无线射频方式对记录媒体（电子标签或射频卡）进行读写，从而达到识别目标和数据交换的目的，它被认为是 21 世纪最具发展潜力的信息技术之一。本任务以华数工业机器人一体化教学创新平台使用的 RFID 模块为例，介绍 RFID 指令库指令，编写 RFID 读写模块的 PLC 程序，实现机器人关节信息的读取和写入。通过本任务的学习，读者应熟练掌握 RFID 系统的组态方法、读写控制及读写错误信息显示等内容。

## 【知识准备】

### 1. RFID 系统的工作原理

典型的 RFID 系统一般由 RFID 标签、天线、RFID 读写器、应用软件系统及执行机构等组成，如图 4-32 所示。

RFID 系统的工作原理是：RFID 读写器可以通过天线发射出某一特定波段的射频信号；当携带载体信息的 RFID 标签进入读写器的读写区域时，在 RFID 标签内会耦合产生感应电流，进而将

图 4-32 RFID 系统的组成

RFID 标签激活，从而使 RFID 标签携带的载体信息通过其天线发射出去；当 RFID 天线接收到此信号时，将此信号传送到 RFID 读写器进行解码操作，完成了标签的读写操作；RFID 读写器可将解码后得到的信息传送到后台应用软件系统进行识别，进而可以控制相关机构的动作，以达到自动识别、自动执行的目的。

## 2. RFID 模块的组件

一个 RFID 模块由通信模块、阅读器和发送应答器三部分组成，其各个部分的型号及说明见表 4-1。

表 4-1 RFID 模块的组件

| 组件 | 型号 | 说明 |
|---|---|---|
| 通信模块 | RF180C | 通信模块用于将 RFID 系统集成到控制器/自动化系统中 |
| 阅读器 | RF340R | 阅读器可确保与发送应答器的感应通信及发送应答器的供电，同时还可处理通过通信模块(如 ASM 456)实现与不同控制器(如 SIMATIC S7)的连接 |
| 发送应答器 | MDS D424 | 发送应答器存储与生产相关的所有数据，并可用于取代条码或其他应用 |

RFID 模块的系统连接如图 4-33 所示。

## 3. S7-1200PLC 与 RF300R 通信的指令

S7-1200 PLC 使用 SIMATIC ident 里的指令块：Reset_RF300、Read 和 Write。各指令块的功能如下。

（1）Reset_RF300 指令块　该命令块复位 RF300R 读写器，删除所有没有执行的命令，同时执行参数的传输，响应报文包含 RF300R 的状态、固件版本等信息。Reset_RF300 指令块可设置传送参数，定义 RF300R 读写器的操作模式，只有复位成功的读写器才能被正确执行指令。复位指令可以在任何时候被立即执行，读写器执行该复位指令时将删除所有没有执行的命令，同时执行参数的传输。Read、Write 指令块执行错误或者读写器出现错误，且指示红灯闪烁时，需要调用 Reset_RF300 指令块复位读写器。

Reset_RF300 指令块的各输入、输出参数引脚如图 4-34 所示。

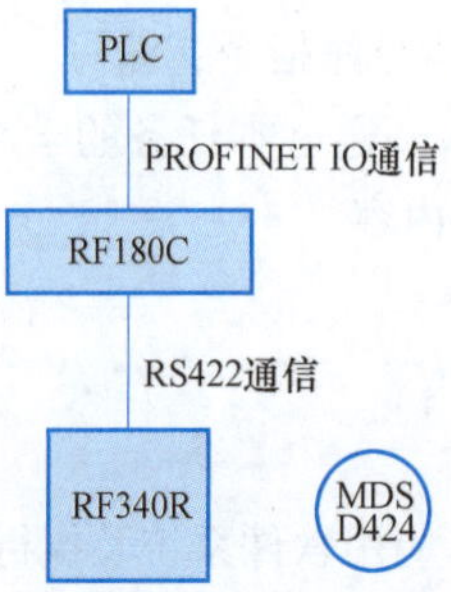


图 4-33 RFID 模块的系统连接

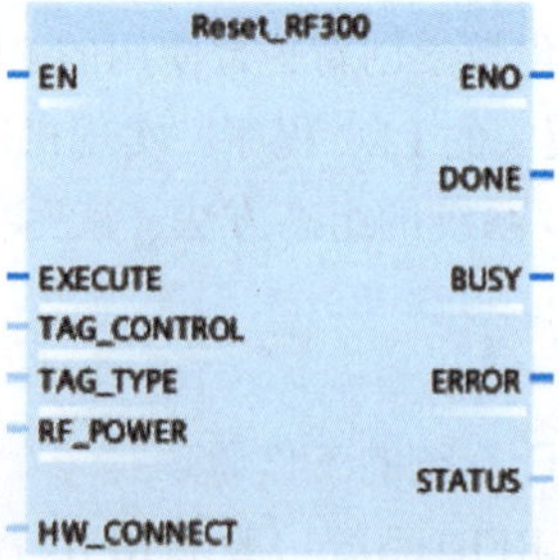


图 4-34 Reset_RF300 指令块的引脚

Reset_RF3000 指令块各个输入、输出参数引脚的描述见表 4-2。

表 4-2　Reset_RF300 指令块引脚的描述

| 参数 | 数据类型 | 默认值 | 描述 |
|---|---|---|---|
| EXECUTE | Bool | false | 为“True”时，触发 Reset_RF300 指令块的执行 |
| TAG_CONTROL | Byte | 1 | 存在性检查：0=关闭，1=打开，4=存在 |
| TAG_TYPE | Byte | 0 | 发送应答器类型：1＝每个 ISO 发送应答器，0＝RF300 发送应答器 |
| RF_POWER | Byte | 0 | 输出功率 |
| HW_CONNECT | Word | 16#0 | |
| DONE | Bool | false | Reset_RF300 指令块正确执行完成标志位 |
| BUSY | Bool | false | Reset_RF300 指令块正在执行 |
| ERROR | Bool | false | Reset_RF300 指令块执行错误时，错误代码 |
| STATUS | Bool | false | Reset_RF300 指令块执行状态 |

（2）Read_指令块　该指令块用于 RF300R 读写器天线场中从 RFID 数据载体中读取数据，并评估应答报文帧，应答报文帧中包含请求数据。

Read 指令块的各个输入、输出参数引脚如图 4-35 所示。

Read 指令块各个输入、输出参数引脚的描述见表 4-3。

表 4-3　Read 指令块引脚的描述

| 参数 | 数据类型 | 默认值 | 描　述 |
|---|---|---|---|
| EXECUTE | Bool | false | 为“True”时，触发 Reset_RF300 指令块的执行 |
| ADDR_TAG | DWord | DW#16#0 | 启动读取的发送应答器所在的物理地址 |
| LEN_DATA | Word | W#16#0 | 待读取的数据长度 |
| HW_CONNECT | Word | 16#0 | |
| IDENT_DATA | Any/Variant | 0 | 存储读取数据的数据缓冲区 |
| DONE | Bool | false | Reset_RF300 指令块正确执行完成标志位 |
| BUSY | Bool | false | Reset_RF300 指令块正在执行 |
| ERROR | Bool | false | Reset_RF300 指令块执行错误时，错误代码 |
| STATUS | Bool | false | Reset_RF300 指令块执行状态 |
| PRESENCE | Bool | false | |

（3）Write 指令块　该指令块用于写入数据到读写器天线场中的 RFID 数据载体，并评估应答报文，应答报文包括一个确认报文。

Write 指令块的各输入、输出参数引脚如图 4-36 所示。

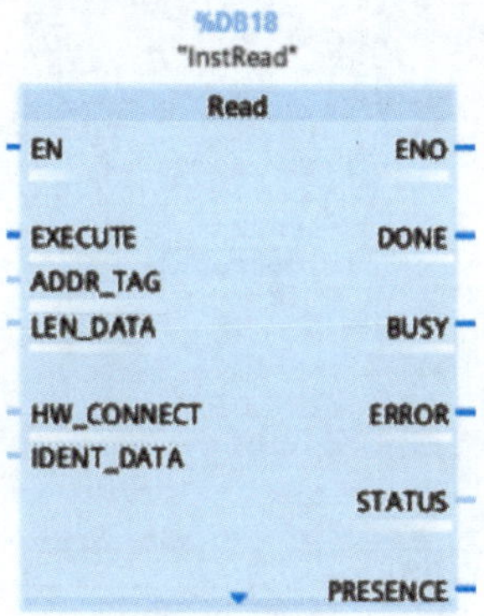


图 4-35　Read 指令块的引脚

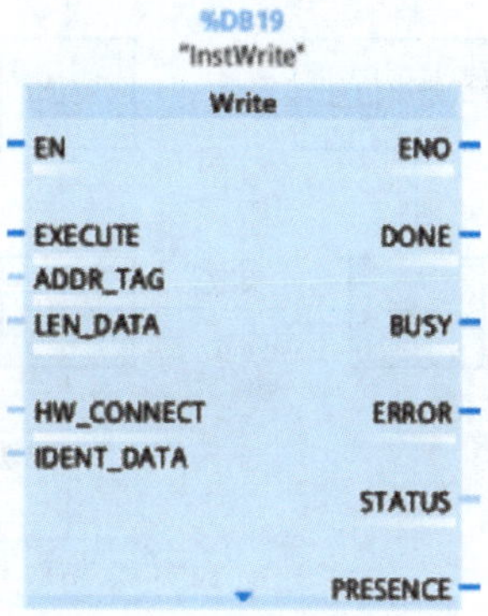


图 4-36　Write 指令块的引脚

Write 指令块各个输入、输出参数引脚的描述见表 4-4。

表 4-4 Write 指令块引脚的描述

| 参数 | 数据类型 | 默认值 | 描　述 |
|---|---|---|---|
| EXECUTE | Bool | false | 为“True”时，触发 Reset_RF300 指令块的执行 |
| ADDR_TAG | DWord | DW#16#0 | 启动读取的发送应答器所在的物理地址 |
| LEN_DATA | Word | W#16#0 | 待读取的数据长度 |
| HW_CONNECT | Word | 16#0 | |
| IDENT_DATA | Any/Variant | 0 | 存储读取数据的数据缓冲区 |
| DONE | Bool | false | Reset_RF300 指令块正确执行完成标志位 |
| BUSY | Bool | false | Reset_RF300 指令块正在执行 |
| ERROR | Bool | false | Reset_RF300 指令块执行错误时，错误代码 |
| STATUS | Bool | false | Reset_RF300 指令块执行状态 |
| PRESENCE | Bool | false | |

## 【任务实施】

本任务采用博途 15.1 软件，并对 RFID 读写模块进行 PLC 程序编写，实现对装配工件信息的读取和写入，并在 HMI 显示屏上显示出来。RFID 读写模块子程序主要分为 4 个部分：复位、读、写和报警。RFID 模块的技术路线如图 4-37 所示。

如图 4-38 所示，打开“网络视图”，依次单击硬件目录中的其他现场设备→PROFINET I/O→Ident Systems→SIEMENS AG→SIEMENS RFID→前端模块→RF180C V1.0，或将其拖放到左侧窗口的空白处。



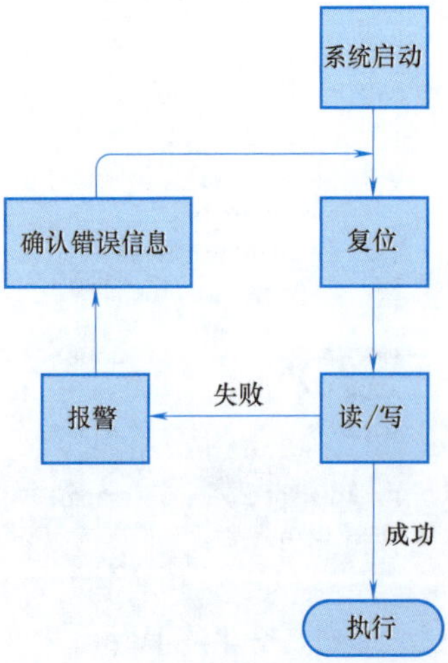


图 4-37 RFID 模块的技术路线

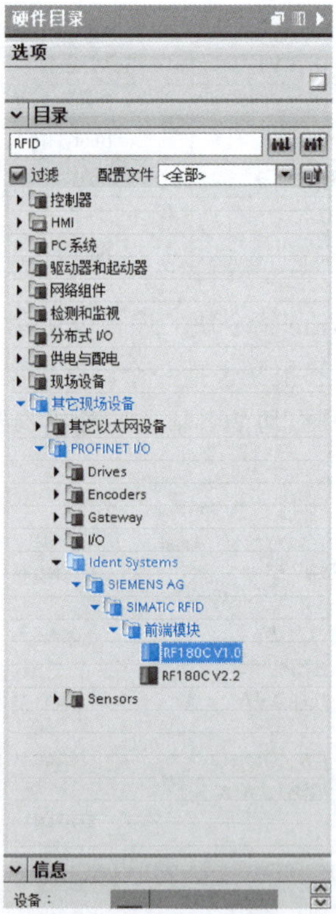


图 4-38 添加 RFID

双击 RFID 设备，将名称修改为 RFID_B，如图 4-39 所示。

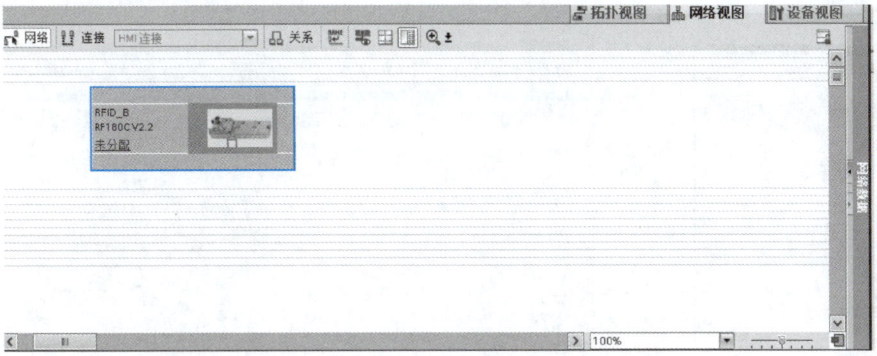


图 4-39　修改名称

打开网络视图，单击工具栏上的“连接”按钮，单击选择的 PLC 中的以太网接口（绿色小方块），按住鼠标左键，拖拽至 RFID 的以太网接口，完成 RFID 连接。在屏幕右侧可以看到生成的 RFID 连接的详细信息，如图 4-40 所示。

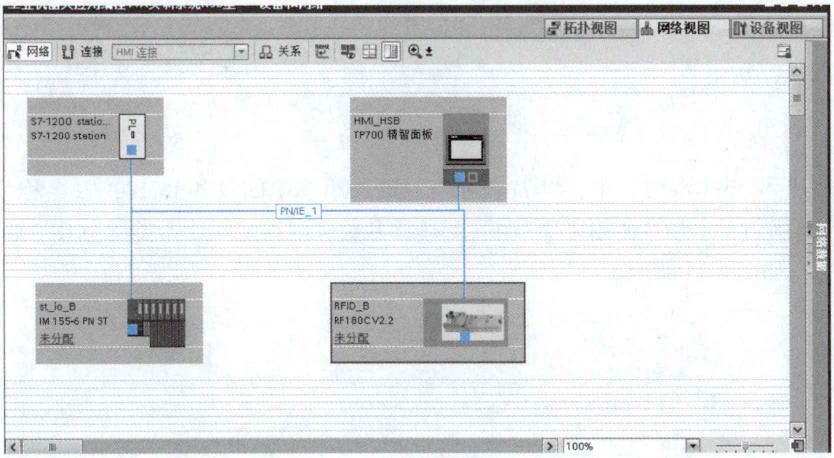


图 4-40　RFID 连接

在“属性”→“常规”→“以太网地址”中，可以设置 RF180C 的 IP 地址，如图 4-41 所示。

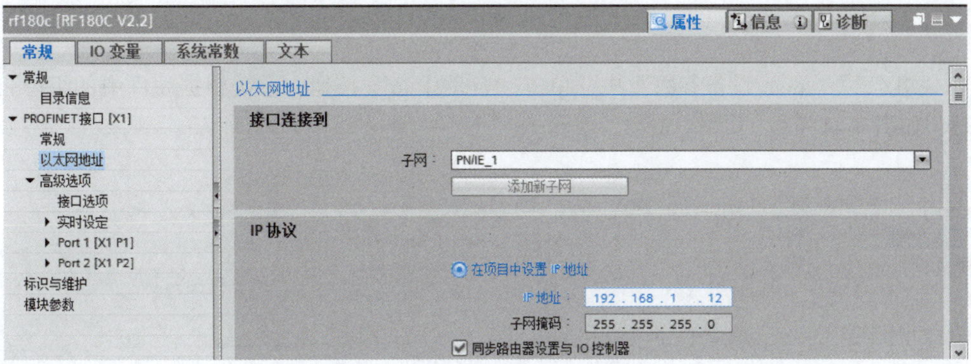


图 4-41　设置 RF180C 的 IP 地址

在 PLC 的下拉菜单中找到“工艺对象”→“新增对象”，选择“SIMATIC Ident”→“TO_Ident”，如图 4-42 所示。

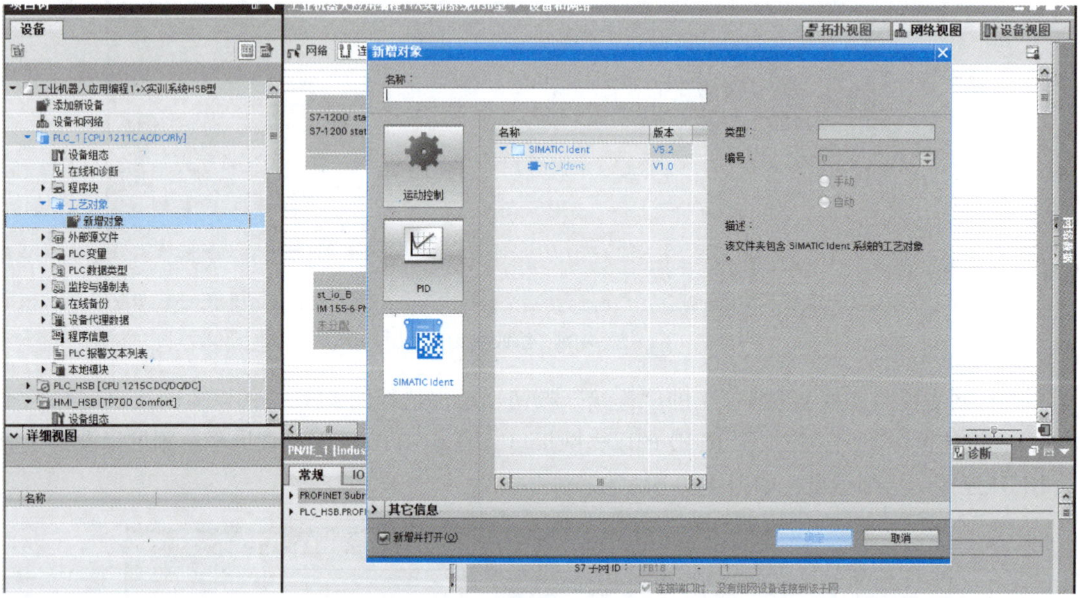


图 4-42　新增工艺对象

在“组态”→“基本参数”中，Ident 设备选择硬件组态中的设备 RF180C（名称为 RFID_B），RF180C 有两路通道，本设备使用了通道 1，阅读器参数分配指定阅读器类型为 RF300 Gen2 general（RF340R），如图 4-43 所示。

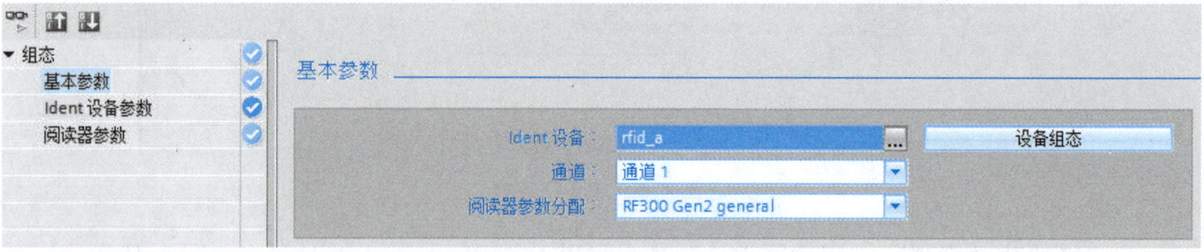


图 4-43　基本参数设置

在“组态”→“Ident 设备参数”中，单击“自动组态”按钮，系统根据硬件中的组态自动设定参数，如图 4-44 所示。

图 4-44　Ident 设备参数设置

新建函数内容，添加 RFID 模块［FC7］，创建完成后如图 4-45 所示，在［FC7］中创建 9 段程序段。

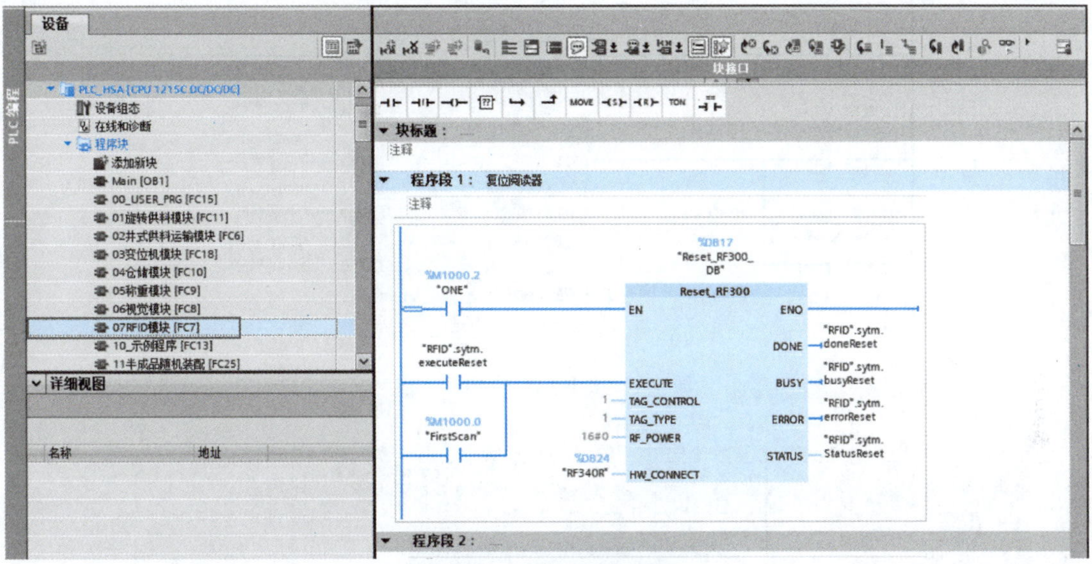


图 4-45　RFID 模块［FC7］

（1）复位模块　双击“指令”→“选件包”→“SIMATIC Ident”→“复位块”→“Reset_RF300”，系统弹出“调用选项”对话框。选择“单个实例”，名称选择“Reset_RF300_DB”，单击“确定”按钮，如图 4-46 所示。按照任务要求，在复位模块的各个引脚添加相应变量，完成复位模块 PLC 程序的编写，如图 4-47 所示。

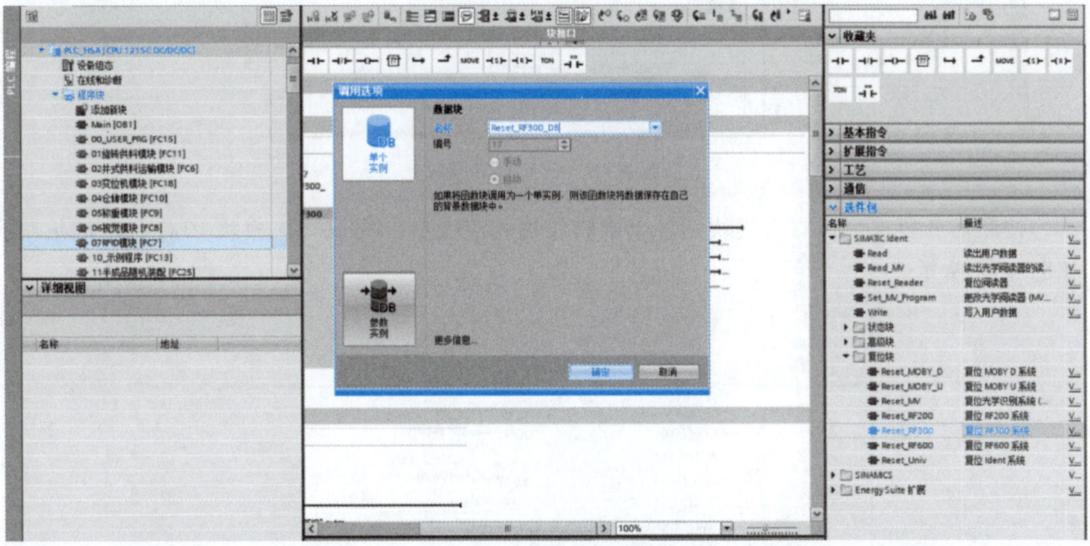

图 4-46　创建复位模块

当复位模块 EXECUTE 引脚有脉冲输入时，复位模块被触发。

（2）写入模块　双击“指令”→“选件包”→“IMATIC Ident”→“Write”，系统弹出“调用选项”对话框，选择“单个实例”，名称选择“Write_DB”，单击“确定”按钮，如图 4-48 所示。

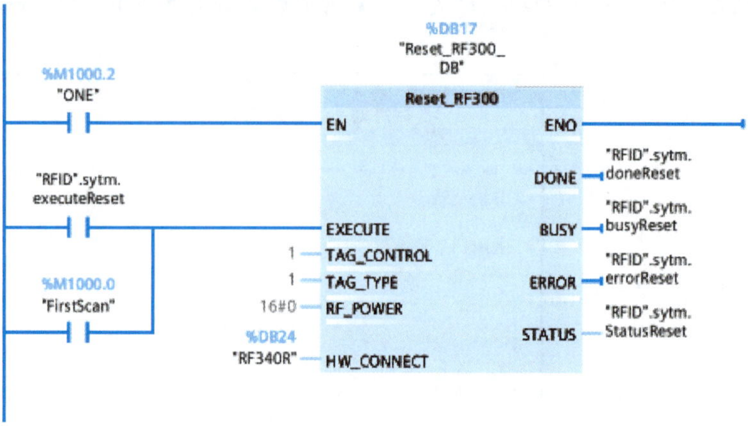


图 4-47　复位模块的 PLC 程序

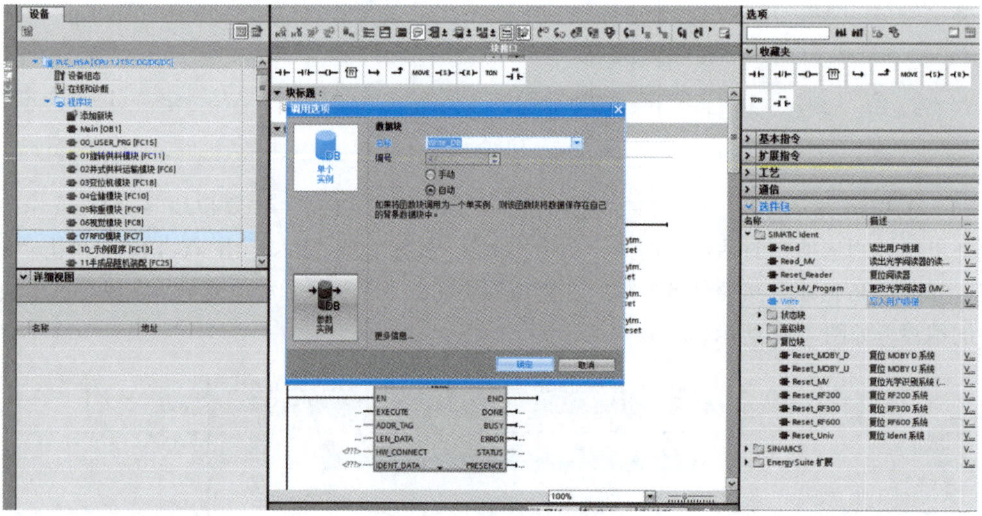


图 4-48　创建写入模块



按照任务要求，在写入模块的各个引脚添加相应变量，完成写入模块 PLC 程序的编写，如图 4-49 所示。

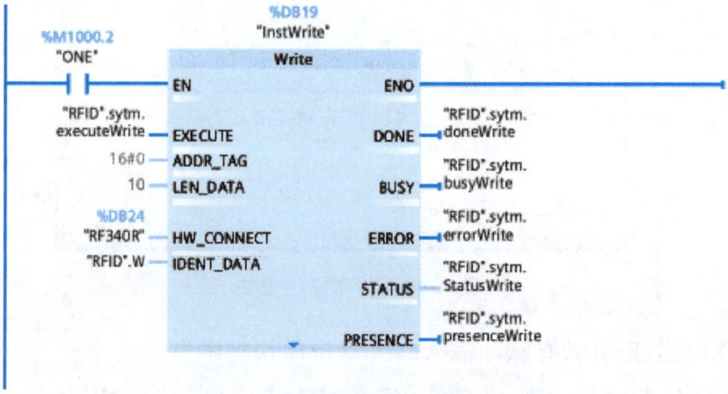


图 4-49　写入模块的 PLC 程序

如图 4-50 所示的程序段，RFID 读写器接收到写入的脉冲时，经过移动值指令，将要写入的信息传送给写入模块，输出“执行写入”程序命令。

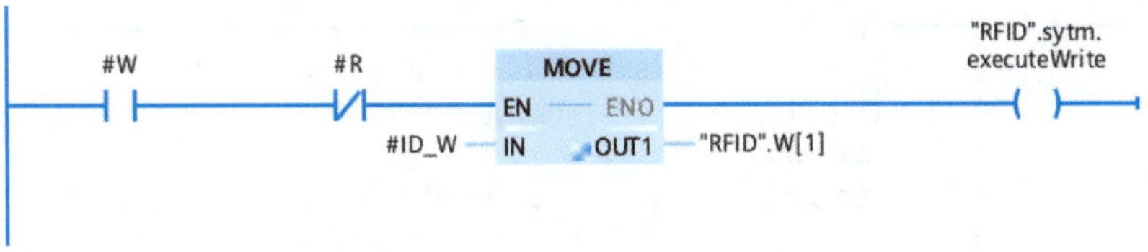


图 4-50 执行写入的 PLC 程序

如图 4-51 所示的程序段，RFID 写入完成，输出“写入”完成信息。

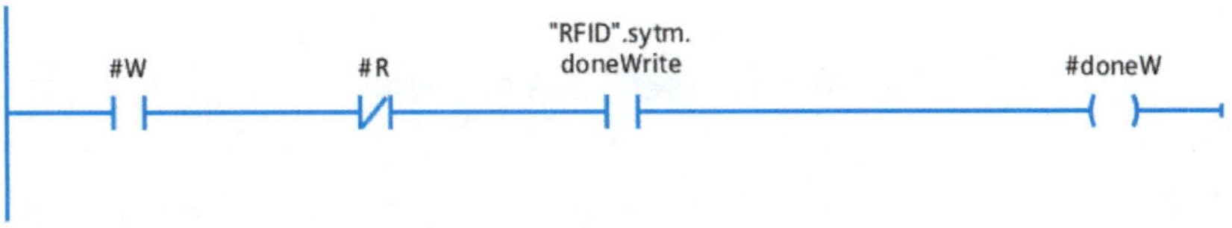


图 4-51 写入完成的 PLC 程序

（3）读取模块 双击“指令”→“选件包”→“IMATIC Ident”→“Read”，系统弹出“调用选项”对话框，选择“单个实例”，名称选择“Read_DB”，单击“确定”按钮，如图 4-52 所示。

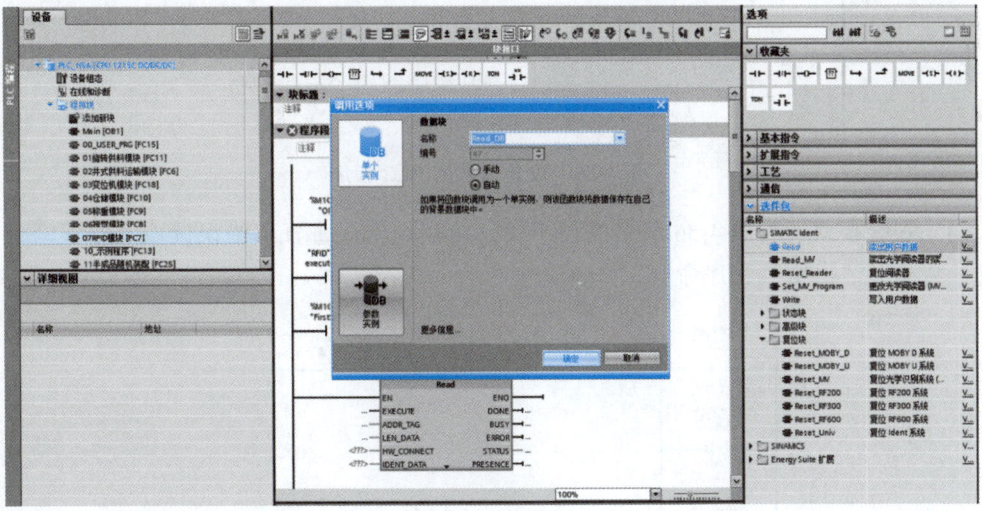

图 4-52 创建读取模块

按照任务要求，在读取模块的各个引脚添加相应变量，完成读取模块 PLC 程序的编写，如图 4-53 所示。

如图 4-54 所示的程序段，RFID 读写器接收到读取的脉冲时，输出“执行读取”程序命令。

如图 4-55 所示的程序段，RFID 读写器接收读指令，通过移动值指令，将读取的信息传送给 RFID 执行写地址，输出“成功读取”程序命令。

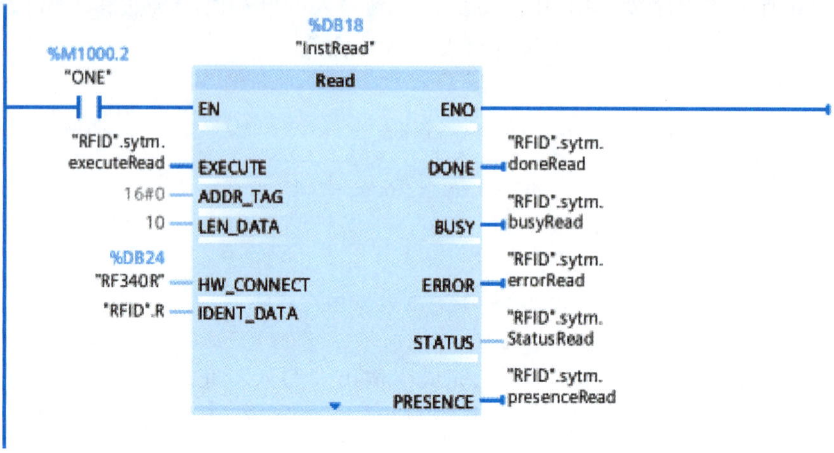


图 4-53 读取模块的 PLC 程序

图 4-54 执行读取的 PLC 程序

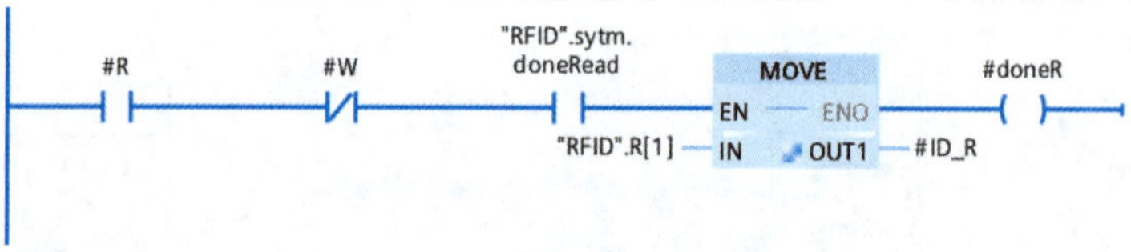


图 4-55 成功读取的 PLC 程序

（4）报警模块 如图 4-56 所示的程序段，接收到错误重置、错误读取和错误写入的脉冲时，会输出“出错”程序命令。

图 4-56 输出出错命令的 PLC 程序

如图 4-57 所示的程序段，接收到错误重置、错误读取和错误写入的脉冲时，通过移动值指令将错误情形传送给“错误地址”。

错误信息会在 HMI 报警记录中显示，如图 4-58 所示。

按照以上步骤，当 RFID 模块【FC7】编写完成后，在博途软件上，当工作窗口为

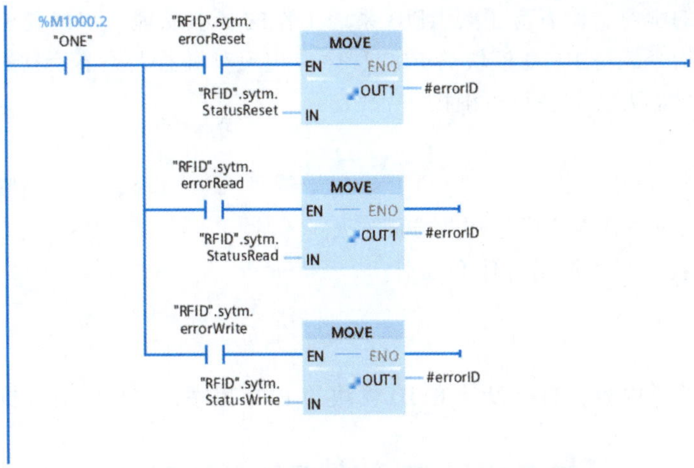


图 4-57　输出错误信息的 PLC 程序

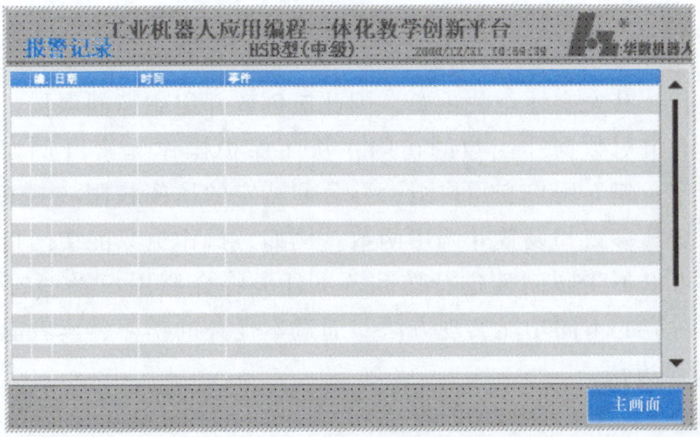


图 4-58　HMI 报警记录

【FC7】编辑画面时，单击工具栏上的“编译”按钮，可以对项目中的【FC7】模块进行编译，在巡视窗口显示出编译信息，没有错误后，可以将设计好的【FC7】模块下载到设备。

（5）RFID 的主程序段　单击项目树中的 RFID 模块“FC7”，按住鼠标左键拖拽至主程序“OB1”中，完成后如图 4-59 所示。

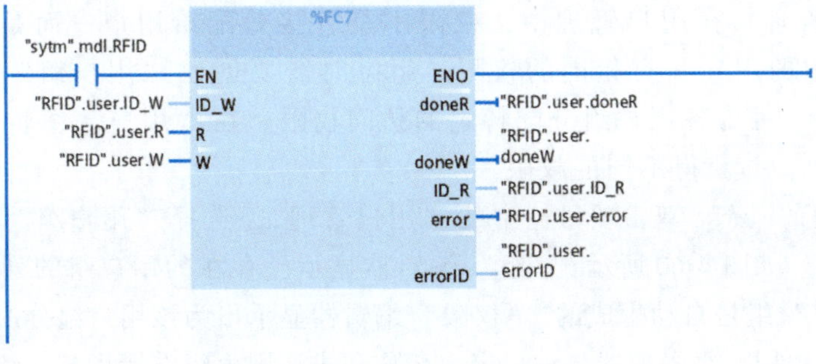


图 4-59　主程序中的【FC7】模块

通过本任务的学习，读者应了解 RFID 系统工作的基本原理，掌握复位、读取和写入指令，能根据以上指令编写 RFID 模块的 PLC 程序，实现对机器人关节信息的读取和写入，从而控制执行器对机器人关节进行正确操作。

## 【思考与练习】

1. RFID 可以应用到生活中的哪些方面？
2. 射频识别技术与条形码有什么区别？

## 【扩展训练】

根据本任务所学内容，自行设计 RFID 模块的 PLC 程序，完成物流分拣任务。

# 任务四　用户管理与系统调试

## 【任务描述】

一个系统的运行，其安全性至关重要，因此应创建并组态访问保护。用户管理用于在运行系统时控制操作人员对数据和函数的访问，从而保护操作元素（例如输入域和功能键）免受未经授权的操作。建立用户和用户组，并分配特定的访问权限（授权）。只有指定的个人或用户组可以改变其参数和设置并调用函数。例如，操作员只能访问指定的功能键，而调试工程师在运行时可以不受限制地进行访问。本任务将介绍用户管理的基本知识及组态方法，认识不同角色对应的不同功能实现方法。通过本任务的学习，读者能够掌握 PLC、工业机器人和 HMI 的调试方法。

## 【知识准备】

### 1. 用户管理



在系统运行时，可能需要创建或修改某些重要的参数，例如修改工件代码的设定值、设备运行时间、一些外围电动机控制器的参数或者已有数据中的条目等。显然，这些重要的操作只能允许某些指定的专业人员来完成，必须防止未经授权的人员对这些重要数据的访问和操作。例如，调试工程师在运行时可以不受限制地访问所有的变量，而操作员只能访问指定的输入域和功能键。用户管理分为对“用户组”的管理和对“用户”的管理。在用户管理中，权限不是直接分配给用户，而是分配给用户组。同一个用户组中的用户具有相同的权限。组态时需要创建“用户组”和“用户”，在“组”编辑器中，可为各用户组分配特定的访问权限。在“用户”编辑器中，可将各用户分配到用户组，并获得不同的权限。

（1）用户组的组态　双击项目树中的“用户管理”，选择“用户组”选项卡，打开用户组管理编辑器。如图 4-60 所示，“组”编辑器显示已存在的用户组的列表，其中“管理员”组和“用户”组是自动生成的。“权限”编辑器显示出为该用户组分配的权限。用户组和组权限的编号由用户组管理器自动指定，名称和描述则由组态者指定。组的编号越大，权限越低。

图 4-60 中创建了三个用户组，分别是“工程师”“teacher”和“student”。在“组”编辑器列表中选中某一用户组，通过在“权限”编辑器列表中“激活”列的复选框勾选不同的选项，可以为该用户组分配不同的权限。例如，“工程师”组选择所有权限选项，“teacher”组不能选择工程师选项，“student”组权限最低，不能选择“工程师”和“maint”权限。

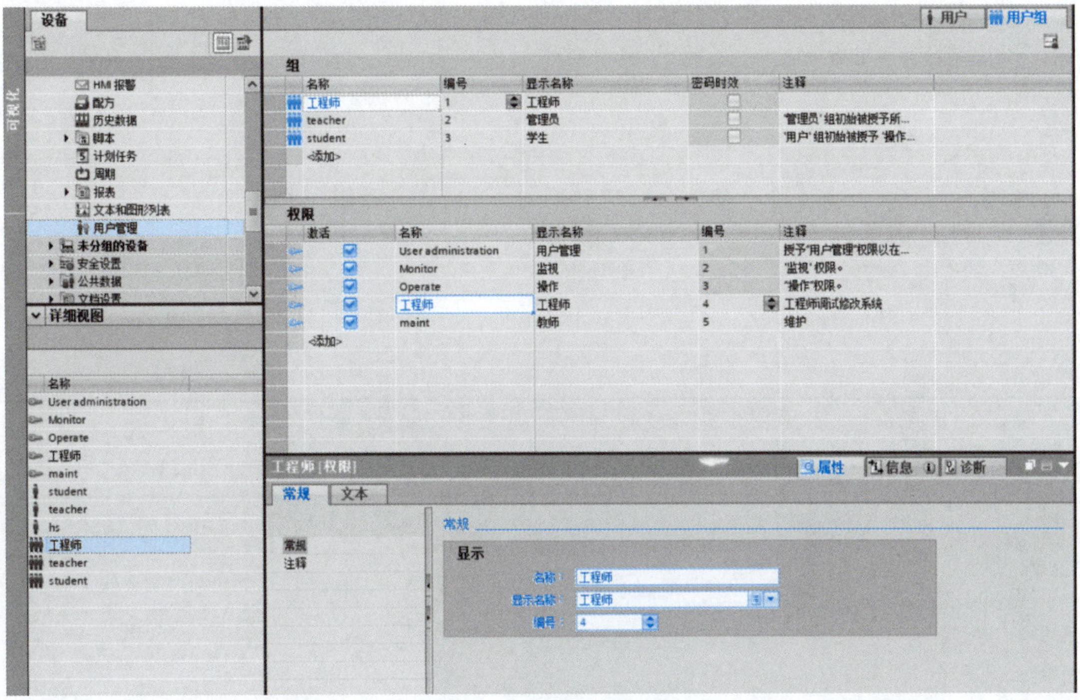


图 4-60　用户组管理编辑器

（2）用户的组态　创建一个“用户”，使用户可以用此用户名称登录运行系统。登录时，只有输入的用户名与运行系统中的“用户”一致，输入的密码也与运行系统中的“用户”的密码一致时，登录才能成功。

双击项目树中的“用户管理”文件夹中的“用户”图标，选择“用户”选项卡，如图 6-61 所示。“用户”工作区域以表格的形式列出已存在的用户及其被分配的用户组。双击已有用户下面的空白行，系统将生成一个新的用户。用户的名称只能使用数字和字符，不能使用汉字。输入登录系统的密码，为了避免输入错误，需要输入两次，两次输入的值相同时才会被系统接受。密码可以包含数字和字母。一个用户只能分配给一个用户组。

（3）用户登录和注销　在主画面中放入“登录”和“注销”两个按钮。在“登录”按钮的“属性视图”的“事件”选项卡的“单击”对话框中，单击函数列表最上面一行右侧的下拉按钮，在出现的系统函数列表中选择“用户管理”文件夹中的“显示登录对话框”，如图 4-62 所示。

在“注销”按钮的“属性视图”的“事件”选项卡的“按下”对话框中，单击函数列表最上面一行右侧的下拉按钮，在出现的系统函数列表中选择“用户管理”文件夹中的函数“注销”，如图 4-63 所示。

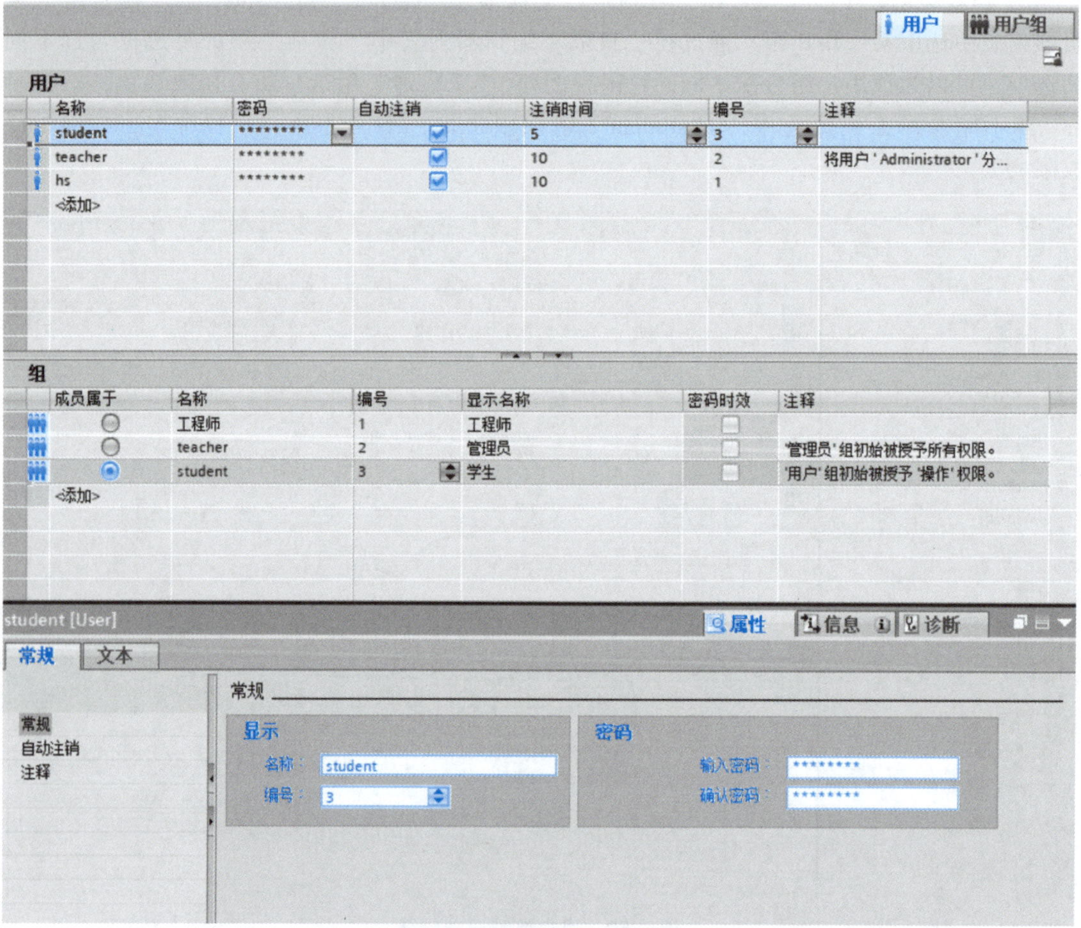


图 4-61 用户编辑器

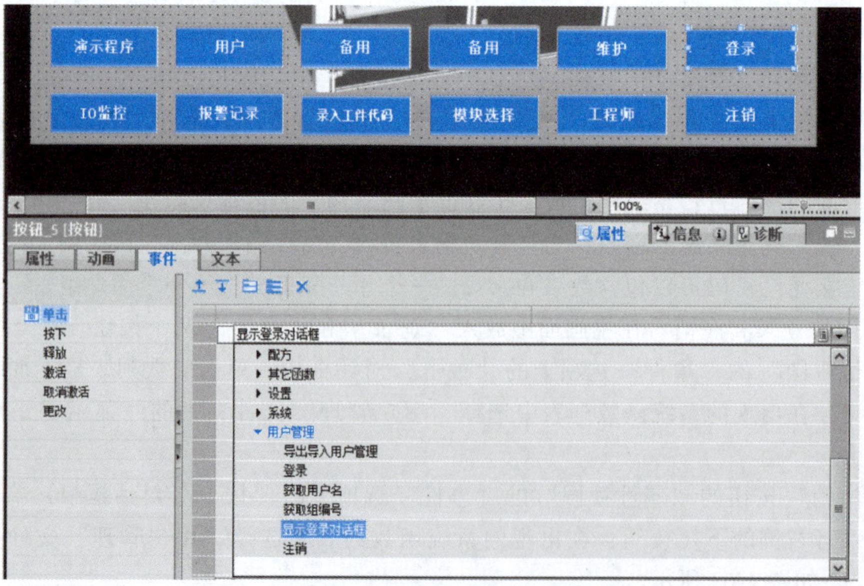


图 4-62 组态登录按钮执行的函数

图 4-63 组态注销按钮执行的函数

当按下“登录”按钮时，系统显示“Login”(登录)对话框，如图 4-64 所示。当单击“注销”按钮时，当前登录的用户被注销，以防止其他人利用当前登录用户的权限进行操作。

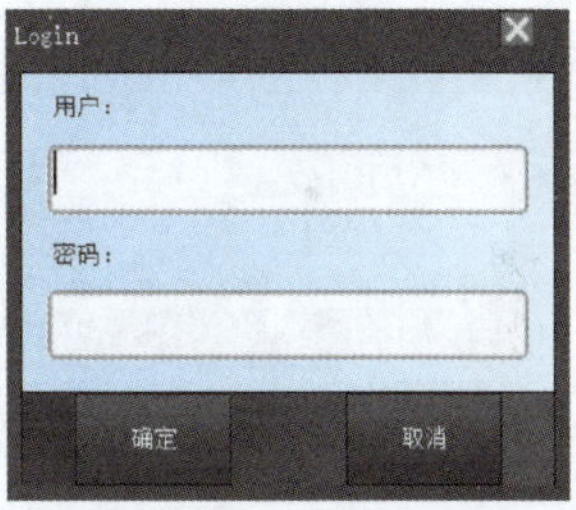


图 4-64 “Login”对话框

### 2. PLC 调试与诊断

TIA 博途软件提供了丰富的在线诊断和调试工具，方便项目的设计和调试。下面介绍几种常用的程序调试方法。

(1) 程序监视 在程序编辑器窗口中，打开已经下载的程序块，单击工具栏中的监视按钮，可以监视程序块的运行情况。对于 LAD 编写的程序，通过线条的类型（实线或虚线）和颜色可以显示触点和输出的通、断状态。例如，图 4-65 所示为井式供料运输模块的监视状态。

(2) 修改变量的值 在监视状态下，通常会用到修改变量的值的功能。可以通过选中变量，右击选择“修改”功能，对选中的变量进行修改。若变量类型为 BOOL 型变量，则可以直接修改为 1 或 0，如图 4-66 所示；其余支持类型变量，需要通过修改“操作数”进行修改，如图 4-67 所示。

(3) 交叉引用 交叉引用列表提供了项目对象如用户程序中操作数和变量的使用概况，可以看到哪些对象相互依赖以及各对象所在的位置。作为项目文档的一部分，交叉引用全面概述了已用的所有操作数、存储区、块、变量和画面。例如，可以显示对象的使用位置以修改或删除对象，可以显示已删除对象的使用位置，并在必要时进行修改。

在项目视图中，选中目录树中的 PLC 设备项，单击菜单命令“工具”中的“交叉引用”或者右击选择“交叉引用”，即可以打开所选项目的 PLC 站的交叉引用列表，如图 4-68 所示。

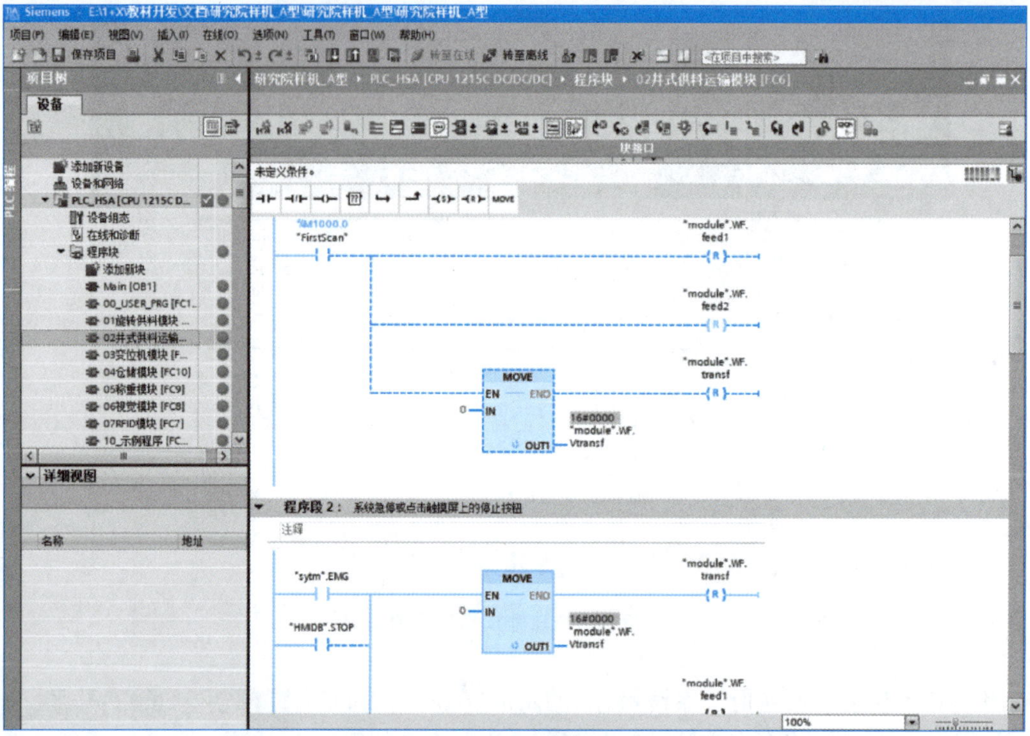


图 4-65　井式供料运输模块的监视状态

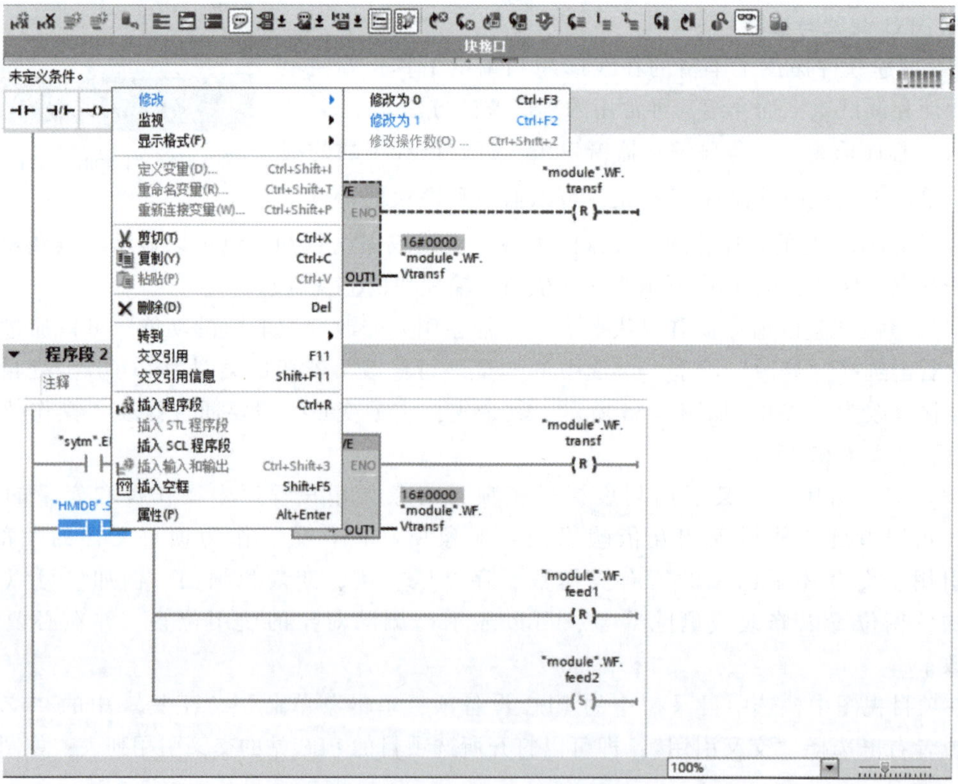


图 4-66　修改 BOOL 型变量的值

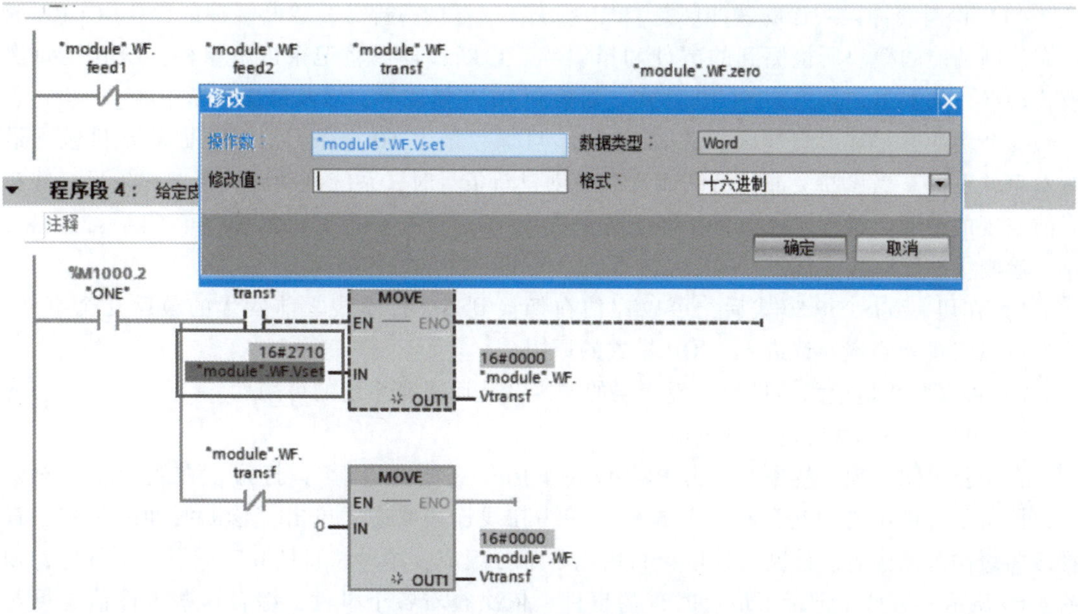


图 4-67　修改 Word 类型变量的值

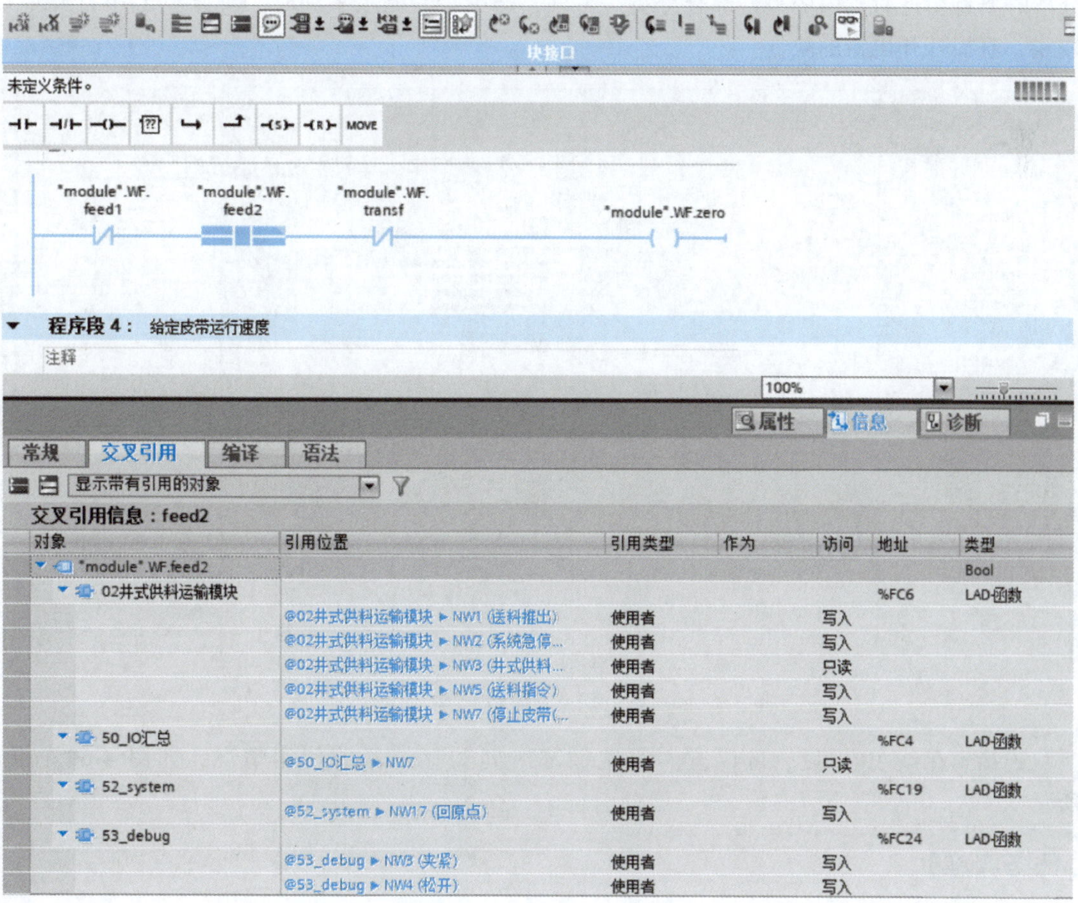


图 4-68　交叉引用列表

(4) 诊断缓冲区　诊断缓冲区是CPU系统存储器的一部分。诊断缓冲区包含由CPU或具有诊断功能的模块所检测到的事件和错误等。诊断缓冲区将记录以下事件：CPU的每次模式切换，如上电、切换到STOP模式、切换到RUN模式等，以及每次诊断中断。

诊断缓冲区是环形缓冲区。S7-1200 PLC可保存最多50个条目。最上面的条目包含最新发生的事件。当诊断缓冲区已满而又需要创建新条目时，系统自动删除最旧的条目，并在当前空闲的顶部位置创建新条目，即“先进先出”。

诊断缓冲区有以下优点：

1）在切换到STOP模式后，可以评估在切换到STOP模式之前发生的最后几个事件，从而可以查找并确定导致进入STOP模式的原因。

2）可以更快地检测并排除出现错误的原因，从而提高系统的可用性。

3）可以评估和优化动态系统响应。

在项目视图的项目树中，双击PLC设备下的“在线和诊断”，打开“在线诊断”对话框，单击工具栏中的“转到在线”按钮，转为在线连接状态。单击“诊断缓冲区”项，查看诊断缓冲区的内容。诊断缓冲区条目由以下部分组成：编号、日期和时间以及事件等，如图4-69所示。事件1记录了最近时刻的事件，依次查看各个事件，综合这些事件信息可对CPU停机的原因进行分析判断。需要注意的是，某个错误可能导致多个记录的事件，故障分析时要将相近时刻内的事件综合分析。另外，选中某一提示事件时，可以单击“打开块”按钮，直接打开出错的块。

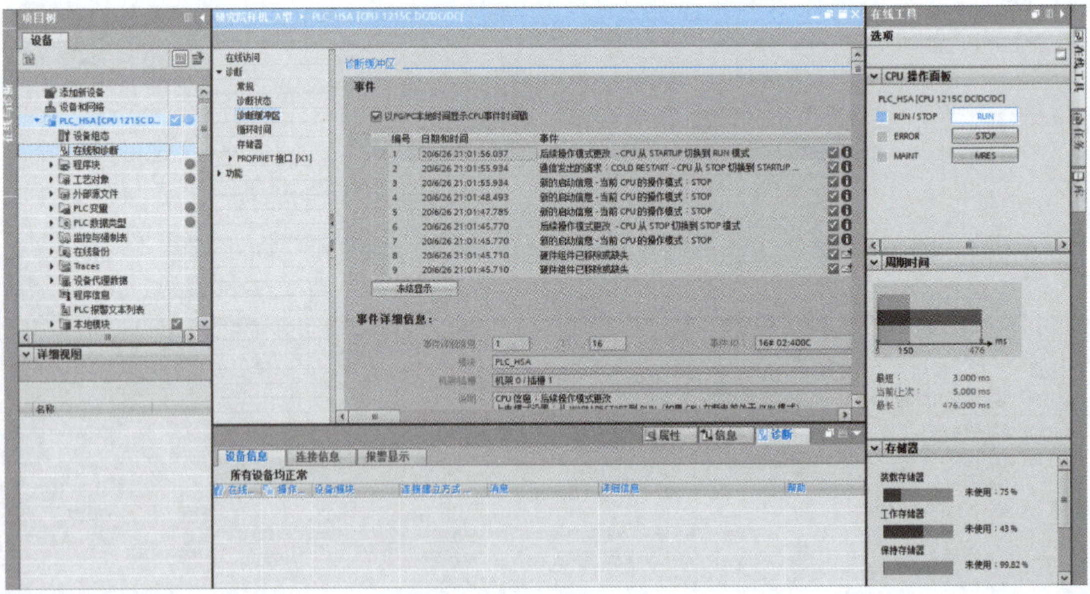

图4-69　诊断缓冲区

连接到在线CPU后，可以查看系统循环时间和存储器的使用情况，如图4-69右侧所示。

## 【任务实施】

本任务分为以下几个子任务实施。

### 1. 调试井式料仓模块

1）从 HMI 发送井式供料运输模块控制指令，通过程序监视功能，查看程序运行情况。通过观察设备运行情况，完成井式供料运输模块功能调试。

2）从机器人端发送井式供料输送模块送料命令，观察是否能正确完成推料、送料和停止动作。

### 2. 调试旋转料仓模块

1）从 HMI 发送旋转供料装置的正转、反转、回零点、零点校准及搜索工件命令，观察旋转料仓的动作是否符合预期。

2）从机器人发送搜索工件命令，看是否能正确执行。

### 3. 调试称重模块

将工件放置到称重平台上，测试各个工件的质量，并记录下来。

### 4. 调试 RFID 模块

RFID 模块包含读和写两种情况。工件信息包含了仓位号、工件颜色代码及工件代码。先将工件代码设定值进行写入操作，然后进行读取操作，进行调试。

### 5. 调试视觉模块

视觉的数据保存在机器人的 IPC 中，将工件放置到视觉相机下，进行拍照。查看机器人 IPC 的相关寄存器数据，同时查看 PLC 相关通信数据，检查结果是否符合。

### 6. 调试装配流程

各个模块调试完成之后，进行装配流程调试。装配流程调试应先单步进行调试，如先进行机器人取料到装配平台过程调试，再继续调试装配电动机，依次类推，直至完成流程调试。

## 【思考与练习】

当工件信息录入出现错误时，如何将信息重置？

## 【扩展训练】

1. 在 HMI 中设计一个信息显示窗口，并与 PLC 联通，以实时显示当前所读取到的信息。

2. 设计一个机器人关节重装任务。

# 项目五 机器人关节混合装配编程

## 【项目目标】

### 1. 知识目标

1）描述机械装配的基本概念和装配精度的内容。

2）描述装配工艺制订的步骤。

3）描述 PLC 程序和工业机器人程序调试方法。

4）描述 PLC 程序和工业机器人程序优化方法。

### 2. 技能目标

1）设计装配工艺流程图。

2）使用模块化程序设计方法设计 PLC 程序。

3）使用模块化程序设计方法设计工业机器人程序。

4）使用模块化程序设计方法设计 HMI。

### 3. 素养目标

1）培养学生具备安全操作意识。

2）培养学生具备团结协作精神。

3）培养学生具备绿色节约意识。

## 【知识结构】

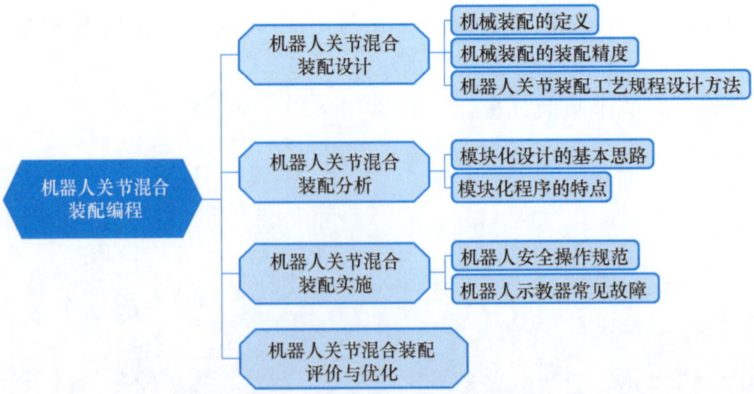

# 任务一　机器人关节混合装配设计

## 【任务描述】

立体仓库编程和 HMI 设计

机器人关节部件装配包含 6 个零部件的装配，装配的原始状态也不同，装配的工艺过程也不同。不同的装配工艺过程会影响装配的复杂程度，同时也会影响机器人程序、PLC 装配工艺程序的设计工作量。本任务首先介绍机械装配的相关概念和装配精度，然后介绍装配工艺规程设计的几种方法。通过本任务的学习，读者应熟练掌握几种常见的装配工艺过程，并能依据初始条件设计典型的装配工艺流程。

## 【知识准备】

### 1. 机械装配的定义

根据规定的技术要求，将零件或部件进行配合和连接，使之成为半成品或成品的过程，称为装配。机械装配是机器制造过程中的最后一个环节，它包括装配、调整、检验和试验等工作。装配过程使零件、套件、组件和部件间获得一定的相互位置关系，所以装配过程也是一种工艺过程。为保证有效地进行装配工作，通常将机器划分为若干能进行独立装配的装配单元。

1）零件是组成机器的最小单元，由整块金属或其他材料制成。例如，工业机器人关节装配中的关节底座、输出法兰等。

2）组件是在一个基准零件上，装上若干套件及零件构成的。例如，工业机器人关节装配中的电动机组件。

3）部件是在一个基准零件上，装上若干组件、套件和零件构成的。例如，工业机器人的关节部件。部件的特征是：在机器中能完成一定的、完整的功能。

### 2. 机械装配的装配精度

装配精度是装配工艺的质量指标。正确地规定机器和部件的装配精度是产品设计的重要环节之一，它不仅关系到产品质量，也影响到产品制造的经济性。装配精度是制订装配工艺规程的主要依据，也是选择合理的装配方法和确定零件加工精度的依据。

装配精度的内容包括零部件间的配合精度和接触精度、位置尺寸精度和位置精度、相对运动精度等。

（1）零部件间的配合精度和接触精度　零部件间的配合精度是指配合面间达到规定的间隙或过盈的要求。它关系到配合性质和配合质量，应依照国家标准确定。例如，轴和孔的配合间隙或配合过盈的变化范围。

零部件间的接触精度是指配合表面、接触表面达到规定的接触面积与接触点分布的情况。它影响到接触刚度和配合质量。例如，导轨接触面间、锥体配合和齿轮啮合等均有接触精度要求。

（2）零部件间的位置尺寸精度和位置精度　零部件间的位置尺寸精度是指零部件间的距离精度，如轴向距离和轴线距离（中心）精度等。

零部件间的位置精度包括平行度、垂直度和同轴度等。

（3）零部件间的相对运动精度　这是指有相对运动的零部件间在运动方向和运动位置上的精度。其中，运动方向上的精度包括零部件间相对运动时的直线度、平行度和垂直度等；而运动位置上的精度即传动精度，是指内联系传动链中，始末两端传动元件间的相对运动精度。

### 3. 机器人关节装配工艺规程设计方法

机器人关节装配是工业机器人应用编程职业技能等级证书中的一个重要考核内容，通过该载体主要考核学生对装配工艺流程的理解、工业机器人编程、PLC 程序设计、人机界面、视觉系统及外围设备的控制能力。因此，在设计机器人关节装配线工艺规程时，可以从以下几个方面进行考虑。

（1）从初始条件入手进行设计　初始条件即装配的零部件的初始状态，不同的初始条件会形成不同的装配工艺过程。不同的装配工艺过程，也会导致不同的编程工作量，难易程度也不相同。例如，初始条件为电动机、关节底座、减速器、输出法兰与初始条件为关节底座、减速器、输出法兰、电动机端盖、电动机转子、电动机壳体就是两种不同的初始条件问题，后者比前者的装配工作量大，需要在装配之前先对电动机进行装配。

（2）从工业机器人编程入手进行设计　初始条件相同时，若要重点考查学生对工业机器人编程，可以从设计不同的工业机器人模块程序入手，通过给学生不同的初始模块，让学生补充完成缺失的模块，考查学生对工业机器人程序的阅读、理解及编程能力。

（3）从 PLC 编程入手进行设计　对一个已知的装配工艺过程控制，不同的编程人员对 PLC 程序的设计思路也不同，但是控制流程已知时，编写完整的控制流程难度比较大，因此，在已知一部分 PLC 模块之后，补充完整的控制流程，也是设计不同装配线工艺过程的一种方法。PLC 模块控制涉及的编程内容主要有 I/O 控制、运动控制、通信控制和模拟量控制等，不同的模块控制的难易程度不同，因此，需要设计的内容可以依据模块知识点进行设计。

## 【任务实施】

### 1. 确定装配零部件

图 5-1 所示为机器人关节装配工件示意图。装配的零部件包含关节底座、输出法兰、减

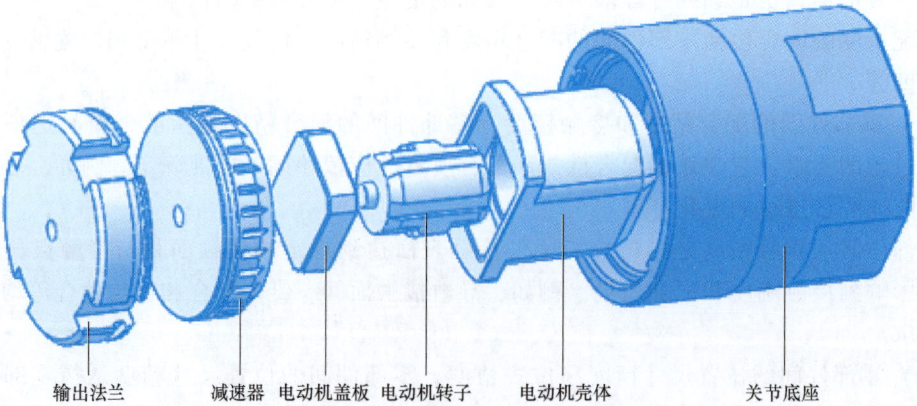


图 5-1　机器人关节装配工件示意图

速器、电动机盖板、电动机转子和电动机壳体共 6 个不同组件，其中输出法兰和减速器还包含黄色、白色、蓝色三种不同的颜色。电动机盖板、电动机转子和电动机壳体可以预先装配为电动机部件参与关节部件的装配。初始条件不同会直接影响装配工艺的复杂程度，判断初始状态是制订装配工艺流程的第一步。

（1）初始条件已知　当初始条件给定时，只需要依据初始条件制订相应的装配工艺流程。初始条件中，电动机属于一个部件，若电动机装配未完成，则需要先进行电动机装配。在装配开始之前，需要先手动设定装配的工件信息，工件信息录入流程如图 5-2 所示。

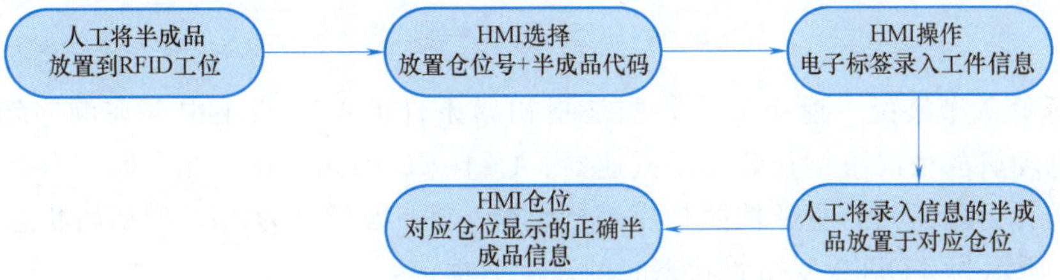


图 5-2　工件信息录入流程

（2）自动判断初始状态　当初始状态未知，只是限定完成产品装配任务时，需要利用称重模块判断初始状态。记关节底座的质量为 $A$，电动机部件的质量为 $B$，减速器的质量为 $C$，输出法兰的质量为 $D$，并且经过称重，$A>B>C>D$。图 5-3 所示为初始状态中不同的质量组合情况。

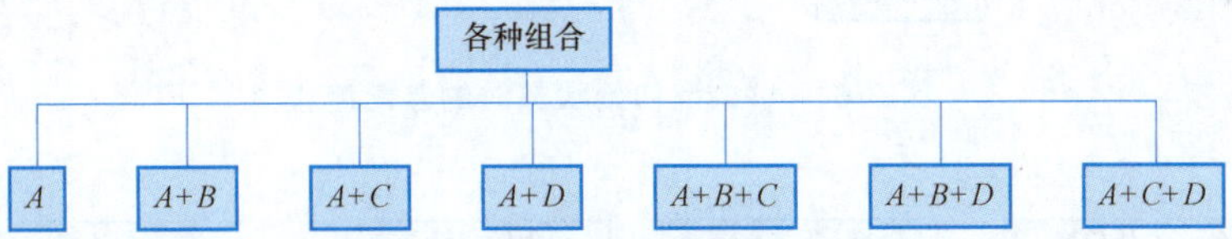


图 5-3　初始状态中不同的质量组合

其中，$A$ 表示初始状态为关节底座状态；$A+B$ 表示初始状态为关节底座和电动机部件状态，即已经将电动机装配到关节底座中了；$A+C$ 表示初始状态为关节底座和减速器状态，即减速器在未装配电动机的状态下，被先装配到关节底座；依次类推。不同的初始状态，其装配工艺也不同。

## 2. 装配工艺流程设计实例

（1）顺序装配　顺序装配是指将关节底座、电动机、减速器和输出法兰依次进行装配的流程。当初始条件中电动机部件已经装配完成，则依次进行装配即可。图 5-4 所示为顺序装配工艺流程。当初始条件中电动机部件未装配时，需要先进行电动机装配，然后进行顺序装配。电动机装配的流程是，先装配电动机外壳，再装配电动机转子，最后装配电动机端

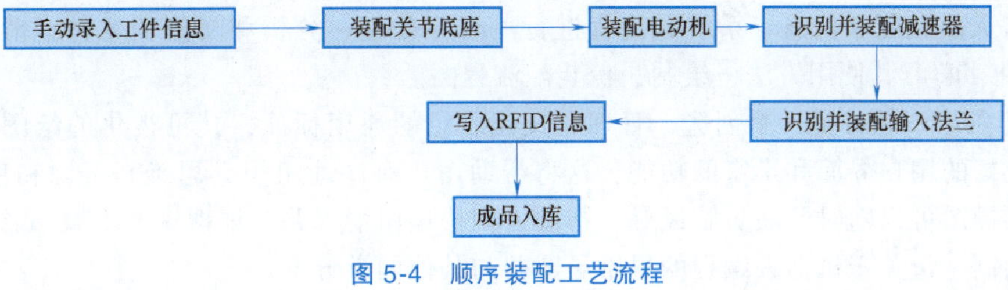


图 5-4　顺序装配工艺流程

盖。通过视觉识别检测出零部件的颜色和形状。

（2）半成品关节装配　半成品关节装配是关节装配已经进行了一部分，如初始条件为 $A+B$ 或者 $A+B+C$ 两种，这两种情况只是缺少一部分零部件，依据初始条件进行工艺流程条件即可。图 5-5 所示为 $A+B$ 型初始状态时的装配流程。

图 5-5　$A+B$ 型初始状态时的装配流程

（3）返修关节装配　返修关节装配是指初始条件的关节底座中存在顺序错乱的情况，如未装配电动机的情况下，先装配了减速器，即 $A+C$。因此，在装配之前，需要先将提前安装的部件进行拆除，然后重新按照顺序进行装配。图 5-6 所示为 $A+C$ 型初始状态时的装配流程。图 5-7 所示为 $A+B+D$ 型初始状态时的装配流程。

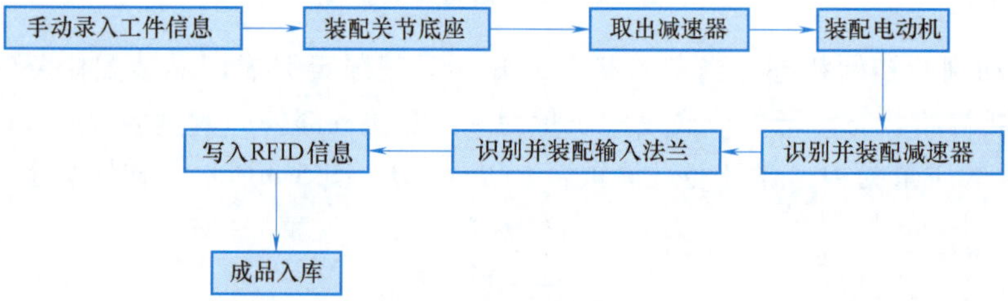


图 5-6　$A+C$ 型初始状态时的装配流程

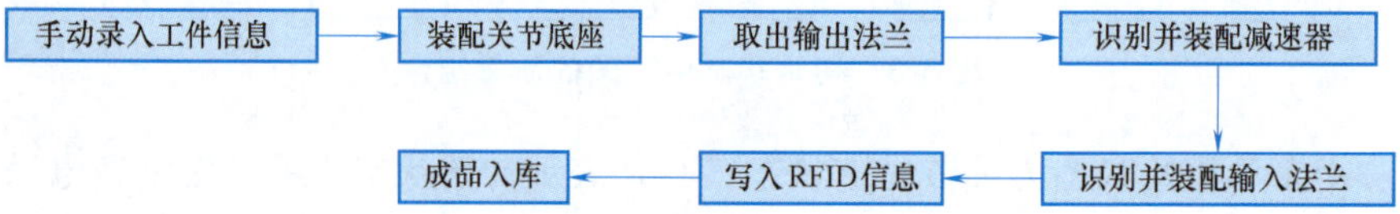


图 5-7　$A+B+D$ 型初始状态时的装配流程

## 【思考与练习】

请给出初始状态为 $A+B+C$ 时的装配流程。

## 【扩展训练】



1. 微软的 Visio 软件是 Office 软件系列中负责绘制流程图和示意图的软件，是一款便于 IT 和商务人员就复杂信息、系统和流程进行可视化处理、分析和交流的软件。请下载安装 Visio 软件，学习其使用方法，绘制一份装配流程图。

2. 思维导图软件是一个创造、管理和交流思想的通用标准，其可视化的绘图软件有着直观、友好的用户界面和丰富的功能，这将帮助用户有序地组织其思维、资源和项目进程。通过思维导图可以随时开展头脑风暴，帮助人们快速厘清思路。请搜索并下载一款思维导图软件，绘制一份关于机器人编程的思维导图并与其他同学分享。

# 任务二　机器人关节混合装配分析

## 【任务描述】

人们在求解一个复杂问题时，通常采用的是逐步分解、分而治之的方法，也就是把一个大问题分解成若干个比较容易求解的小问题，然后分别求解。设计一个复杂的应用程序时，往往也是把整个程序划分为若干功能较为单一的程序模块，然后分别予以实现，称为模块化(结构化）程序设计方法。本任务以一个具体的关节装配过程为例，结合模块化编程思想进行任务分析。通过本任务的学习，读者应学会 PLC 程序、机器人程序及交互规则的模块化规划方法。

## 【知识准备】

模块化程序设计是指在进行程序设计时将一个大程序按照功能划分为若干小程序模块，每个小程序模块完成一个确定的功能，并在这些模块之间建立必要的联系，通过模块的互相协作完成整个功能的程序设计方法。

### 1. 模块化设计的基本思想

模块化设计思想是把控制系统分解成一些规模较小的、功能较简单的模块，当然模块之间的相互联系需要通过一定的方式予以规定和说明，也就是模块结构的标准化。对各个模块来说，必须提高其标准化、通用化的程度。例如，具有相同功能、不同性能的单元只有具备相同的规格，才能保证模块的有效组合。

模块化设计的原则是力求以少数模块组成尽可能多的产品，并在满足要求的基础上使产品精度高、性能稳定、结构简单，且模块结构应尽量规范。因此，如何科学地划分模块，是模块化设计中的关键环节，既要照顾制造管理方便，又要具有较大的灵活性，避免组合时产生混乱。

比较有效的做法是，通过功能划分和初始设计生成与各功能一一对应的模块序列，然后利用模块合并原则合并若干模块，从而保证产品具有一定的功能。对模块合理程度进行评估，然后细化模块划分方案，对模块以及模块的接口进行设计，最后才能完成整体系统软件的设计。

### 2. 模块化程序的特点

模块化程序设计的基本思路为：将一个大的程序按照系统工程的独立性分成一些小型的模块程序，比如能够单独反映过程工艺的小系统或功能，或者可以反复使用的小任务或者按照 PLC 模块集中的输入输出变量功能等。其特点如下：

1）各个程序模块相对独立、功能完善、程序结构清晰、输入输出简单。

2）给程序编辑及后期运行降低了程序设计的复杂性。

3）加强了程序运行的可靠程度。

4）避免了程序开发的重复作业。

5）对于后期的运行管理来说，相对简单。

6）降低程序的编辑复杂程度、错误率和程序量。

7）提高程序设计、调试和维护的效率，提高了 PLC 的 CPU 的利用空间与效率。

采用模块化的程序开发和设计，编程人员不再是将梯形程序一条一条地逐行输入，而是将开发好的主程序、子程序直接调用出来，连接软件模块，直接定义输入和输出即可，这样的流程描述比梯形程序更加直观。

## 【任务实施】

### 1. 任务描述

（1）设备信息　工业机器人智能检测与装配工作站由华数工业机器人、上料单元、输送单元、快换装置、立体库、变位机单元、视觉检测单元、旋转供料单元、称重模块和 RFID 模块组成，如图 5-8 所示。

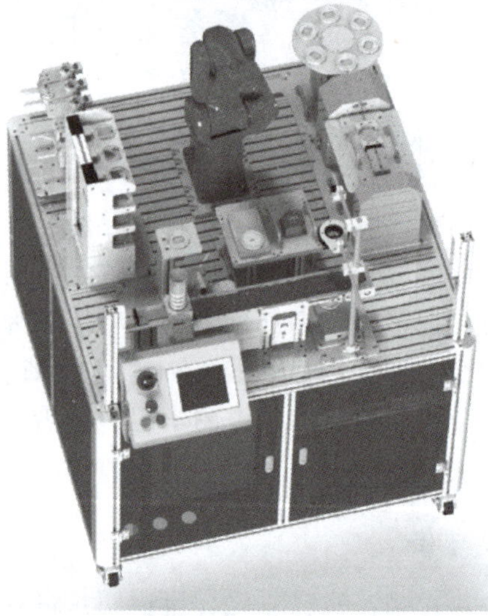

图 5-8　工业机器人智能检测与装配工作站

硬件设备的连接点位见表 5-1。

表 5-1　硬件设备的连接点位

| I/O 信号点 | 功能说明 | I/O 信号点 | 功能说明 |
| --- | --- | --- | --- |
| DO［8］ | 快换松 | I0.2 | 旋转供料台原点 |
| DO［9］ | 快换紧 | I0.3 | 旋转供料台工件检测 |
| DO［10］ | 夹具松 | I0.4 | 输送带末端工件检测 |
| DO［11］ | 夹具紧 | Q0.2 | 输送带启停 |
| DO［12］ | 吸盘 | Q0.3 | 装配台气缸紧 |
| DO［49］ | 变位机气缸夹紧指令 | Q0.5 | 井式供料气缸伸出 |
| DO［51］ | 变位机气缸松开指令 | Q0.6 | 井式供料气缸缩回 |
| DI[51] | 变位机气缸夹紧 | | |
| DI[52] | 变位机气缸松开 | | |

（2）工件信息　工业机器人智能检测与装配工作站的四个装配零部件如图 5-9 所示。

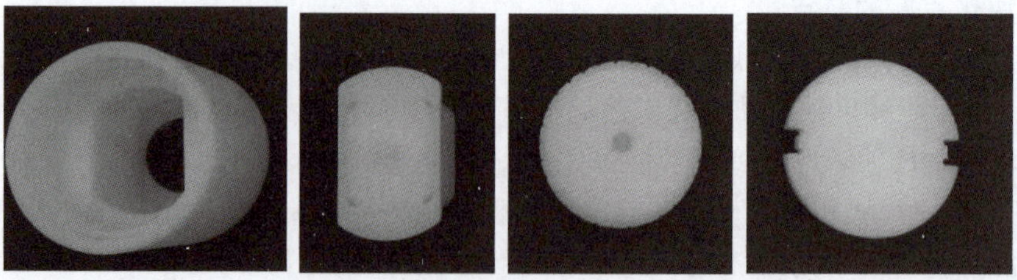


图 5-9　装配零部件

装配开始时，减速器位于关节底座中，电动机位于旋转料仓的某个位置，输出法兰和其余的减速器部件均手动放置于井式料仓中。关节底座放置于立体库 101 位置。

（3）任务要求　完成一套关节部件的装配（包含四个零部件的装配，其中关节底座、电动机、减速器和输出法兰各一个）。装配完成后，将成品放置到立体库 101 位置。

这里假定视觉识别已经做好，要求对总控 PLC、HMI 和机器人进行编程，实现如下工作过程：

1）系统初始状态：工业机器人、视觉系统、变频器、伺服驱动器和 PLC 处于联机状态，工业机器人处于原点位置［0°，-90°，180°，0°，90°，0°］，变位装配气缸、称重模块和 RFID 模块上没有工件，旋转供料盘处于原点，立体仓库 101 位置显示工件类型为 1。

2）关节底座装配：按下 HMI 启动按钮，工业机器人自动抓取弧口手爪工具并返回原点后，机器人抓取立体库上的关节底座，将关节底座搬运至变位机上的定位模块上，定位气缸伸出固定关节底座，完成关节底座的装配。

3）电动机装配：机器人自动更换吸盘工具，将已经装配的减速器从关节底座中取出，并放回井式料仓；机器人自动更换合适的工具，并控制转盘顺时针旋转，检测到电动机后，转盘继续顺时针旋转 60°后自动停止，机器人正确抓取电动机并装配到关节底座上。

4）减速器上料：电动机装配完成后，机器人控制上料气缸将供料筒中的一个减速器推出，2s 后自动缩回，实现减速器上料过程。

5）减速器输送：减速器上料完成后，输送带立即开始运行，将减速器输送至输送带末端，待末端传感器检测到工件后输送带自动停止。

6）减速器检测：减速器输送至末端且输送带停止后，触发相机拍照，获取减速器信息，并将信息传送给机器人。

7）减速器装配：机器人自动更换吸盘工具且获取减速器信息后，机器人调整吸盘角度，正确吸持减速器，将减速器正确搬运至关节底座内，完成减速器的装配。

8）输出法兰上料：减速器装配完成后，机器人控制上料气缸将供料筒中的一个输出法兰推出，2s 后自动缩回，实现输出法兰上料过程。

9）输出法兰输送：输出法兰上料完成后，输送带立即开始运行，将输出法兰输送至输送带末端。末端传感器检测到工件后，输送带自动停止。

10）输出法兰检测：输出法兰输送至末端且输送带停止后，机器人触发相机拍照，获取输出法兰角度信息，并将信息传送给机器人。

11）输出法兰装配：机器人获取输出法兰信息后，机器人调整吸盘角度，正确吸持输出法兰，将输出法兰正确搬运至关节底座内，完成输出法兰的装配。

12）成品入库：机器人自动更换弧口手爪工具，正确抓取关节成品并搬运至称重模块进行称重。称重完成后，机器人搬运成品套件到 RFID 读写模块上进行数据写入，再将关节成品搬运至立体库 101 位置，完成一套关节成品的装配任务。

13）系统结束复位：待一套关节部件装配完成后，机器人自动将末端工具放入快换装置并返回工作原点［0°，-90°，180°，0°，90°，0°］，旋转供料单元自动复位，变位机自动复位到水平状态。

### 2. 任务总体分析

（1）系统总体控制规划　本任务要求对 PLC、HMI 和机器人进行编程，使整个设备能够协调地运行起来。整个系统的控制关系如图 5-10 所示。

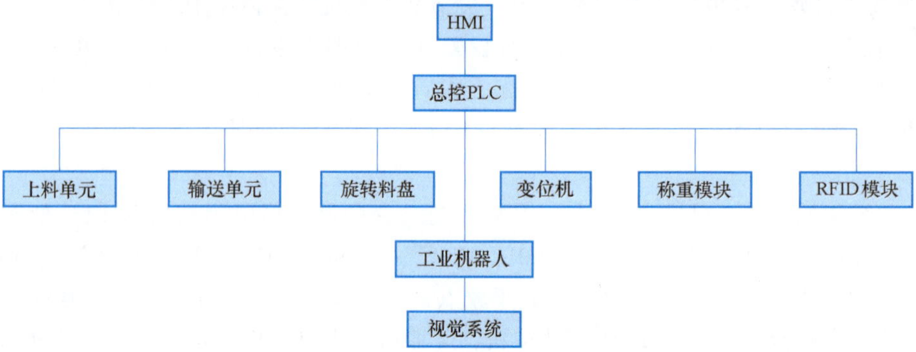


图 5-10 整个系统的控制关系

HMI 为用户界面，向总控系统发送命令。总控 PLC 控制上料单元、输送单元、旋转料盘、工业机器人、变位机和 RFID 模块协调工作，同时 PLC 获取料仓、称重模块的信息，回传给 HMI。视觉系统将获取到的信息回传到机器人系统，机器人系统依据视觉信息执行相应的动作指令。

（2）PLC 模块划分 通过对系统控制的分析，对整个 PLC 系统进行模块化划分，其结果如图 5-11 所示。其中，视觉模块得到的数据保存在机器人系统中。因此，要获取视觉系统的数据并传送到触摸屏，必须通过 PLC 获取机器人相关寄存器的数据。

（3）机器人程序模块划分 机器人在整个装配过程起到的作用是搬运。按照机器人动作位置的不同，将机器人动作进行划分，动作划分可以有粗略之分，图 5-12 给出了一种划分方法。

依据图 5-12 给出的机器人动作划分，进行子程序规划。依据模块化程序设计的基本思

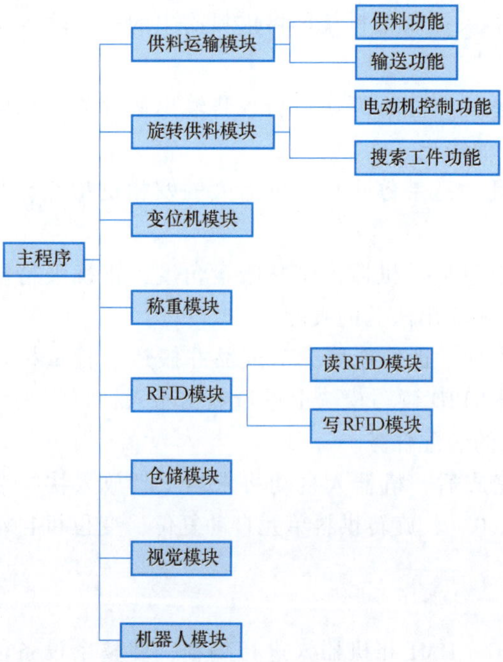


图 5-11 PLC 模块划分

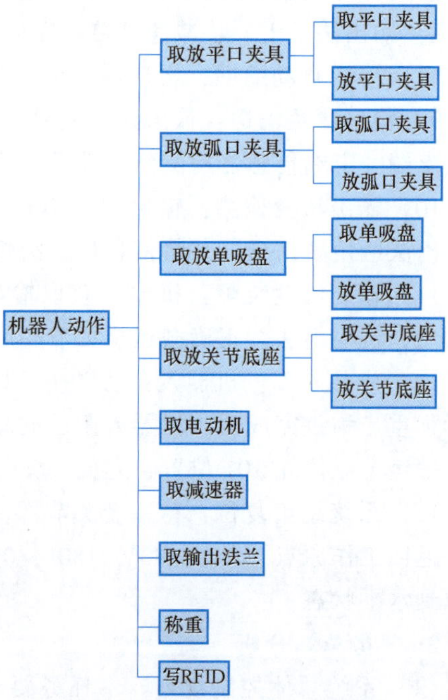


图 5-12 机器人动作划分方法之一

想，子程序应该具有相对的独立性，即能独立完成某一动作。因此，依据动作划分，设计10个独立功能的子程序，见表5-2。

表5-2　子程序划分

| 序号 | 子程序名称 | 功能描述 | 备注 |
|---|---|---|---|
| 1 | QDXP. PRG | 取单吸盘 | |
| 2 | FDXP. PRG | 放单吸盘 | |
| 3 | QHK. PRG | 取弧口夹具 | |
| 4 | FHK. PRG | 放弧口夹具 | |
| 5 | QPK. PRG | 取平口夹具 | |
| 6 | FPK. PRG | 放平口夹具 | |
| 3 | QGJDZ. PRG | 取关节底座 | 注意针对固定的库位号进行修正 |
| 4 | FGJDZ. PRG | 放关节底座 | |
| 5 | QDJ. PRG | 取电动机 | |
| 6 | QJSQ. PRG | 取减速器 | |
| 7 | QFL. PRG | 取输出法兰 | |
| 8 | CZ. PRG | 称重 | |
| 9 | WRFID. PRG | 写 RFID | |
| 10 | CSH. PRG | 初始化系统 | 初始化 I/O、寄存器等 |

（4）交互规划　机器人要与总控PLC进行交互，以保证机器人运行过程中各个外围设备能够配合完成。在编写机器人程序之前，需要厘清外围设备与机器人之间的交互关系。图5-13所示为在装配过程中，机器人需要与外围设备进行的交互。其中，视觉系统的数据直接传送给机器人控制器，PLC通过通信获取机器人的通信数据，获取视觉识别的信息。

（5）机器人的主控制流程设计　机器人的主控制流程如图5-14所示。

## 【思考与练习】

1. 模块化程序设计的基本思想是什么？采用模块化程序设计有哪些优势？

2. 机器人动作划分中，给出了取夹具、放夹具的动作，但是实际中要有一个换夹具的动作，请问如何实现换夹具的动作？

## 【扩展训练】

流程图是流经一个系统的信息流、观点流或部件流的图形代表。在企业中，流程图主要用来说明某一过程，这种过程既可以是生产线上的工艺流程，也可以是完成一项任务必需的管理过程。

例如，一张流程图能够成为解释某个零件的制造工序，甚至是组织决策制订程序的方式之一。这些过程的各个阶段均用图形块表示，不同图形块之间以箭头相连，代表它们在系统内的流动方向。下一步何去何从取决于上一步的结果，典型做法是用“是”或“否”的逻辑分支加以判断。

请使用Visio软件绘制换夹具的机器人动作流程图及供料输送模块的控制流程图。

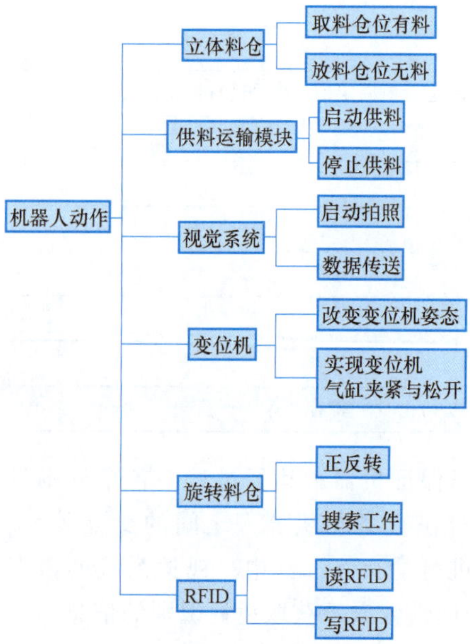


图 5-13 机器人与外围系统交互情况

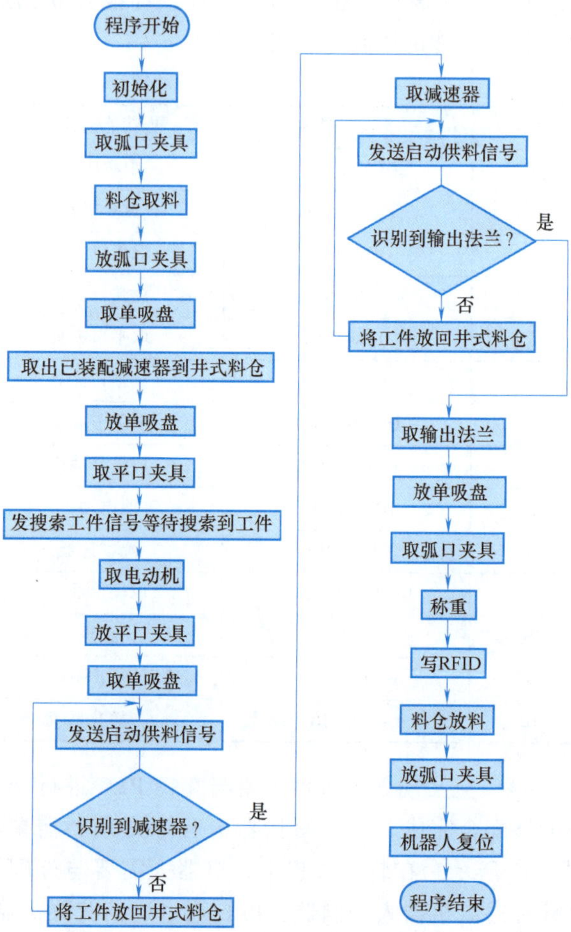


图 5-14 机器人的主控制流程

# 任务三 机器人关节混合装配实施

## 【任务描述】

本任务以关节混合装配为例，进行项目实施。项目实施过程包括机器人的示教编程、PLC 程序的编写、HMI 控制界面的设计，以及系统联调工作。在此过程中，需要注意安全操作规程。通过本任务的学习，读者应熟练掌握任务的实施顺序及实施过程中的安全等。



## 【知识准备】

进入机器人工作区域，必须按下控制柜或示教器上的急停按钮，悬挂相应的工作警示牌，非工作人员不在机器人工作区域之内时，方可进行作业。

### 1. 机器人安全操作规范

（1）操作前的准备

1）熟悉 Hspad-201 示教器的使用和操作注意事项。

2）检查各部件（电气、机械）是否正常，查看控制柜和本体铭牌的出厂编号是否一致，确保示教器与控制柜及机器人本体与控制柜的线缆连接正确、正常，确保控制柜的供电电源及配线正确。

3）确保机器人周围区域清洁，控制柜离墙面及固定物具有足够的散热、维修空间，无油、水及杂质等。

4）熟练掌握机器人的手动移动方法、传感器的功能和控制程序的整个流程及动作。

5）熟练掌握机器人控制器和外围控制设备上的紧急按钮的用法，以备紧急情况下停止机器人运行。

（2）示教和手动机器人

1）开启控制柜的主开关，确认控制柜各指示灯是否正确。

2）手动低速操作机器人各轴（以 5%的速度运行），确认各轴零点、旋转方向及软限位是否正常。

3）在按下示教器上的点动按键之前，要考虑到机器人的运动趋势。

4）要预先考虑好避让机器人的运动轨迹，并确认该线路不产生干涉。

5）在使用时，如果遇停电而导致动作进行到一半而停止，需要立即关闭控制柜上的电源开关，等恢复电源后方可开电源使用。

6）使用中如果遇到故障，必须停电进行故障排除。

（3）生产运行

1）自动运行程序前，必须知道机器人所执行程序的整个流程及动作。

2）自动运行程序前，必须确认机器人零位与各程序点正确，低速（以 5%的速度）手动单步运行到程序末点，确认程序运行无误后，方可进入自动模式；以低速（以 5%的速度）自动运行一遍后，方可进入高速运行。

3）不要认为机器人没有移动就说明其程序已经执行完毕，此时机器人很有可能是在等待使其继续移动的输入信号。

4）必须知道机器人控制器和外围控制设备上的急停按钮的位置，以备紧急情况下停止机器人运行。

5）带载运行应确保安装负载后不超过机械操作维护手册中规定的手腕部分负载额定值，并确保螺钉全部安装到位，方可运行机器人。

（4）关闭机器人

1）停止运行中的机器人，应先暂停或停止运行程序。注意：当机器人刚好处于外围设备范围内或离外围设备较近时，应低速手动运行机器人至安全区域，严禁直接自动运行程序或单击自动移动至点操作。

2）应先关闭机器人使能，切换至手动模式下，确保机器人手动安全运行至安全区域，按下控制柜或示教器上的急停按钮。

3）将电源开关置于 OFF 状态，确保控制柜相应断路器断开，并将上一级配电断路器断开，设置相应防护措施，防止误操作将相应断路器接通。

### 2. 机器人示教器常见故障

机器人示教器常见故障见表 5-3。

表 5-3　机器人示教器常见故障

| 报警代码 | 报警说明 | 原因分析 | 处理对策 |
| --- | --- | --- | --- |
| 3115 | 急停 | 示教器或控制柜上的急停按钮被按下 | 松开急停按钮，清除报警 |
| — | 示教器网络状态显示“■”（红色） | 1. 示教器与控制器通信水晶头接触不良或未插牢固<br>2. IP 地址未设置正确<br>3. 示教器硬件故障 | 1. 确保控制器侧水晶头插接牢靠<br>2. 设置机器人通信配置：IP 地址：90.0.0.1<br>设置示教器以太网配置：IP 地址：90.0.0.123<br>子网掩码：255.255.255.0<br>3. 更换示教器 |
| — | 示教器网络状态显示“■”（黄色） | 1. 控制器初始化未完成<br>2. 示教器软件版本与控制器软件版本、固件版本不匹配<br>3. 控制器软件包内无机器人类型文件（未选择机器人型号） | 1. 确保控制器与驱动器、I/O 模块的网络连接正确无误；确保控制柜与本体之间的连接线已连接可靠<br>2. 确保示教器软件版本与控制器软件版本、固件版本匹配，并已经选择正确的机型<br>3. 若重启系统多次仍无法解决，更换示教器或控制器 |
| 3121 | 机器人在软限位附近无法上使能，例如：“PUMA at axis A2：the target point is not reachable.” | 1. 机器人 A2 轴超软限位<br>2. 机器人误报目标点不可达 | 1. 登录用户组“Super”用户模式下，关闭软限位，手动使 A2 轴处于软限位范围内，开启软限位<br>2. 清除报警，更改目标点 |
| 3082 | 反馈速度超限：“Feedback velocity is out of limit.” | 机器人实际速度超过了系统设定速度，机器人停止 | 系统故障，反馈给技术人员 |
| 6029 | 空文件：“Zero file size detected.” | 不能加载空文件：“Cannot load an empty file.” | 示教器界面“清理系统” |
| 8062 | 文件名太长：“The file name is too long. A file name should contain no more than 8 characters”. | 文件名超过了 8 个字符 | 减小文件名字符长度 |
| 19012 | 不能上驱动使能：“Cannot enable axis/group.” | 丢失驱动使能信号或者驱动连接错误 | 检测驱动 EtherCAT 网络连接是否正确 |
| 19013 | 不能清除驱动错误：“Cannot clear fault on drive.” | 驱动错误持续存在：“Fault on drive persists.” | 查找驱动故障原因，首先解决驱动故障 |



## 【任务实施】

### 1. HMI 设计

（1）模板设计　在西门子 HMI 编程中，允许使用模板画面来组态管理画面中的公共部分信息。模板画面具有以下四个特性：

1）一个模板不仅适用于一个画面，而是可以应用于多个画面。

2）一个画面始终只能基于一个模板。

3）一个设备可以创建多于一个模板，分别用于不同的画面。

4）一个模板不可基于另一个模板而创建。

基于此，可以将功能键、公司的 LOGO 以及项目信息等公共信息设计在模板画面中，然后其余的画面基于模板画面创建，这样可以提高设计效率。图 5-15 所示为一种设计完成的模板画面。

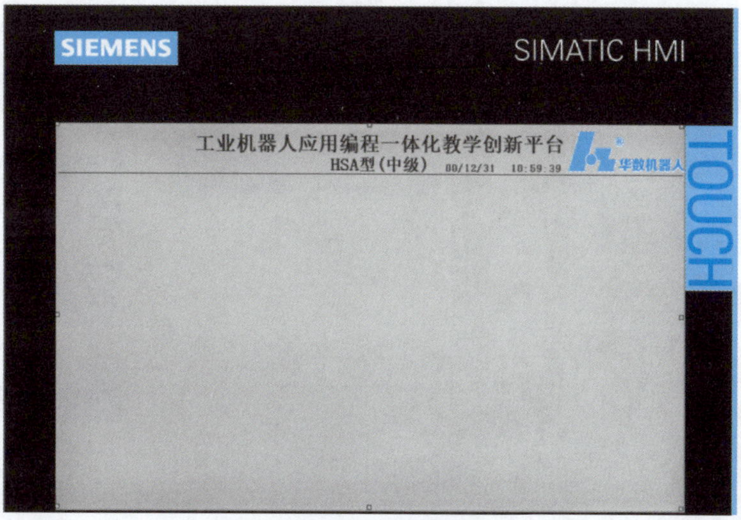


图 5-15　模板画面

（2）画面规划　用户画面是系统与用户之间进行交互和信息交换的媒介，它实现了信息的内部形式与人类可以接受形式之间的转换。用户画面是介于用户与硬件而设计彼此之间交互沟通相关软件，目的是使用户能够方便有效地操作硬件，以达成双向交互，借助硬件完成相应的操作。用户画面定义广泛，包含人机交互与图形用户接口，凡参与人与设备的信息交流的领域都存在用户画面。在本任务中，考虑如下功能需求：

1）主画面设计。主画面面向使用者，需要提供系统的启动、停止，显示必要的系统信息，如称重的结果，以及切换到其他子功能。图 5-16 所示为一种参考主画面。

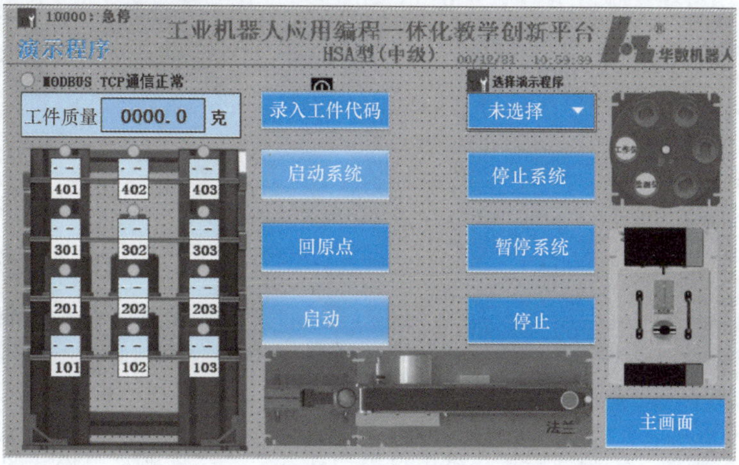


图 5-16　参考主画面

2）工件信息录入。工件信息录入画面为用户提供工件的库位号、工件的颜色、初始状态的录入接口。写入完成后，需要回显给用户录入的信息。图 5-17 所示为一种工件信息录入的参考画面。

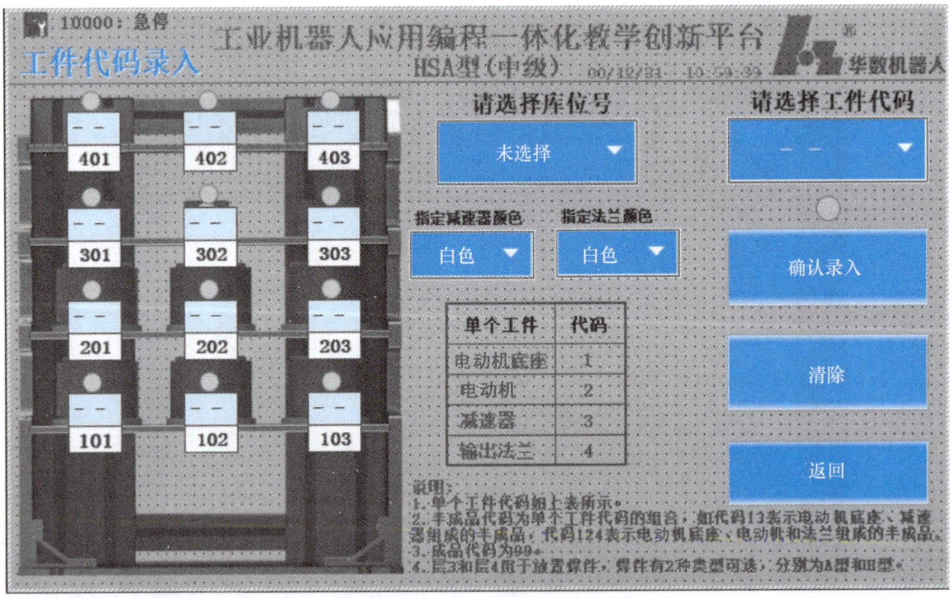


图 5-17 工件信息录入的参考画面

3）井式送料运输画面。该画面能够提供用户调试供料、运输，相机拍照、测试以及回显识别结果等功能。图 5-18 所示为井式送料运输参考画面。

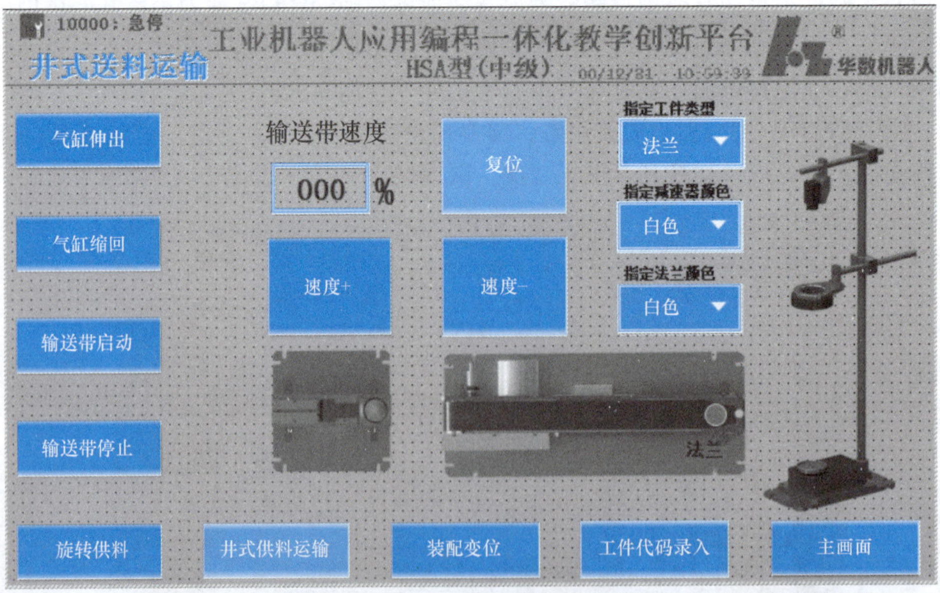


图 5-18 井式送料运输参考画面

4）装配变位画面。该画面能够提供用户手动进行装配气缸夹紧与松开的功能。图 5-19 所示为装配变位参考画面。

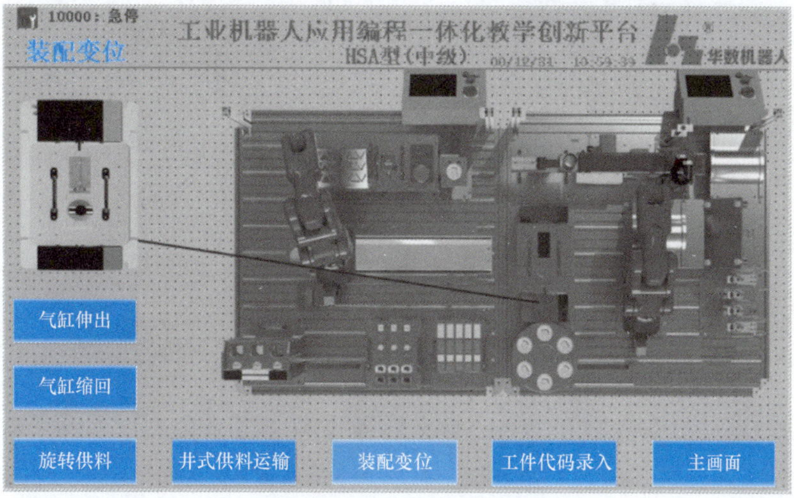


图 5-19　装配变位参考画面

5）RFID 画面。该画面能够提供用户对 RFID 模块的读、写功能。图 5-20 所示为 RFID 参考画面。

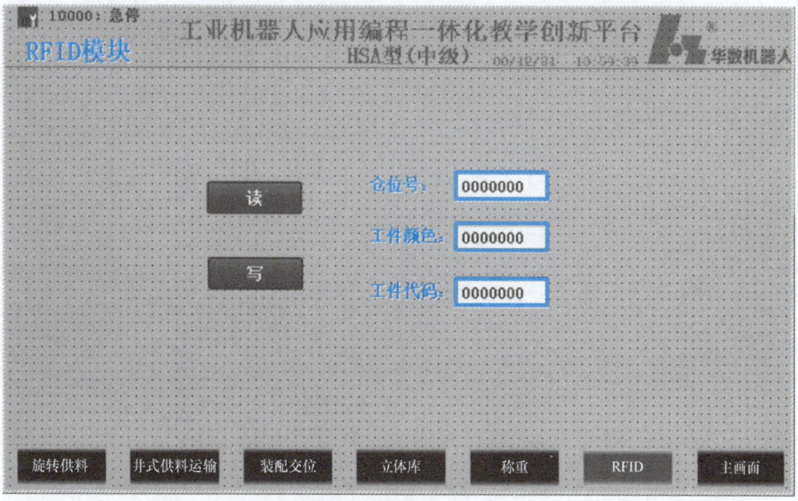


图 5-20　RFID 参考画面

6）旋转供料画面。该画面能够提供电动机的正、反转控制，回零点，零点校准及工位选择等功能。图 5-21 所示为旋转供料参考画面。

### 2. PLC 程序设计

在设计 PLC 程序时，依据模块化程序设计分析结果，完成各模块 PLC 程序的编写和主程序调用，通过仿真测试和在线调试，完成 PLC 程序设计。下面对 PLC 程序部分进行简要介绍。整个流程实现了 PLC 与机器人之间的信号交互过程，机器人等待 PLC 信号，依据不同的信号调用不同的动作过程；机器人完成相应的动作之后，反馈相应的完成信号给 PLC，PLC 依据反馈信号，发送下一步动作指令。

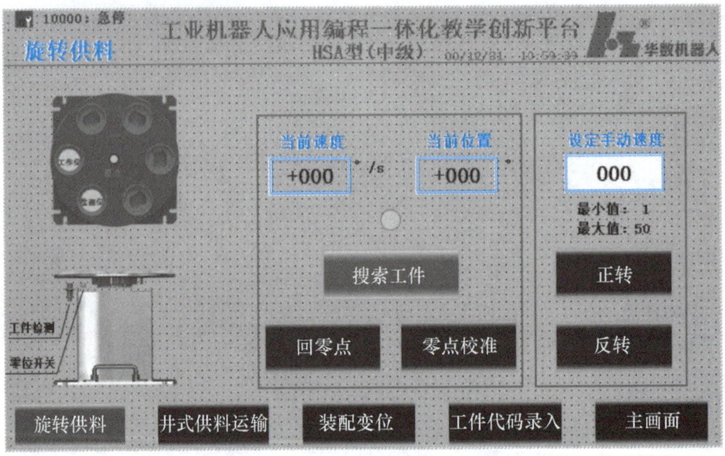


图 5-21　旋转供料参考画面

（1）数据块（DB）设计　整个系统由 HMI 进行界面控制，实现了人机交互，因此，在 PLC 的数据块中设计如下数据块，完成与 HMI 的命令交互，如图 5-22 所示。

HMIDB

| | 名称 | 数据类型 | 起始值 | 保持 | 可从 HMI/... | 从 H... | 在 HMI ... | 设定值 | 注释 |
|---|---|---|---|---|---|---|---|---|---|
| 1 | ▼ Static | | | ☐ | ☐ | ☐ | ☐ | ☐ | |
| 2 | START | Bool | false | ☐ | ☑ | ☑ | ☑ | ☐ | |
| 3 | STOP | Bool | false | ☐ | ☑ | ☑ | ☑ | ☐ | |
| 4 | EMG | Bool | false | ☐ | ☑ | ☑ | ☑ | ☐ | HMI急停 |
| 5 | status_lamp | Int | 0 | ☐ | ☑ | ☑ | ☑ | ☐ | 系统运行状态指示灯 |
| 6 | status | Int | 0 | ☐ | ☑ | ☑ | ☑ | ☐ | 系统运行状态代码 |
| 7 | RST | Bool | false | ☐ | ☑ | ☑ | ☑ | ☐ | |
| 8 | rbt_running | Bool | false | ☐ | ☑ | ☑ | ☑ | ☐ | |
| 9 | ▼ WF | Struct | | ☐ | ☑ | ☑ | ☑ | ☐ | 井式供料 |
| 10 | feed | Bool | false | ☐ | ☑ | ☑ | ☑ | ☐ | HMI手动送料 |
| 11 | transf | Bool | false | ☐ | ☑ | ☑ | ☑ | ☐ | HMI手动启动运输 |
| 12 | ▼ RF | Struct | | ☐ | ☑ | ☑ | ☑ | ☐ | 旋转供料 |
| 13 | setHome | Bool | false | ☐ | ☑ | ☑ | ☑ | ☐ | 校零位 |
| 14 | cmdZero | Bool | false | ☐ | ☑ | ☑ | ☑ | ☐ | 回零点指令 |
| 15 | search | Bool | false | ☐ | ☑ | ☑ | ☑ | ☐ | |
| 16 | set_Vmin | Bool | false | ☐ | ☑ | ☑ | ☑ | ☐ | 当进行零点校准时，将旋... |
| 17 | V | Int | 0 | ☐ | ☑ | ☑ | ☑ | ☐ | HMI显示的实时速度 |
| 18 | Pos | Int | 0 | ☐ | ☑ | ☑ | ☑ | ☐ | HMI显示的实时位置 |
| 19 | VJog | Real | 0.0 | ☐ | ☑ | ☑ | ☑ | ☐ | HMI设定的手动旋转速度 |
| 20 | Vmin | Bool | false | ☐ | ☑ | ☑ | ☑ | ☐ | |
| 21 | Vmax | Bool | false | ☐ | ☑ | ☑ | ☑ | ☐ | |
| 22 | Vover | Bool | false | ☐ | ☑ | ☑ | ☑ | ☐ | 设定的速度超限 |
| 23 | ▼ VSN | Struct | | ☐ | ☑ | ☑ | ☑ | ☐ | |
| 24 | color3 | UInt | 0 | ☐ | ☑ | ☑ | ☑ | ☐ | 手动设置要选定的工件颜色 |
| 25 | color4 | UInt | 0 | ☐ | ☑ | ☑ | ☑ | ☐ | |
| 26 | type | UInt | 0 | ☐ | ☑ | ☑ | ☑ | ☐ | 手动设置要选定的工件类型 |
| 27 | ▼ AM | Struct | | ☐ | ☑ | ☑ | ☑ | ☐ | 装配 |
| 28 | start | Bool | false | ☐ | ☑ | ☑ | ☑ | ☐ | 开始装配 |
| 29 | stop | Bool | false | ☐ | ☑ | ☑ | ☑ | ☐ | 停止装配 |
| 30 | pause | Bool | false | ☐ | ☑ | ☑ | ☑ | ☐ | 暂停装配 |
| 31 | num | Int | 101 | ☐ | ☑ | ☑ | ☑ | ☐ | 要装配的库位号：默认ST1... |
| 32 | msg1 | Bool | false | ☐ | ☑ | ☑ | ☑ | ☐ | 系统提示：装配完成！ |
| 33 | msg2 | Bool | false | ☐ | ☑ | ☑ | ☑ | ☐ | 系统提示：所选的库位中... |

图 5-22　HMI DB 设计

（2）函数块设计　这里介绍初始条件为底座和减速器的装配函数块。该函数块对应于示例程序的装配 13 函数块。在调用该模块之前，调用模块中已经完成从料仓将半成品工件搬运到装配平台。

1）函数块启动，其程序如图 5-23 所示。

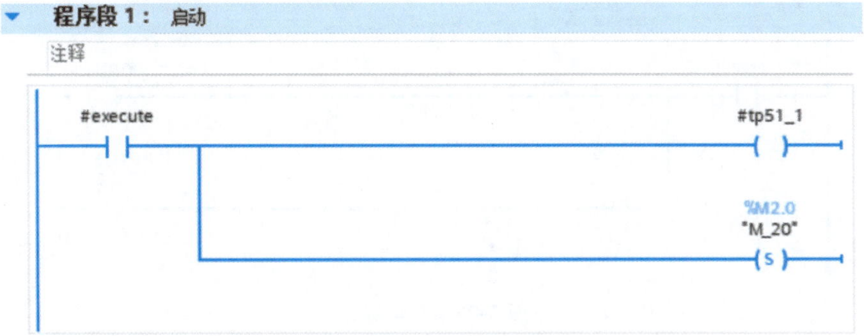


图 5-23 启动装配程序

当块接口 execute 有效时，函数块开始执行。

2）将装配台上半成品中的减速器取出放至称重平台暂存。当然，如果其中的减速器不符合颜色要求时，可以设计将减速器搬运回井式料仓，重新进行视觉识别。如图 5-24 所示，其中“Rbt”. From. tp51 信号在机器人执行完装单吸盘子程序执行完成后，会反馈给 PLC。“Rbt”. To. tp43 信号由 PLC 反馈给机器人执行将装配台上半成品中的减速器取出放置到称重平台暂存。如果把这里的信号修正为“Rbt”. To. tp42，则机器人将装配台上半成品中的减速器取出放置到带输送装置暂存。

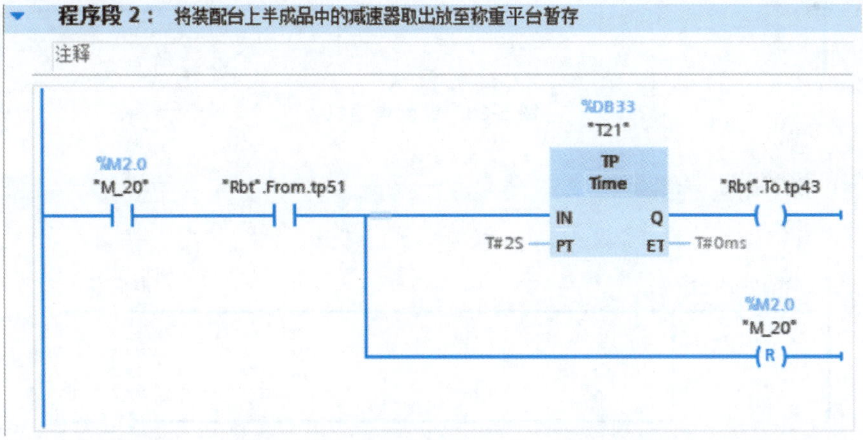


图 5-24 将装配台上半成品中的减速器取出放至称重平台暂存

3）放单吸盘。机器人在完成将减速器取出并暂存之后、进行下一步操作之前，需要更换工具。因此，需要放回单吸盘，其程序如图 5-25 所示。这里在完成暂存减速器之后，机器人会发送完成信号给 PLC。

4）装配电动机。放单吸盘完成之后，PLC 延时 2s 后发送装配电动机信号给机器人，机器人执行相应的动作，如图 5-26 所示。其中包含取平口夹具、取电动机、装电动机以及放平口夹具动作。

5）取单吸盘。完成装电动机操作之后，需要重新安装单吸盘，从而能够将暂存在称重平台上的减速器重新装配回关节底座，其控制程序如图 5-27 所示。

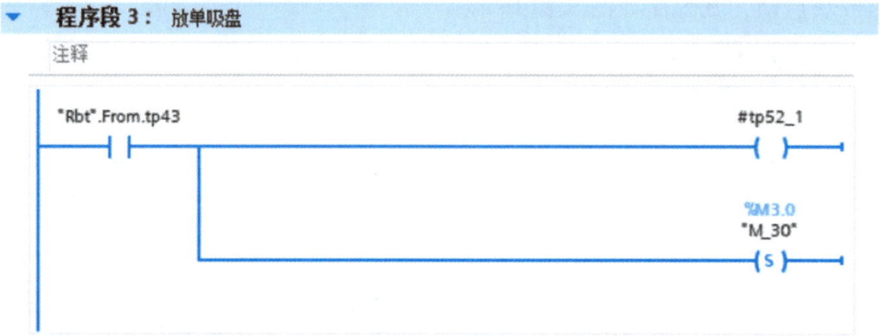


图 5-25 放单吸盘

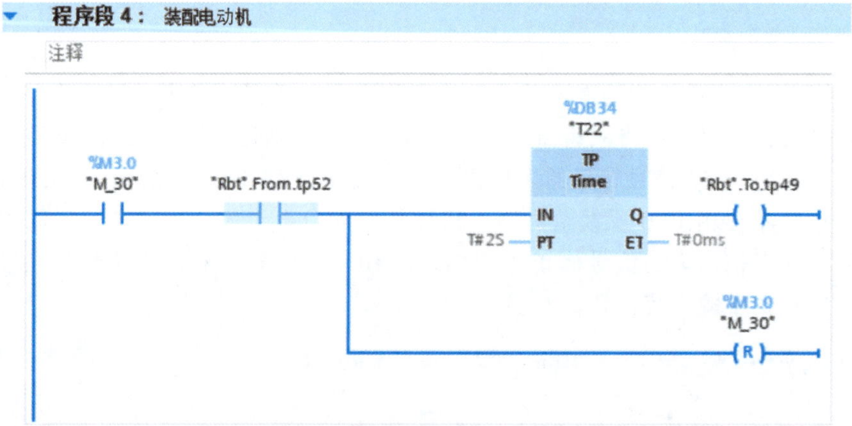


图 5-26 装配电动机

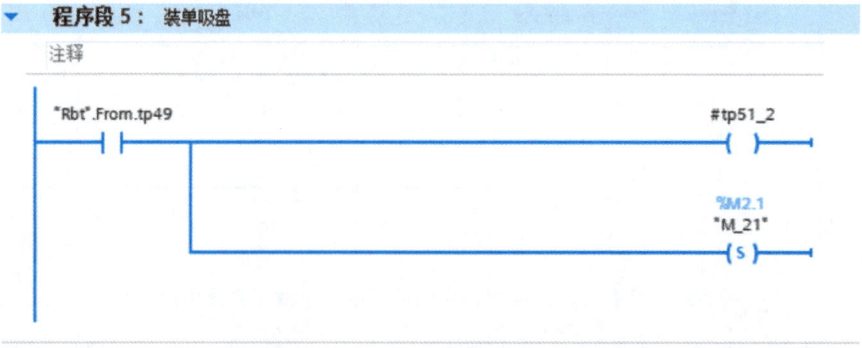


图 5-27 装单吸盘



6）将称重平台上暂存的减速器取出并装配到装配台上的关节中。安装好单吸盘之后，延时 2s，PLC 向机器人发送将称重平台暂存的减速器装配到装配台上的关节中的信号。在此过程中，机器人会取称重平台上的减速器、装减速器到关节底座，其控制程序如图 5-28 所示。

7）装配法兰。在减速器装配完成后，PLC 收到机器人的装配完成信号，延时 2s，反馈装配法兰信号，机器人开始从井式料仓取法兰，完成法兰装配，其控制程序如图 5-29 所示。

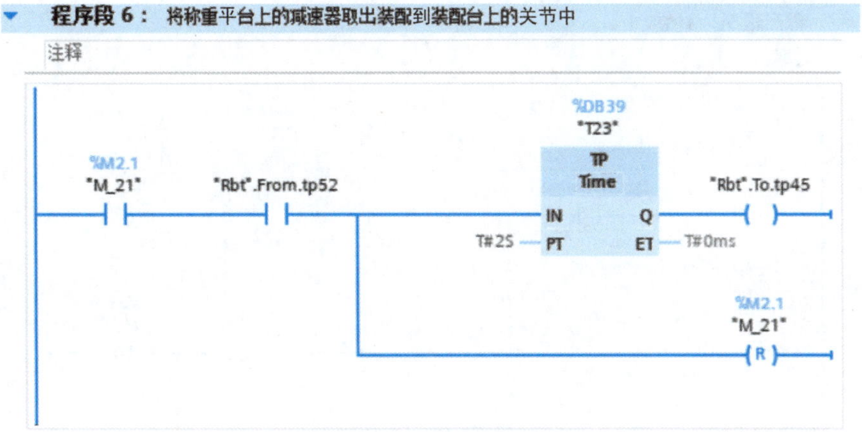


图 5-28　装配减速器

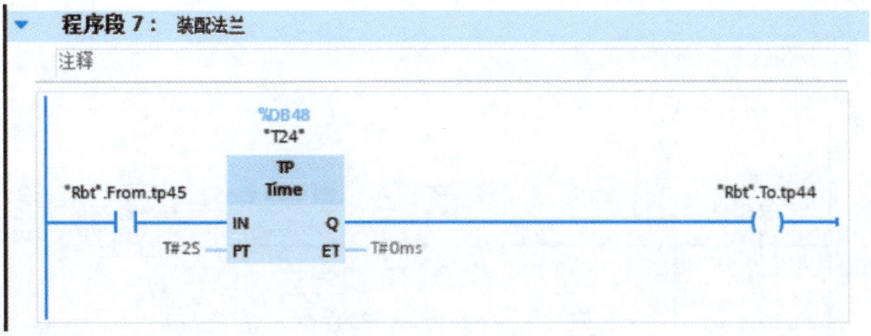


图 5-29　装配法兰

8）放单吸盘。在收到机器人完成法兰装配信号之后，PLC 发送放单吸盘信号，将单吸盘放回快换台，其控制程序如图 5-30 所示。

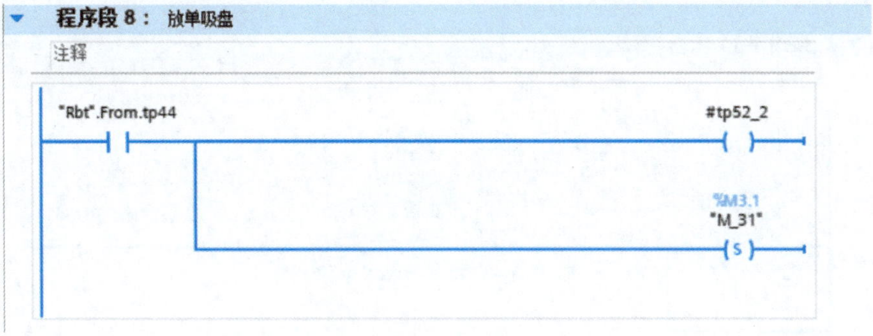


图 5-30　放单吸盘

9）装配完毕，反馈信号。当单吸盘放回快换台之后，延时 2s，向上级模块返回装配完成信号。在收到装配完成信号之后，进行下一步的操作，如取弧口夹具，将装配台的关节底座取出，放置到称重平台上进行称重，称重完成后，写入 RFID 信息，将装配完成的工件放回料仓，其控制程序如图 5-31 所示。

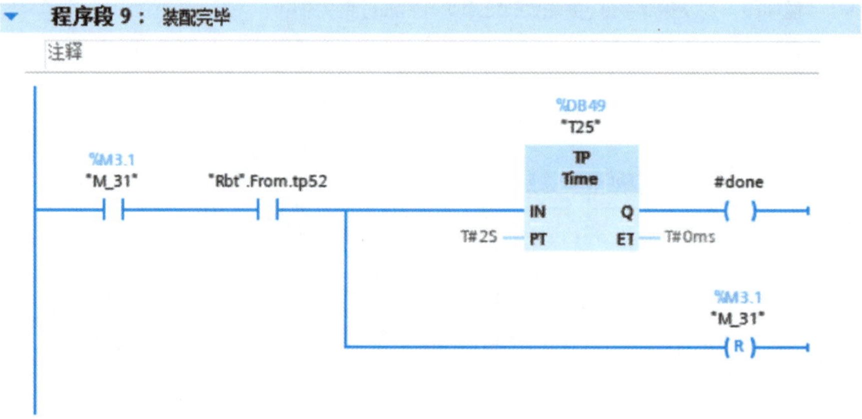


图 5-31 装配完毕

10）取单吸盘。其控制程序如图 5-32 所示。

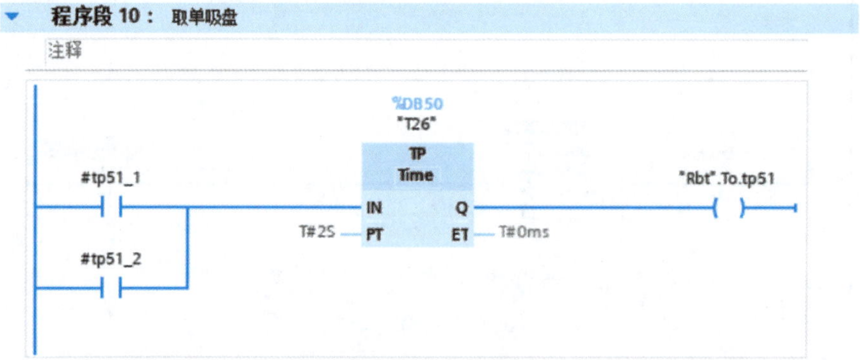


图 5-32 取单吸盘

11）放单吸盘。其控制程序如图 5-33 所示。

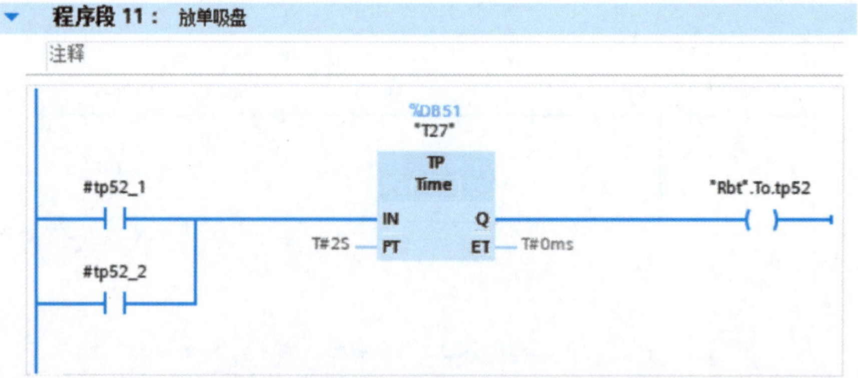


图 5-33 放单吸盘

### 3. 机器人程序设计

机器人程序采用模块化程序设计思想，依据不同的功能进行程序设计，示例程序采用的是华数Ⅲ型示教器。

#### 4. 程序调试

（1）PLC 程序调试　PLC 程序调试可以分为模拟调试和现场调试两个过程。在此之前，首先要对 PLC 外部接线做仔细检查，外部接线一定要准确无误，这一环节很重要。也可以用事先编写好的试验程序对外部接线做扫描通电检查来查找接线故障。不过，为了安全考虑，最好将主电路断开。当确认接线无误后再连接主电路，将模拟调试好的程序送入用户存储器进行调试，直到各部分的功能都正常，并能协调一致地完成整体的控制功能为止。

1）模拟调试。将设计好的程序写入 PLC 后，首先逐条仔细检查，并改正写入时出现的错误。用户程序一般先在实验室模拟调试，实际的输入信号可以用开关和按钮来模拟，各输出量的通/断状态用 PLC 上有关的发光二极管来显示，一般不用接 PLC 实际的负载（如接触器、电磁阀等）。可以根据功能表图，在适当的时候用开关或按钮来模拟实际的反馈信号，如限位开关触点的接通和断开。对于顺序控制程序，调试程序的主要任务是检查程序的运行是否符合功能表图的规定，即在某一转换条件实现时，是否发生步的活动状态的正确变化，即该转换所有的前级步是否变为不活动步，所有的后续步是否变为活动步，以及各步被驱动的负载是否发生相应的变化。

在调试时应充分考虑各种可能的情况，对系统各种不同的工作方式、有选择序列的功能表图中的每一条支路、各种可能的进展路线都应逐一检查，不能遗漏。发现问题后应及时修改梯形图和 PLC 中的程序，直到在各种可能的情况下输入量与输出量之间的关系完全符合要求。

如果程序中某些定时器或计数器的设定值过大，为了缩短调试时间，可以在调试时将它们减小，模拟调试结束后再写入它们的实际设定值。

在设计和模拟调试程序的同时，可以设计、制作控制台或控制柜，PLC 之外的其他硬件的安装、接线工作也可以同时进行。

2）现场调试。PLC 程序现场调试是指在工业现场，所有设备都安装好、所有连线都接好后的实际调试，也是 PLC 程序的最后调试。现场调试的目的是调试通过后，可交给用户使用或试运行。

① 现场调试参与的人员较多，要组织好，要有调试大纲，要依据大纲按部就班地一步步推进。开始调试时，设备可先不运转，甚至也不要带电；随着调试的进展，逐步加电、开机、加载，直到按额定条件运转。

② 要检查接线、核对地址，要逐点进行，确保正确无误。可以不带电核对查线；也可带电查，加上信号后或产生输出后，看 PLC 上指示灯的变化。控制面板上如果有指示灯，应先对指示灯的显示进行检查。一方面，查看灯是否有损坏；另一方面，检查逻辑关系是否正确。

③ 检查模拟量输入、输出，看输入模块、输出模块设定是否正确，工作是否正常。必要时，还可用标准仪器检查输入、输出的精度。

④ 检查手动动作及手动控制逻辑关系。要查看有关各个有手动控制的输出点是否有相应的手动输出以及与输出对应的动作，然后查看各个手动控制相应的逻辑关系是否能够实现。如果有问题，要予以解决。

⑤ 如果系统可自动工作，则先调试半自动工作能否实现。调试时可一步步推进，直到

完成整个控制周期。哪个步骤或环节出现问题，就着手予以解决。

⑥ 在完成半自动调试后，可进一步进行自动工作调试。要多观察几个工作循环，以确保系统能正确无误地连续工作。

⑦ 模拟量调试和参数确定。以上调试基本完成后，可着手调试模拟量、脉冲量控制，最主要的是选定合适的控制参数。一般来讲，这个过程是比较长的，要耐心调试，从参数中选出最优者。有的 PLC，其 PID 参数可通过自整定获得，但这个自整定过程也是需要相当长的时间才能完成的。

⑧ 异常条件检查。根据现场情况仔细考虑有无异常条件，最后让系统试运行一段时间，以保证系统的稳定性。

（2）机器人程序调试方法（单步调试、I/O 信号调试） 机器人程序编写完成后，需要对点位进行示教，示教完成后，首先要对程序的运动过程进行调试。

1）单步调试。先注释 PLC 交互信号，进行运动指令调试。调试机器人的姿态及示教点位能否到达。这时需要将机器人的运行模式设置为单步运行模式，然后一步一步调试。此时，要注意指令中的 J 指令和 L 指令，在调试 J 指令的时候，一定要注意可能的路径上是否安全。另外，关节变化较大的位置需要用 JR 寄存器，用 J 指令运动到位。

2）I/O 信号调试。I/O 信号调试是指要对机器人和外部设备之间的通信进行调试，调试机器人能否通过总控 PLC 实现与外围设备的信号交互，机器人能否通过发送指令控制外围设备的运行，能否获取外围设备的状态。PLC 交互信号一般由机器人发送完成信号，接收 PLC 来的信号，再进行下一步动作。在运动指令后面写发送信号时，一定要在信号前面加延时信号，否则可能出现动作与信号一起执行。如果程序在调试中发现没有收到信号，应该先检查 I/O 是否准确，其次查看是否通信成功，如果都没有问题，再去检查是否为 PLC 程序的问题。

## 【思考与练习】

1. 工业机器人操作编程的一般流程是什么？
2. 使用博途软件进行 PLC 编程的一般流程是什么？
3. 工业机器人调试 J 指令和 L 指令需要注意的安全事项有哪些？

## 【扩展训练】

Notepad++是 Windows 操作系统下的一套文本编辑器（软件版权许可证：GPL），有完整的中文化接口及支持多国语言编写的功能（UTF8 技术）。

Notepad++的功能比 Windows 中的 Notepad（记事本）强大，除了可以用来制作一般的纯文字说明文件，也十分适合编写计算机程序代码。Notepad++ 不仅有语法高亮度显示，也有语法折叠功能，并且支持宏以及扩充基本功能的外挂模组。

工业机器人程序编写可以先在计算机上进行编程，然后通过网络或者存储装置传送到工业机器人的控制器中，这种方法可以大大提高机器人编程的效率。读者可以使用 Notepad++软件编写机器人程序，然后采用 U 盘和网络将机器人程序上传到工业机器人示教器中。

# 任务四 机器人关节混合装配评价与优化

## 【任务描述】

在学生完成装配设计之后，需要对其内容进行评价，进而指导学生查漏补缺，完善知识和能力体系。本任务介绍了评价体系的相关知识及 1+X 应用编程项目的评价表相关内容及程序优化方法。通过本任务的学习，读者应熟悉任务评价流程，指导自己训练，最终提升实践能力。

## 【知识准备】

所谓评价体系，是指包括目标、内容和方法等一系列要素构成的一套相对完整的学生职业能力评价系统。构建科学的评价体系，对学生职业能力进行科学、公正及合理的评价，对实现高职人才培养目标，促进高职学生的学习和全面发展具有十分重要的意义。

（1）导向作用 对学生职业能力进行科学评价，以引导学生自觉主动地学习知识、锻炼相关技能，培养与职业活动相关的专业能力及关键能力，从而促进学生职业能力的不断提高与完善。学生根据评价标准来学习知识、锻炼技能，并在知识掌握与技能锻炼过程中培养与职业发展相关的关键能力，从而使学生的学习积极性得到提升，主动求知欲增强，且能把所学知识运用于具体的工作中。

（2）沟通作用 高职学生职业能力评价体系采用多个评价主体，由院校专家、行业管理专家和行业工程技术专家共同负责学生职业能力的评价。行业管理专家、行业工程技术专家根据行业高素质技能人才职业能力的基本需求来制定科学的评价标准与评价内容，采用多样化的评价手段，全面、客观地评价学生的职业能力，提高了学生的职业能力水平，为企业挑选合格人才提供了科学的判断材料与依据。可见，学生职业能力评价体系有助于加强校企在人才培养质量方面的沟通。

学生职业能力评价体系，在内容范围上属于微观评价，在评价过程上属于过程性评价与终结性评价相结合的评价；在评价方法上属于定性与定量相结合的评价，在实施程序上采用与传统教育评价不同的实施方案。

职业技能考核评价考核试题分理论知识和实际技能操作两种类型。使用的试题为职业教育培训评价组织组织行业有关专家统一编制的题库中的试题内容。理论知识和实际技能操作均合格才能取得相应的职业技能等级证书。理论考试采用上机考试或者卷面考试方式进行。实际技能操作考核在实际设备上进行，由考核师负责考核。



## 【任务实施】

### 1. 任务评价表

设计合理的任务评价表，一方面可以让学生更规范地实施任务，另一方面也能使考核师的评判有理有据。在设计任务评价表时，要从知识点覆盖、安全素养和违规操作情况几个方面进行设计。表 5-4 是任务评价表的参考示例。

表 5-4 任务评价表参考示例

| 序号 | 考核要点 | 考核标准 | 配分小计 | 配分 | 得分 | 得分小计 | 备注 |
|---|---|---|---|---|---|---|---|
| 1 | 安全与素养 | 遵守考场纪律，无安全事故 | 5 | 1 | | | |
| | | 符合“6S”管理规范要求 | | 2 | | | |
| | | 符合职业规范要求 | | 2 | | | |
| 2 | 机器人离线编程及验证 | 搭建工作站、机器人和夹具等模型，设置字体和图形 | 14 | 3 | | | |
| | | 自动生成轨迹并仿真验证 | | 2 | | | |
| | | 生成离线程序 | | 2 | | | |
| | | 把离线程序导入示教器 | | 3 | | | |
| | | 机器人运行离线程序 | | 4 | | | |
| 3 | 视觉编程测试 | 利用视觉软件进行相机标定 | 10 | 4 | | | |
| | | 正确显示减速器的位置和角度信息 | | 3 | | | |
| | | 正确显示输出法兰的位置和角度信息 | | 3 | | | |
| | PLC 编程测试 | PLC、HMI 组态 | 9 | 3 | | | |
| | | HMI 正确显示称重数据 | | 2 | | | |
| | | HMI 立体仓库正确显示 | | 2 | | | |
| | | HMI 上正确伸出变位机气缸 | | 1 | | | |
| | | HMI 上正确缩回变位机气缸 | | 1 | | | |
| 4 | 关节底座装配 | 按下启动按钮，机器人自动抓取弧口夹具 | 8 | 1 | | | |
| | | 正确从立体仓库 101 位置完成关节底座抓取 | | 3 | | | |
| | | 正确将关节底座搬运至装配模块并固定 | | 3 | | | |
| | | 机器人放置弧口夹具 | | 1 | | | |
| | 电动机装配 | 机器人正确自动抓取直口夹具 | 9 | 1 | | | |
| | | 转盘供料单元检测电动机并旋转至抓取位置 | | 3 | | | |
| | | 正确完成电动机的抓取 | | 3 | | | |
| | | 正确完成电动机的装配 | | 1 | | | |
| | | 机器人放置直口夹具 | | 1 | | | |
| | 减速器装配 | 机器人抓取单吸盘 | 13 | 1 | | | |
| | | 正确进行减速器上料 | | 1 | | | |
| | | 正确进行减速器输送 | | 1 | | | |
| | | 末端检测到减速器后，输送带停止 | | 1 | | | |
| | | 正确完成减速器的抓取 | | 5 | | | |
| | | 正确将减速器放置在关节底座内 | | 4 | | | |

（续）

| 序号 | 考核要点 | 考核标准 | 配分小计 | 配分 | 得分 | 得分小计 | 备注 |
|---|---|---|---|---|---|---|---|
| 4 | 输出法兰装配入库 | 正确进行输出法兰上料 | 27 | 1 | | | |
| | | 正确进行输出法兰输送 | | 1 | | | |
| | | 末端检测到输出法兰后，输送带停止 | | 1 | | | |
| | | 正确完成输出法兰的抓取 | | 5 | | | |
| | | 正确将输出法兰放置在关节底座内 | | 4 | | | |
| | | 机器人放置单吸盘 | | 1 | | | |
| | | 机器人抓取弧口夹具 | | 1 | | | |
| | | 正确抓取装配好的关节成品 | | 2 | | | |
| | | 机器人把装配好的关节成品搬运到称重模块上称重 | | 2 | | | |
| | | HMI 显示称重数据 | | 3 | | | |
| | | 机器人把装配好的关节成品搬运到 RFID 模块上写入数据 | | 2 | | | |
| | | 将成品正确放置到立体库 301 位置 | | 4 | | | |
| 5 | 复位 | 正确将夹具放回到快换平台上 | 5 | 2 | | | |
| | | 机器人正确返回至原点 | | 2 | | | |
| | | 转盘供料单元复位到原点位置 | | 1 | | | |
| 6 | 违规扣分项 | 机器人与外围设备碰撞，每次扣 5 分 | | | | | |
| | | 损坏设备，扣 20 分 | | | | | |
| 合计 | | | 100 | 100 | | | |
| 考生签字：<br>年　月　日 | | | 考核师签字：<br>年　月　日 | | | | |



从表 5-4 中可以看出，整个评价过程采用分项考核，采用过程性评价和终结性评价相结合的评价方式，能够比较客观地反映出参评人员的实际水平。

### 2. 程序优化

（1）PLC 程序优化

1）规划子程序。在 PLC 中，子程序是为一些特定的控制目的编制的相对独立的程序。执行子程序调用指令 CALL 等，如果条件不满足子程序调用时，程序的扫描就仅在主程序中进行，不再去扫描这段子程序，以减少不必要的扫描时间，节约系统资源。

2）用字或者双字数据传送给输出点的方法来控制输出。在PLC的应用中通常都会有大量的输出控制，用字或双字数据传送给输出点方法来控制输出可以提高速度，只要根据实际应用的要求，合理分配输出地址，变换控制输出控制字，可以大大减少PLC程序执行的步数，从而加快PLC的程序运行速度。

3）脉冲触发SET、Reset。在PLC中，使用SET指令只执行一次即可，不必每次扫描都执行这个指令，很适合与脉冲输出（PLS/PLF）指令配合使用。有些工程人员忽视了这个问题，使用了常规的方法来驱动SET指令，无意中增加了PLC程序扫描运行时间。

4）避免使用类型转换。以S7-1200 PLC为例，它的内存格式与常用的个人计算机正好相反，它是高字节在前、低字节在后，所以可以将字变量放在后两个字节，在程序初始化时将前两个字节清零。

如果定义符号时将字变量定义在MW2，同时保持MW0的值为零，则程序中可以用MW2以字型访问该变量，同时也可以MD0以双字型访问，避免了类型转换。为了避免使用时混淆，最好以明确的符号定义来区分字类型和双字类型。

（2）机器人程序优化　当单吸盘放回快换台之后，延时2s，向上级模块返回装配完成信号。在收到装配完成信号之后，进行下一步的操作，如取弧口夹具，将装配台的关节底座取出，放置到称重平台进行称重，称重完成后，写入RFID信息，将装配完成的工件放回料仓。

对于机器人程序的优化，主要从以下几个方面展开说明：

1）程序的书写格式。虽然书写格式并不会影响生成的代码质量，但是在实际编写程序时还是应该遵循一定的书写规则，一个书写清晰、明了的程序，有利于以后的维护。在书写程序时，特别是WHILE… END WHILE、FOR…END FOR等语句或这些语句嵌套组合应采用“缩格”的书写格式。

2）寄存器优化。虽然寄存器是可以随便使用的，但是为了程序的维护性，在子程序规划中及示教点位规划中，应尽可能考虑使同一功能所用的寄存器具有连续性，并最好能为所使用的点位进行注释。

3）定义常数。在程序化设计过程中，对于经常使用的一些常数，如果将它直接写到程序中去，一旦常数的数值发生变化，就必须逐个找出程序中所有的常数，并逐一进行修改，必然会降低程序的可维护性。因此，应尽量将这些常数保存到寄存器中，并对寄存器进行注释。



4）不使用过长的运算语句。程序中尽量不使用复杂的运算语句，若必须要使用，尽量采用中间变量进行过渡，不使用过长的运算语句，也不使用过长的判断语句。由于示教器屏幕的尺寸限制，这样的语句不利于后期对程序的维护。

5）函数的优化。对于一个较大的应用程序，通常将整个程序按功能分成若干个模块，不同模块完成不同的功能。各个模块可以分别编写，甚至还可以由不同的机器人编程人员编写。一般单个模块完成的功能较为简单，设计和调试也相对容易一些。应注意保持各个模块之间变量的相对独立性，即保持模块的独立性，尽量少使用全局变量等。

## 【思考与练习】

1. 请说明过程性评价和终结性评价的区别。
2. 请说明 PLC 程序编写中 OB 块、FC 块和 FB 块的区别。

## 【扩展训练】

以电动机装配为任务，以任务描述、任务分析、任务实施及任务评价为顺序设计相关的文档，设计相应的 PLC 程序、HMI 及工业机器人程序，完成一套电动机的装配。

# 项目六　离线编程仿真工作站搭建

## 【项目目标】

### 1. 知识目标

1）了解离线编程与示教编程的区别。
2）了解 InteRobot 软件中各类模型库的功能。
3）掌握机器人工具坐标系与工件坐标系的概念。
4）了解仿真变位机的基本功能。
5）了解仿真环境中机器人的基本属性。
6）了解机器人的三类基本运动指令。
7）掌握 InteRobot 软件加工轨迹的创建原理。
8）了解机器人配置的概念。
9）了解离线编程轨迹误差来源。

### 2. 技能目标

1）学会 InteRobot 软件中机器人加工环境的创建方法。
2）学会 InteRobot 软件中周边模型的导入与标定方法。
3）学会 InteRobot 软件中工件坐标系的标定方法。
4）学会 InteRobot 软件中机器人轨迹示教方法。
5）学会 InteRobot 软件中变位机的关联方法。
6）学会 InteRobot 软件中加工轨迹的生成与调整方法。
7）学会 InteRobot 软件中运动仿真方法。
8）学会 InteRobot 软件中机器人控制代码输出方法。
9）学会 InteRobot 软件中轨迹程序校准方法。

### 3. 素养目标

1）培养学生具备方法创新意识。
2）培养学生具备绿色节约意识。
3）培养学生具备安全保护意识。

【知识结构】

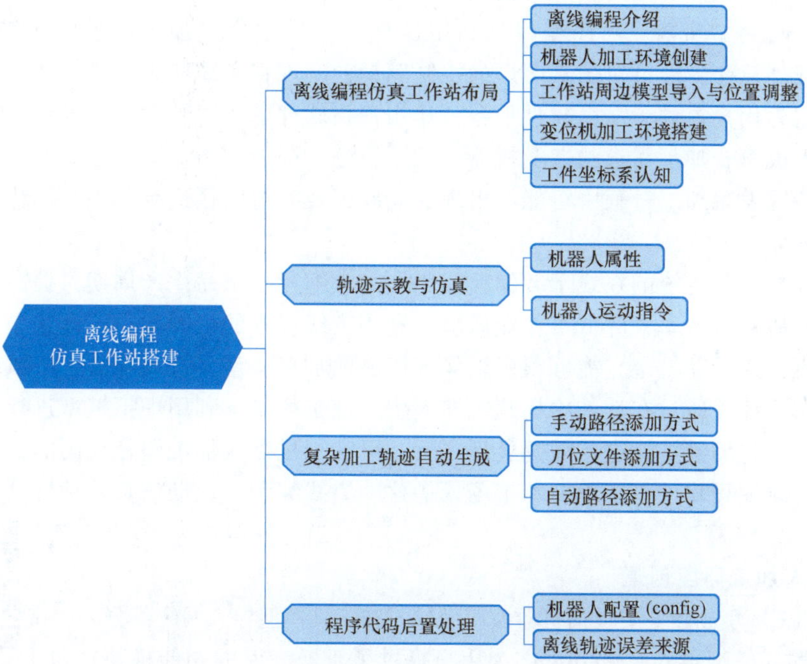


# 任务一　离线编程仿真工作站布局

【任务描述】

使用离线编程软件进行机器人加工轨迹编程之前，首先要在仿真环境中完成工作站的布局设计。机器人工作站布局设计主要分为机器人模型导入、工具模型创建生成与工具坐标系标定、工作站周边模型导入与位置标定以及变位机模型自定义导入等多项操作内容。通过本任务的学习，读者可掌握 InteRobot 离线编程软件中机器人、末端执行器、变位机以及周边环境模型的自定义创建与位置调整方式，了解机器人属性参数、机器人工具坐标系、工件坐标系以及变位机等相关知识点，最终完成在离线编程软件中机器人仿真工作站的布局搭建。

【知识准备】

1. 离线编程介绍

随着机器人技术的不断发展，越来越多的机器人进入工厂代替人类进行劳动生产，机器人的运动形式也变得更加复杂，因此控制机器人进行任务操作的编程技术也得到了快速发展。机器人编程是通过逻辑程序调用相关的运动指令，使机器人实现按照预定轨迹进行位姿转换的运动控制技术。现在主流的机器人编程方法有示教编程和离线编程两种方法。

(1) 示教编程　机器人示教编程是操作者在生产现场，通过直接控制末端执行器按照预定轨迹进行运动，同时计算机将关键路径点位信息记录下来，从而实现机器人加工轨迹编程的一种技术。在运行时，机器人只需要读取在关键点所记录的参数信息，就能够实现加工轨迹的再现。因此，机器人示教操作的控制步骤可以概括为示教、编程和轨迹再现三个部分。由于示教编程时需要使用实际机器人进行编程，因此示教编程也被称为在线示教编程。

（2）离线编程　机器人离线编程是利用计算机图形学构建加工场景的三维虚拟模型，结合相应的规划算法，通过对仿真图形的控制驱动，实现在离线状态下进行加工轨迹规划的技术方法。它为用户提供了一个软件平台，让用户在软件中还原真实加工场景，配合用户的操作，自动生成符合加工需求的工业机器人运动轨迹，即控制指令。通过离线编程，用户可以根据仿真情况发现加工过程中可能会出现的问题，及时对路径进行调整与优化，最后生成工业机器人程序。

离线编程技术与传统的在线示教编程相比，大大缩短了产品生产周期，提高了工业机器人生产加工的质量和效率，降低了作业风险。利用离线编程的可视化、可调整布局方案以及精确的工业机器人运动轨迹，能够很好地保证产品的加工质量，进而降低生产风险。

机器人离线编程通过在软件中构建机器人生产加工场景，利用虚拟模型进行轨迹编程以及动画仿真，在将编程结构进行后置处理之后，可实现机器人加工路径代码的输出。一般来说，机器人离线编程软件包括虚拟加工场景搭建、离线编程、运动仿真及后置处理等基本操作模块。

### 2. 机器人加工环境创建

机器人加工环境创建主要包括机器人模型导入和工具模型导入两个部分。

基本仿真工作站的搭建

（1）机器人模型导入　InteRobot 为用户提供了机器人库的功能模块，包括各种型号机器人的新建、编辑、存储、导入、预览和删除等功能，用户能够通过这些功能实现对机器人库的管理。图 6-1 所示为机器人库主界面，该界面提供了机器人基本参数显示、机器人品牌选择、机器人轴数选择、自定义机器人、导入/导出机器人文件、属性编辑、删除、机器人预览以及导入视图添加节点等功能。

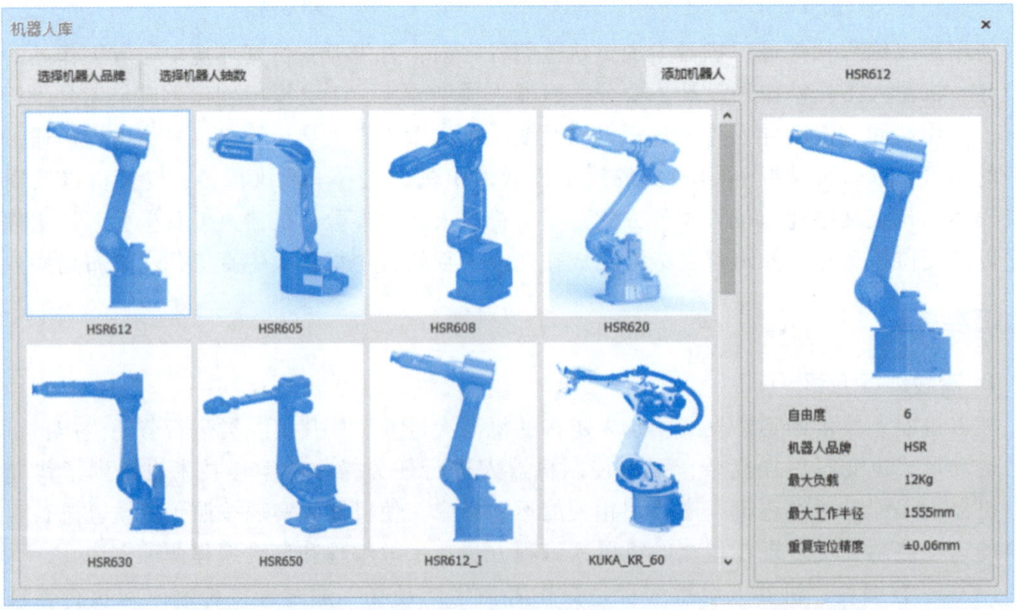


图 6-1　机器人库主界面

1）机器人编辑界面。在机器人库主界面上移动光标至某机器人预览图，右击并选择“属性”选项，用户就能进入机器人的编辑界面。在该界面中，用户能够对机器人库中的机器人进行参数的编辑。编辑界面包括六个部分：机器人名、机器人总体预览、机器人基本数据、机器人模型信息、机器人 STD_DH 参数和机器人运动参数，如图 6-2 所示。

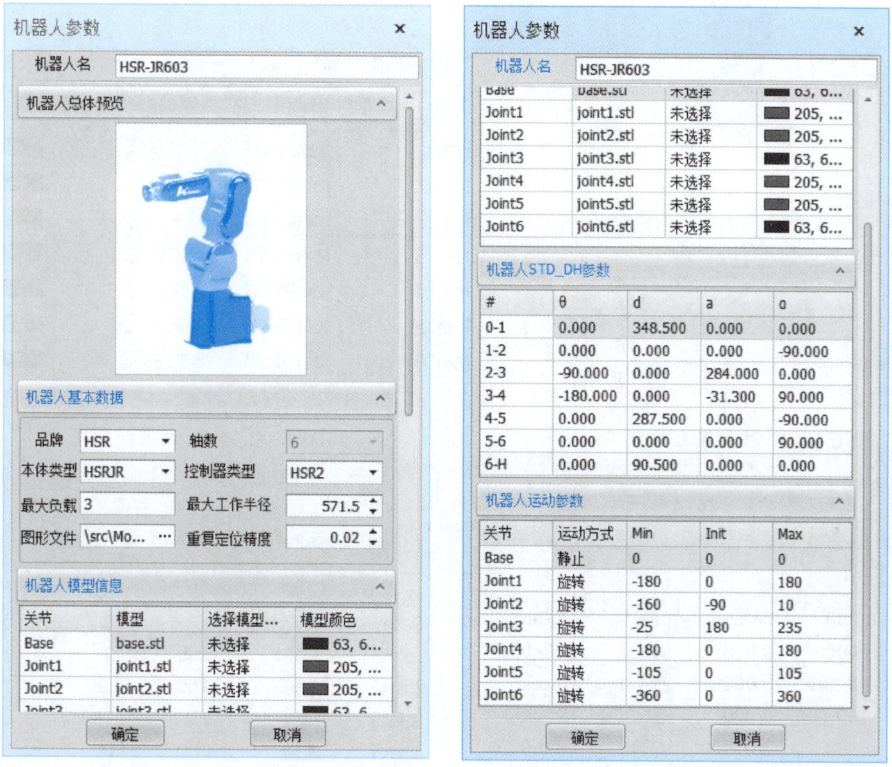


图 6-2　机器人参数设置

① 机器人基本数据。“机器人基本数据”部分包括机器人的品牌、轴数、本体类型、控制器类型、最大负载、最大工作半径、图形文件的位置和重复定位精度等参数。用户可通过“图形文件”选项修改相应机器人的预览图，同时也可以根据需要对机器人最大负载、最大工作半径和重复定位精度等信息进行修改，如图 6-3 所示。

② 机器人模型信息。“机器人模型信息”部分显示了各个关节对应的模型数据。用户可以通过“选择模型”选项选择各个关节所使用的模型文件，并能通过“模型颜色”选项对导入的模型进行颜色设置，如图 6-4 所示。

③ 机器人建模参数。通过“机器人 STD_DH 参数”部分中的机器人建模参数表为机器人进行运动学建模，InteRobot 软件采用标准 D-H（STD_DH）参数建模方法，用户可以根据机器人的建模参数填写该部分，如图 6-5 所示。

④ 机器人运动参数。“机器人运动参数”部分显示了各个关节的运动方式、运动方向、最小限位和最大限位等信息，用户可以根据需要对其进行修改，如图 6-6 所示。

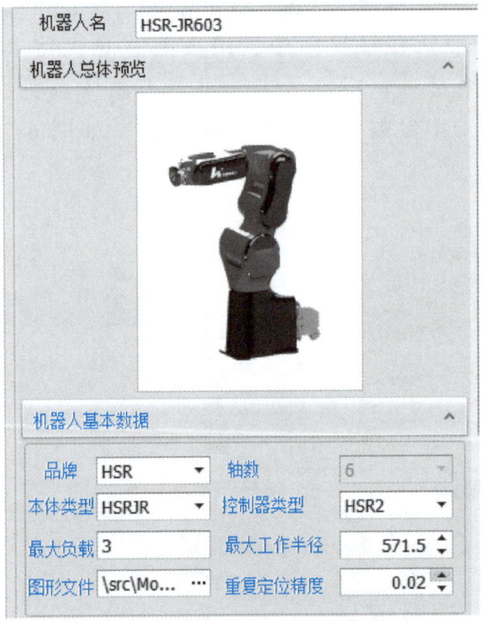


图 6-3 机器人基本数据

机器人模型信息

| 关节 | 模型 | 选择模型... | 模型颜色 |
|---|---|---|---|
| Base | base.stl | 未选择 | 63, 6... |
| Joint1 | joint1.stl | 未选择 | 205, ... |
| Joint2 | joint2.stl | 未选择 | 205, ... |
| Joint3 | joint3.stl | 未选择 | 63, 6... |
| Joint4 | joint4.stl | 未选择 | 205, ... |
| Joint5 | joint5.stl | 未选择 | 205, ... |
| Joint6 | joint6.stl | 未选择 | 63, 6... |

图 6-4 机器人模型信息

机器人STD_DH参数

| # | θ | d | a | α |
|---|---|---|---|---|
| 0-1 | 0.000 | 348.500 | 0.000 | 0.000 |
| 1-2 | 0.000 | 0.000 | 0.000 | -90.000 |
| 2-3 | -90.000 | 0.000 | 284.000 | 0.000 |
| 3-4 | -180.000 | 0.000 | -31.300 | 90.000 |
| 4-5 | 0.000 | 287.500 | 0.000 | -90.000 |
| 5-6 | 0.000 | 0.000 | 0.000 | 90.000 |
| 6-H | 0.000 | 90.500 | 0.000 | 0.000 |

图 6-5 机器人建模参数

机器人运动参数

| 关节 | 运动方式 | Min | Init | Max |
|---|---|---|---|---|
| Base | 静止 | 0 | 0 | 0 |
| Joint1 | 旋转 | -180 | 0 | 180 |
| Joint2 | 旋转 | -160 | -90 | 10 |
| Joint3 | 旋转 | -25 | 180 | 235 |
| Joint4 | 旋转 | -180 | 0 | 180 |
| Joint5 | 旋转 | -105 | 0 | 105 |
| Joint6 | 旋转 | -360 | 0 | 360 |

图 6-6 机器人运动参数

2）导入/导出机器人文件。在机器人库主界面上移动光标至机器人预览图，右击选择“导出”选项，如图 6-7 所示，即可导出文件后缀名为 .incRob 的机器人文件。

机器人文件同样可以导入机器人库。如图 6-8 所示，单击“添加机器人”按钮，选择“导入机器人文件”选项，即可导入后缀名为 .incRob 机器人文件。

（2）工具模型导入 在工作站导航树中，用户单击已经导入的机器人节点。选中该节点后，菜单栏的工具库菜单变为可用状态，然后单击菜单栏中的“工具库”选项，系统弹出机器人工具库主界面，如图 6-9 所示。

该主界面显示了所有在库的工具。用户可以根据实际需要选择使用的工具，移动光标至工具预览图，右击之后选择“导入”选项或者双击该工具，则可以实现工具的导入，如图 6-10 所示。

工具导入完成后，视图窗口将会出现用户选中的工具模型。同时，InteRobot 也在工作站导航树下的机器人子节点中创建了工具子节点，其名称与用户导入的工具名称一致。这样工具的所有参数信息就导入到了当前工程文件中，如图 6-11 所示。

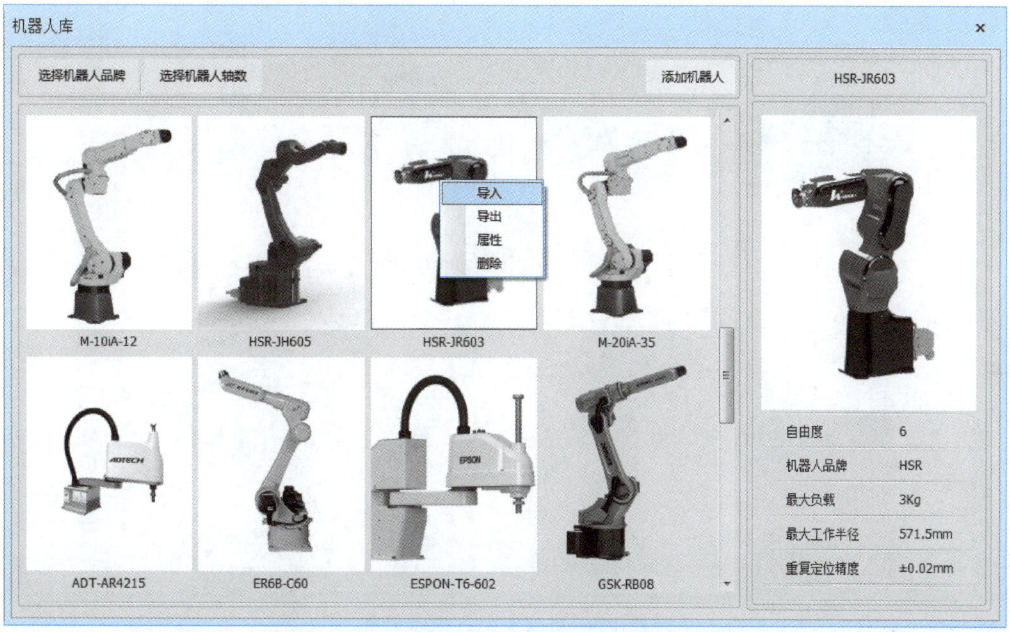


图 6-7 导出机器人文件

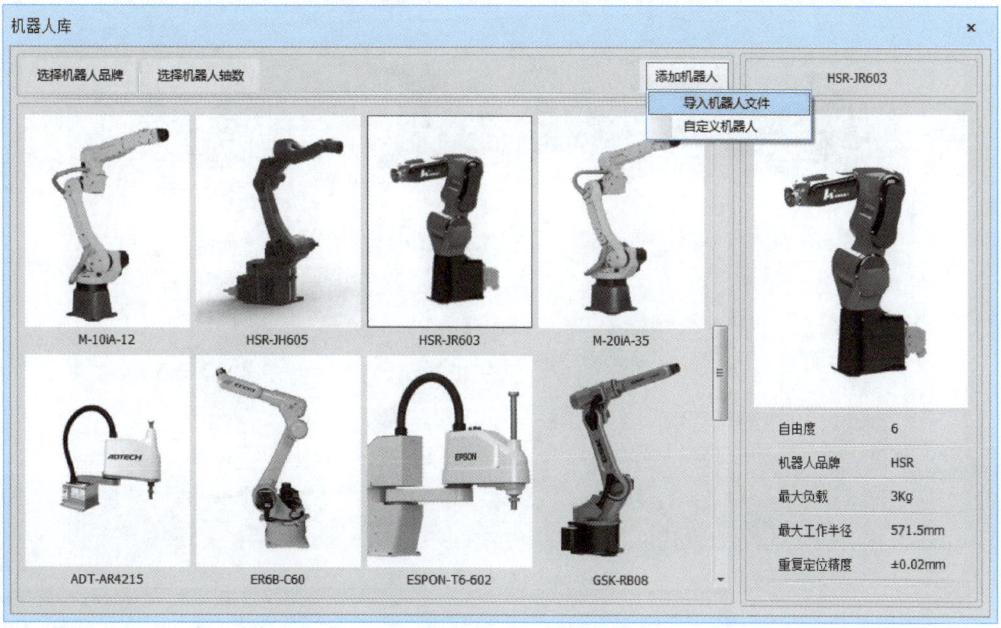


图 6-8 导入机器人文件

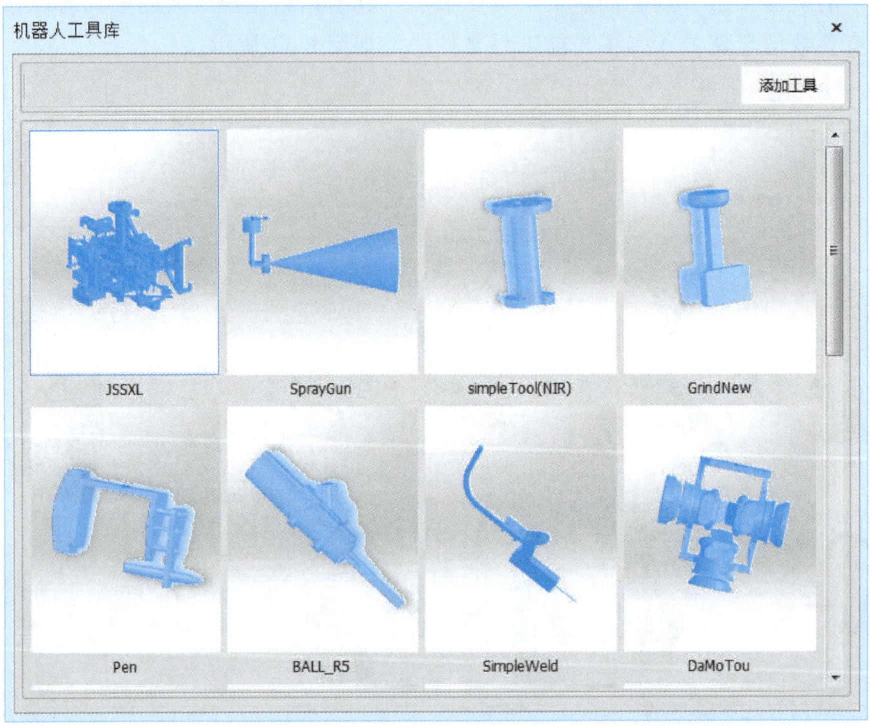


图 6-9 机器人工具库主界面

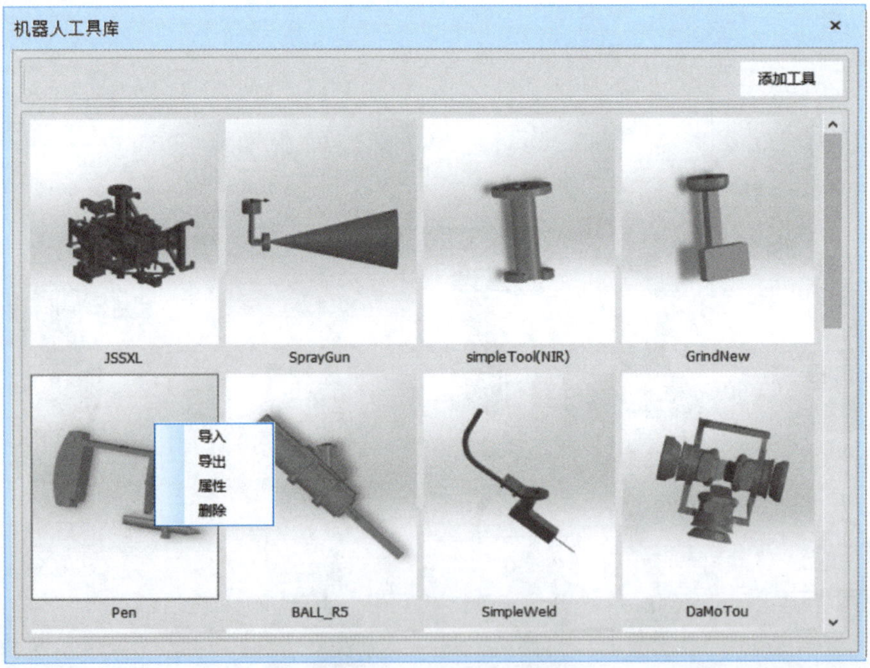


图 6-10 工具导入操作

工具导入时，工具建模坐标将与机器人法兰末端 TCP 重合，因此在导入之前用户需要将工具的建模坐标放置于工具连接法兰中心，如图 6-12 所示。

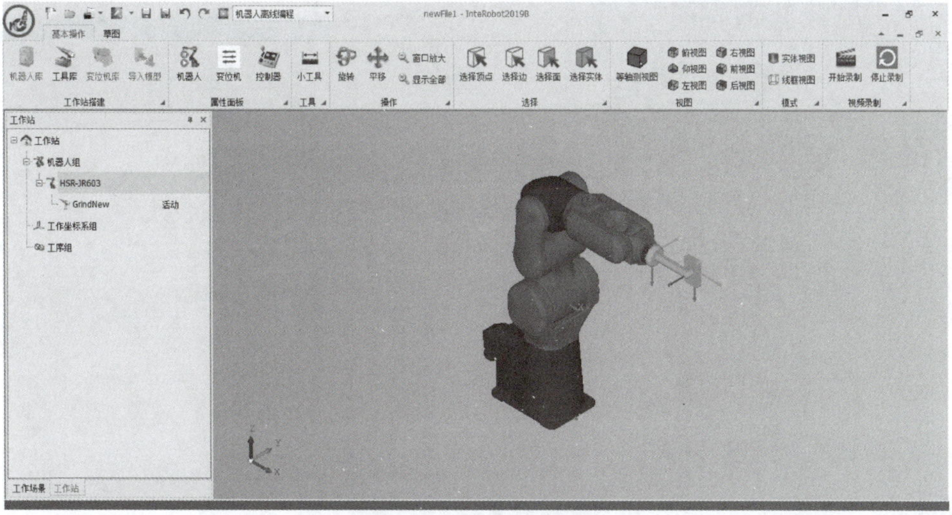


图 6-11　工具导入完成后

工业机器人通过安装各种特定工具实现作业，因此要在工具上建立一个工具坐标系，通过该工具坐标系的位姿来描述机器人末端工具在工作点的位姿，包括工具坐标系原点 TCP 在某坐标系（基坐标系或工件坐标系）下的坐标 X、Y、Z，与三个坐标轴基于某坐标系（基坐标系或工件坐标系）坐标轴的转动角度 A、B、C（A、B、C 也称为欧拉角），这六个值也是机器人示教与离线编程记录在程序中的值。

图 6-12　工具建模坐标位姿

在离线编程软件 InteRobot 以及华数机器人控制系统中，机器人末端 TCP 的姿态以内旋方式的经典欧拉角（Proper Euler Angle）确定。内旋方式的经典欧拉角各角度（$\phi$，$\theta$，$\psi$）表示物体按照不同的轴序列旋转 $\phi$、$\theta$、$\psi$ 角。在 InteRobot 中，TCP 以及物体姿态（$R_Z$，$R_Y$，$R_Z$）表示工具坐标系或工件等均按照（Z，Y，Z）的轴序列旋转 $R_Z$、$R_Y$、$R_Z$ 角度，即物体首先围绕其自身默认坐标系的 Z 轴旋转 $R_Z$ 角度，之后围绕变换后的坐标系 Y′轴旋转 $R_Y$ 角度，最后按照变换过后的 Z″轴旋转 $R_Z$ 角度。

机器人正运动学就是已知机器人各轴的转动角度，进而计算工具坐标系相对于基坐标系的位姿；而机器人逆运动学就是已知工具坐标系相对于基坐标系的位姿，计算所有可到达给定位置和姿态的关节角，如图 6-13 所示。

因此，对于用户来说“建立”工具坐标系就是确定出将机器人固有工具坐标系转换成用户坐标系的某些参数，这些参数包括了在机器人固有工具坐标系三个坐标轴上有方向的移动，以及围绕此三个坐标轴的欧拉角，通常两坐标系 Z 轴方向一致。在实际中利用示教器控制机器人时，用户工具坐标系的建立有两种方法：一种是通过工具坐标系标定确定用户工具坐标系，另一种是通过直接输入参数值确定用户工具坐标系。在离线编程软件 InteRobot

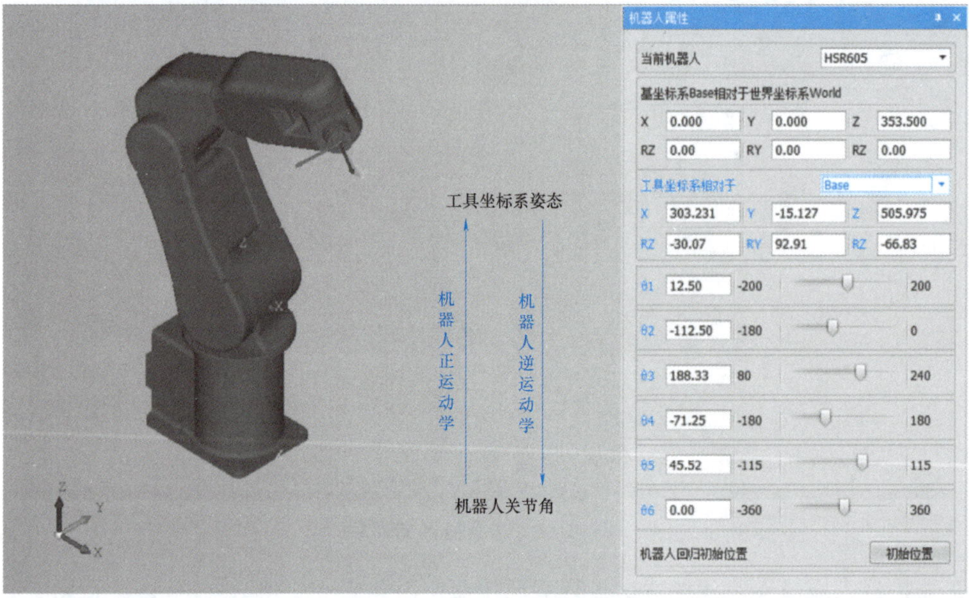


图 6-13 姿态与关节角示意图

中用户使用不同工具进行作业时，可以通过设置参数的方法来建立该工具的工具坐标系。

在 InteRobot 软件中，用户可以通过工具节点，右击选择“属性”选项来设置工具坐标系，如图 6-14 所示。TCP 设置项显示了工具坐标系的原点相对于机器人法兰坐标系的 X、Y、Z 坐标与工具坐标系的欧拉角 A、B、C。单击“添加 TCP”按钮，可创建新的工具 TCP，保存并激活后即可用于离线仿真，如图 6-15 所示。

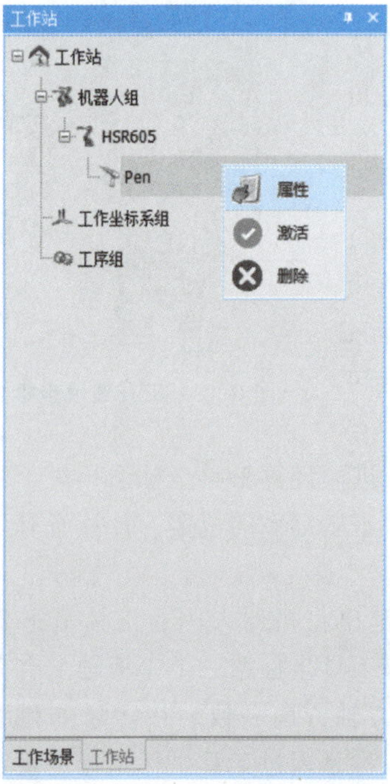


图 6-14 工具属性界面

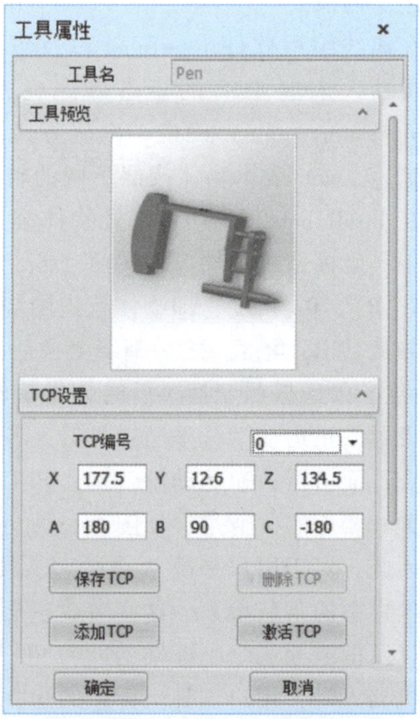


图 6-15 工具坐标系修改界面

### 3. 工作站周边模型导入与位置调整

导入模型界面提供了将模型导入到机器人离线编程软件的接口，导入的模型可以是工件、机床以及其他加工场景中用到的模型文件，支持的三维模型格式包括 stp、stl、step 和 igs 四种标准格式。将导航栏切换至“工作场景”导航树，选中工件组节点，此时菜单栏中的导入模型菜单变为可用状态，单击“导入模型”菜单，系统弹出导入模型界面。如图 6-16 所示，用户也可以在工件组节点上右击选择“导入模型”选项。

自定义工具的方法与工具坐标系的创建

图 6-16　导入模型界面的调出

在导入模型界面完成导入模型的位置、姿态、名称及颜色的设置之后，单击“选择模型”按钮，在文件对话框中选择要导入的模型文件，单击“确定”按钮，完成模型的导入。用户没有导入工件前，工作场景导航树中只有一个工作场景根节点，以及该节点下的一个工件组子节点。导入场景模型后，视图中出现选中的模型文件的三维模型，并且在工作场景导航树中的工件组节点下创建了以该工件名称为名字的子节点，如图 6-17 所示。

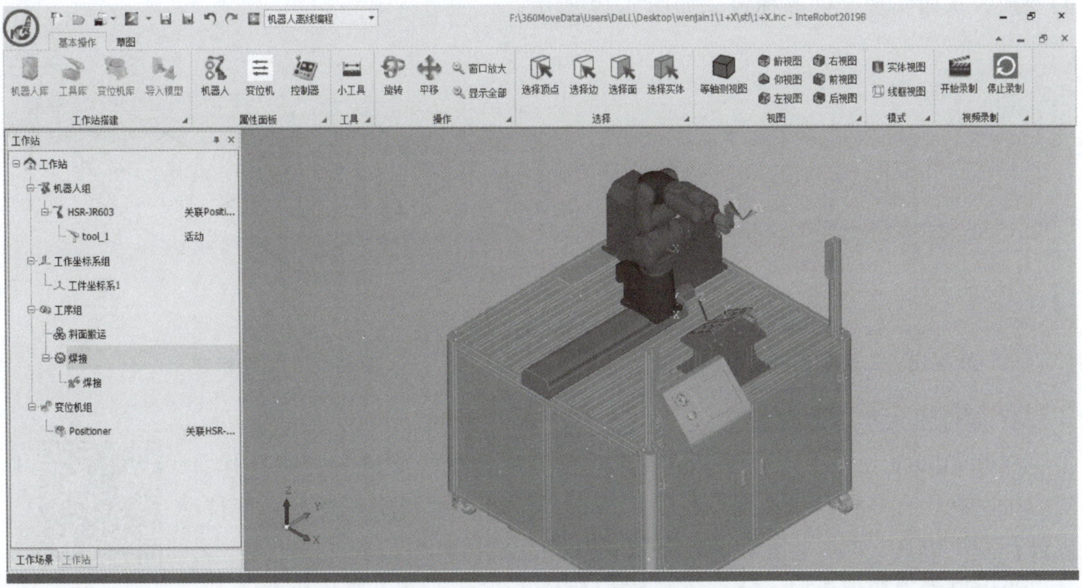


图 6-17　导入模型完成后

InteRobot 机器人离线编程软件支持多个模型的导入功能，重复上述操作，用户可以继续导入其他模型到工程中。

导入模型默认建模坐标系与 InteRobot 软件内世界坐标系重合，即与机器人基坐标系重合。

实际利用离线编程软件进行作业时，为了使离线编程中的工件模型的位置和姿态与真实环境中实际工件的位置和姿态保持一致，实现对工件的准确加工，需要对离线加工工件进行工件标定，即校准离线编程软件中工件模型与真实环境中工件的位姿误差。

前文中已经介绍某坐标系下物体的位姿可以用固连于其上的坐标系（工件坐标系）的位姿来描述，因此工件标定本质上是为了解决工件模型上的仿真工件坐标系 $\{S\}$ 是如何变换到实际工件上的工件坐标系 $\{R\}$ 这一问题，如图 6-18 所示。

离线编程软件对机器人的控制基于机器人运动学，即利用各连杆关节角来计算工具坐标系基于基坐标系的位姿，或已知工具坐标系基于基坐标系的位姿来计算各连杆关节角。因此，工件坐标系与机器人基坐标系的转换可以通过机器人示教取点建立工件坐标系之后，在离线编程软件中通过相关算法来确定。

常用的工件标定方法有六点法、四点法和三点法等。本任务仅介绍三点法对工件进行标定，其具体实现方法如下：

1）在真实场景中利用机器人对待标定工件上三个不在一条直线上的特征点进行示教，并记录此三个特征点位的位置信息。

2）在离线编程软件中，将特征点位置信息输入工件标定模块，工件标定模块根据相关算法计算出由三个特征点建立的工件坐标系在机器人基坐标系下的位姿描述。

3）在仿真工件模型上选取与真实工件位置对应的三个模型特征点，工件标定模块根据此三个模型特征点在仿真环境中的位置信息计算出由此三个模型特征点生成的仿真工件坐标系在机器人基坐标系下的位姿描述。

4）工件标定模块通过这两种位姿描述的差异计算出仿真工件坐标系与真实工件坐标系的变换，从而实现工件的标定，如图 6-19 所示。

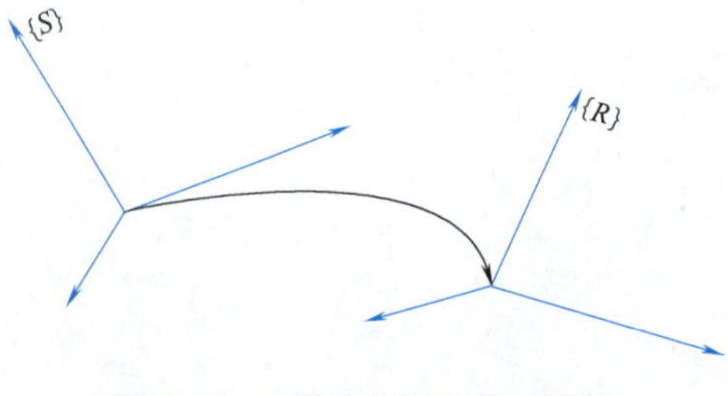

图 6-18 工件坐标系变换示意图

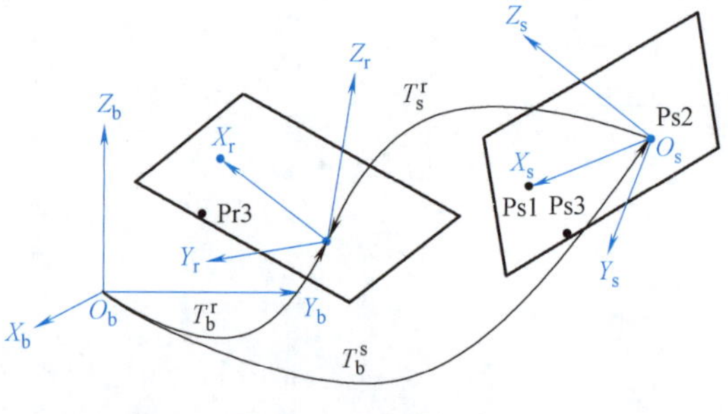

图 6-19 工件标定

## 4. 变位机加工环境搭建

在 InteRobot 软件中可通过变位机库对仿真变位机模型进行相关操作。变位机库预置有多种类型的变位机供用户选择，用户可调用任意型号变位机进行离线仿真。同时，变位机库还支持用户新建仿真变位机。

工件坐标系的意义及创建方法

当用户添加变位机时，首先需要添加变位机节点。由于变位机并不是所有加工都需要，因此在 InteRobot 中将变位机组节点作为扩展节点。右击“工作站”导航树后，再单击“新建变位机组”，如图 6-20 所示。

变位机组节点添加完成后，单击变位机组节点，菜单栏上的变位机库图标便会呈现高亮状态，单击进入变位机库，如图 6-21 所示。

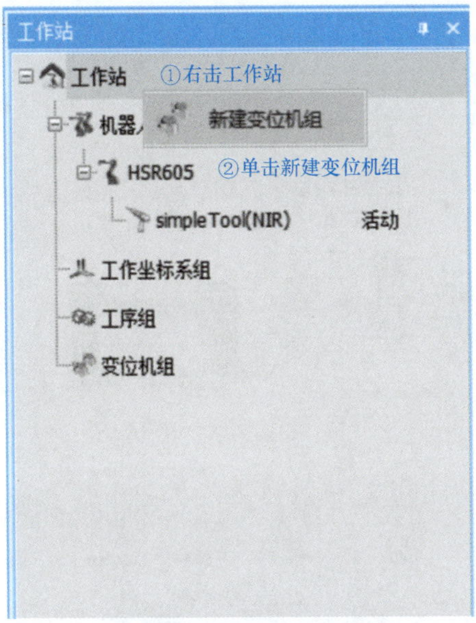


图 6-20　新建变位机组

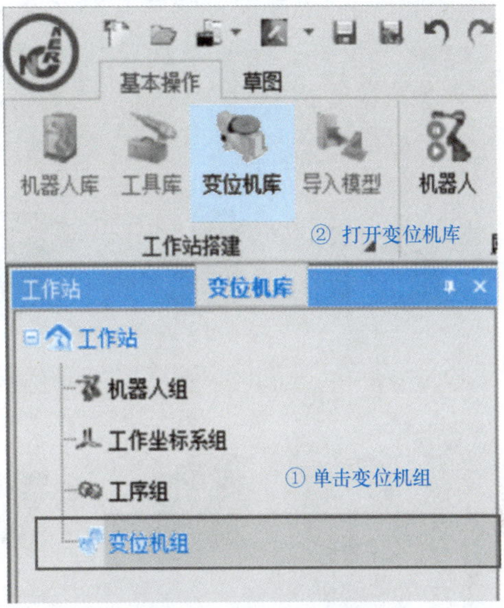


图 6-21　打开变位机库

变位机库主界面如图 6-22 所示，用户可在此界面中进行对变位机的编辑、新建、删除、预览、导入和导入/导出变位机文件等操作。在变位机库主界面上移动光标至变位机预览图上，右击选择“属性”选项（图 6-23），进入选中变位机的编辑界面，如图 6-24 所示。

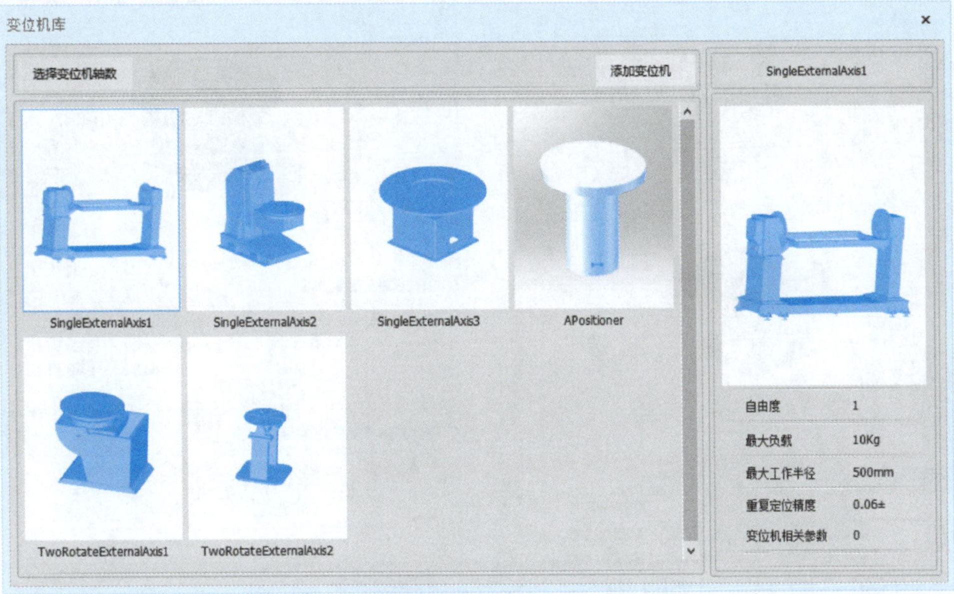


图 6-22　变位机库主界面

在变位机编辑界面中，用户可以对变位机的基本数据、模型信息、建模参数和运动参数等进行修改。其中，变位机的建模参数主要分为 Base 建模参数与 Axis 建模参数。Base 建模参数决定变位机建模坐标相对于世界坐标系的位置，修改该参数会改变变位机的位置；Axis 建模参数将决定变位机转轴的位置，其数值为相对于变位机 Base 建模坐标系的数值，改变

Axis 建模参数，转轴位置会发生变化。

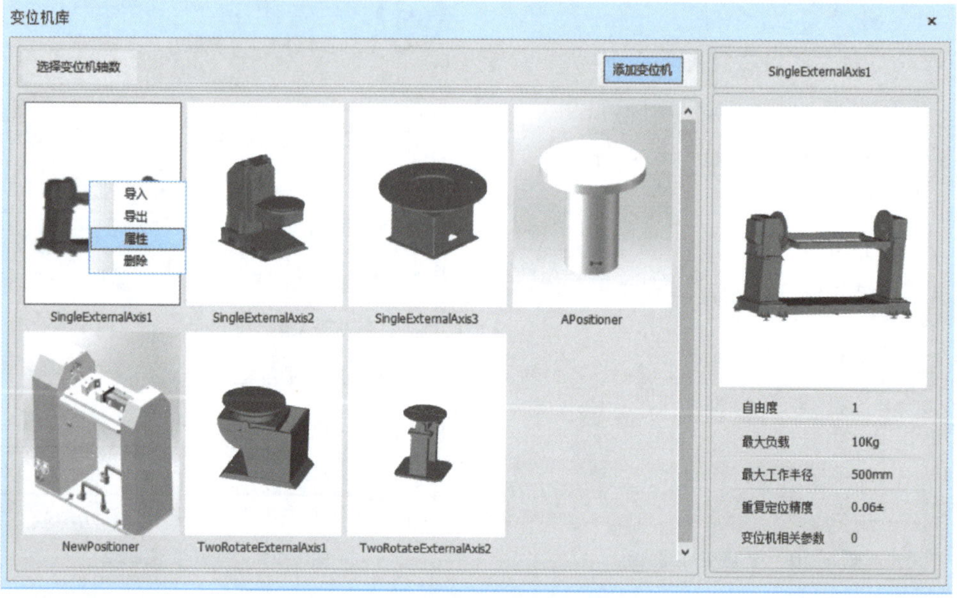


图 6-23　进入变位机编辑界面

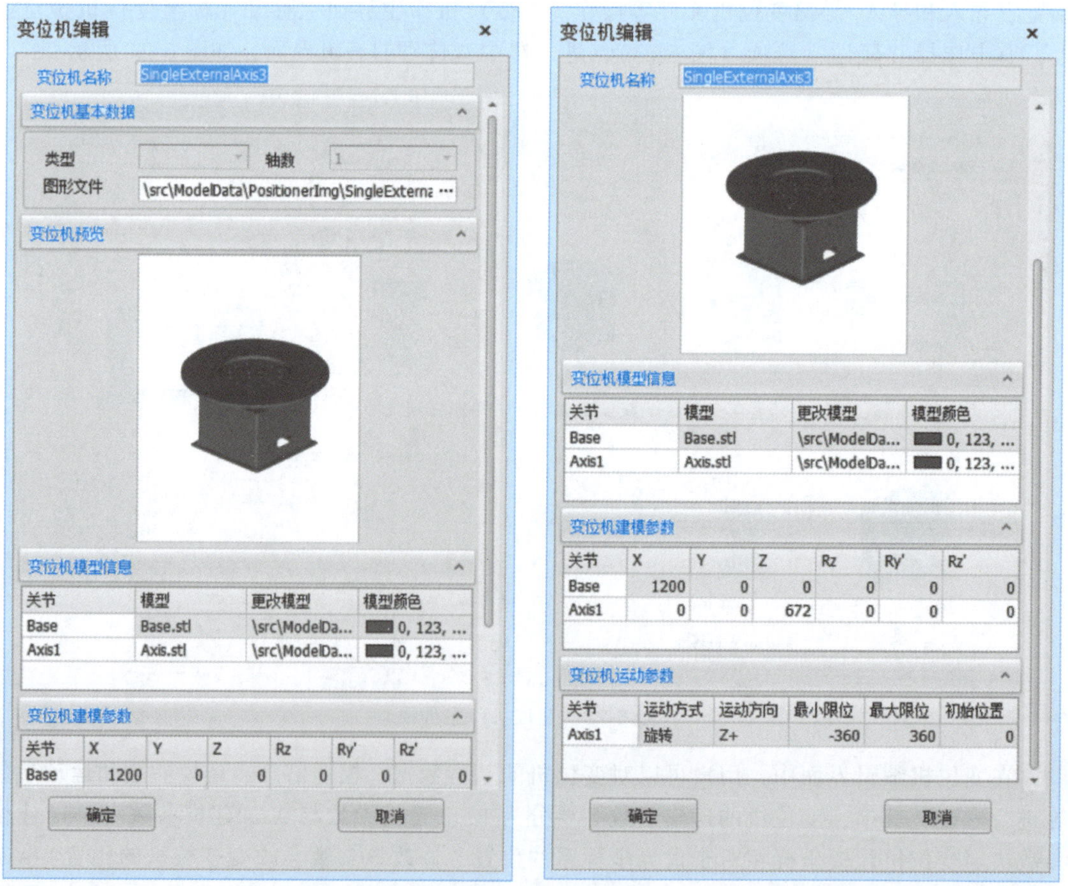


图 6-24　变位机编辑界面

变位机运动参数包括运动方式、运动方向、最小限位、最大限位及初始位置等。运动方式包括静止与旋转；运动方向规定变位机转轴的旋转方向，可选其为绕世界坐标系的 X、Y、Z 轴顺时针或逆时针（以+、-表示）的旋转；最小限位与最大限位参数值表示在机器人加工过程中，变位机转轴所能到达的最大角度；初始位置表示变位机转轴初始的默认角度。

### 5. 工件坐标系认知

工件坐标系是基于世界坐标系的一个偏置坐标系，用户可以根据作业情况自行选择建立工件坐标系。在前文中已经介绍，工件坐标系下记录在轨迹程序中的坐标值即为工具坐标系在工件坐标系中的位姿，其中 X、Y、Z 描述工具坐标原点在工件坐标系中的位置，A、B、C 描述工具坐标系 X、Y、Z 三个坐标方向相对于工件坐标系坐标轴方向的角度偏转。

一般情况下，机器人的示教、编程和运行都可以由基于全局坐标系来完成，而不用设工件坐标系；但是，当发生以下三种情况时，工件坐标系就有设置的必要：

1）作业对象的位置可能发生轻微改变。

2）机器人的运行程序需要在多台同类型的加工系统中重复使用。

3）在与全局坐标系平面不平行的其他平面上进行示教编程。

当作业对象（加工工件）的位置发生改变后，基于基坐标系所编写的程序的所有位置信息会全部失效；当有多套加工同样对象的机器人生产系统时，因无法要求所有机器人的控制点和作业对象的相对位置都调校到一样，故基于基坐标系的程序不具有通用性；在全局坐标系下，无法实现机器人的控制点在与全局坐标系平面不平行的其他平面上进行平行或垂直示教。故以上三种情况都需要设置工件坐标系。

## 【任务实施】

### 1. 导入机器人

（1）创建工程文件　运行 InteRobot 软件并进入初始界面，此时为空白界面。单击左上角的图标，选择“New”选项新建工程文件，进入主界面，如图 6-25 所示。

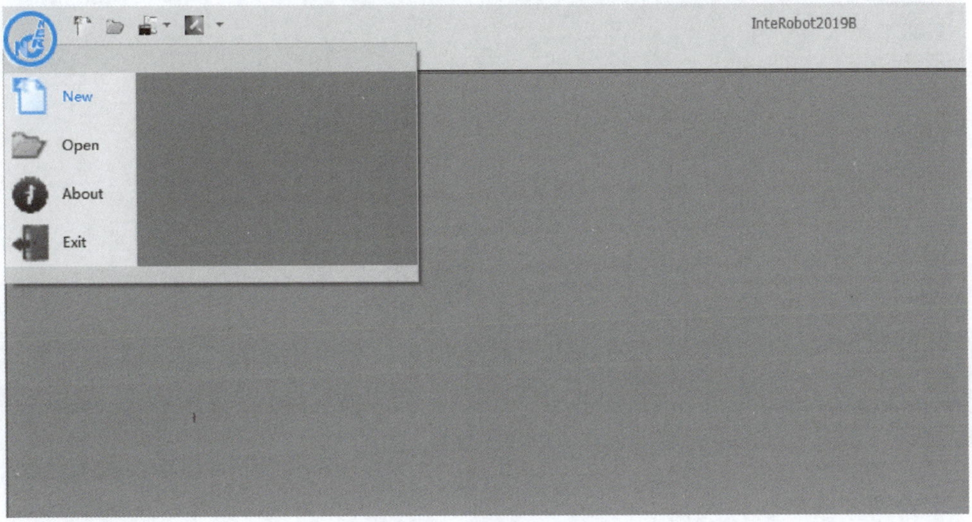


图 6-25　新建工程文件

（2）导入机器人 选择“工作站”导航树下的“机器人组”子节点，此时机器人库图标变为高亮，如图 6-26 所示。打开机器人库，选择机器人库中的机器人“HSR-JR603”，根据需要选择控制器型号后，双击其预览图或右击选择“导入”，将机器人导入工作站系统中，如图 6-27 所示。

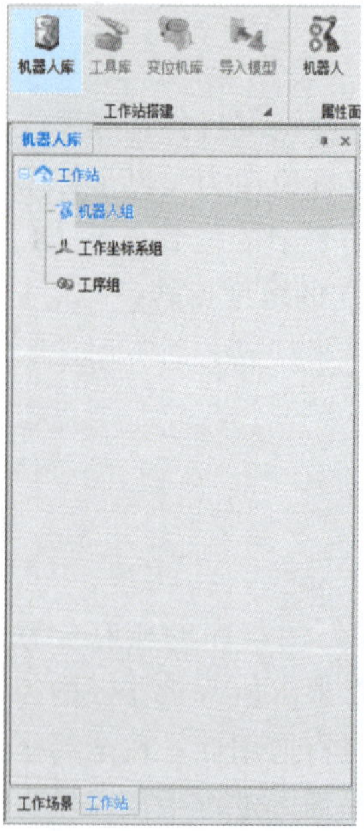


图 6-26 打开机器人库

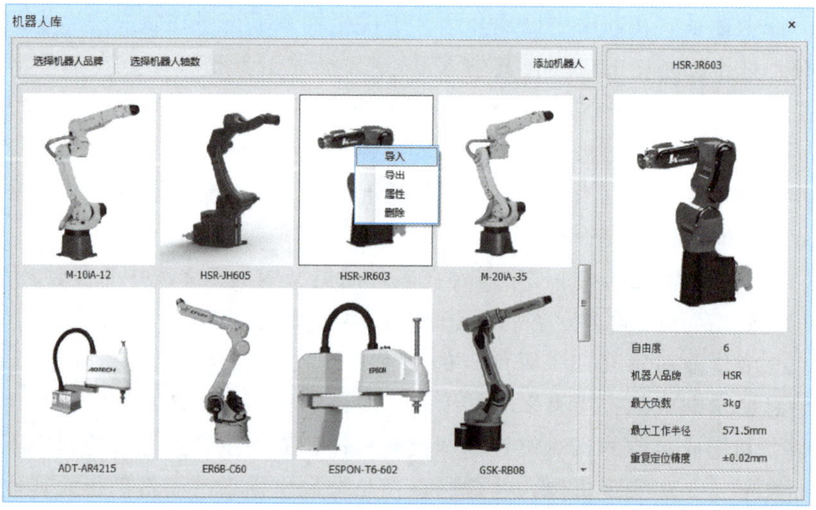


图 6-27 导入 HSR-JR603 机器人

如图 6-28 所示，机器人导入完成后，视图中出现了型号为 HSR-JR603 的机器人“HSR-JR603”，同时机器人组节点中也出现了 HSR-JR603 子节点。

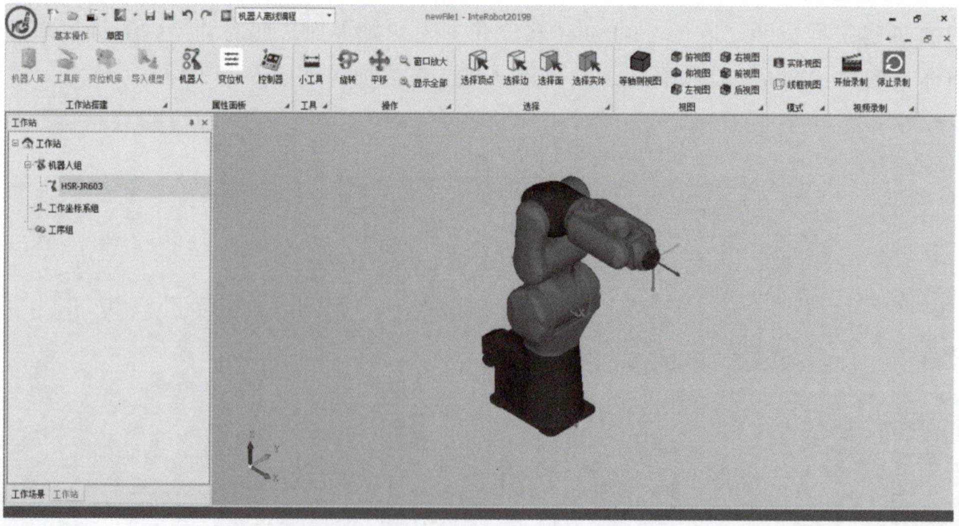


图 6-28 HSR-JR603 导入完成界面

## 2. 导入用户工具

1）选中“工作站”导航树下“机器人组”子节点中的 HSR-JR603 机器人，此时工具库图标变为高亮。在工具库主界面中依次单击“添加工具”“自定义工具”按钮，系统弹出工具属性界面，如图 6-29 所示。该界面中的所有参数都是空白或者是默认的初始参数。将工具名称设置为 Grip_1。

图 6-29　工具属性界面

2）在该界面中，用户需要设置工具的 TCP 位置、TCP 姿态，选中工具定义中的模型和预览图像。单击“工具定义”按钮，为新建工具导入模型并设置预览图片。单击“模型选择”按钮，将 Grip_1. stl 模型导入。导入模型完成后，单击“颜色”按钮，可为工具模型设置不同的颜色。

3）单击“图像选择”按钮，将工具预览图片 Grip_1. jpg 导入。注意：以上文件保存路径中不能含有中文字符。自定义工具设置完成的情况如图 6-30 所示。

4）单击“TCP 设置”按钮，为 Grip_1 工具设置工具坐标系，需要设置的数值包括 TCP 的位置（即 X、Y、Z 坐标）、工具坐标系姿态（即欧拉角 $R_Z$、$R_Y$、$R_Z$）。如图 6-31 所示，将 0 号 TCP 各数值 {-80，0，120，0，180，0} 输入对应文本框。依次单击“保存 TCP”“激活 TCP”按钮，完成工具的创建。

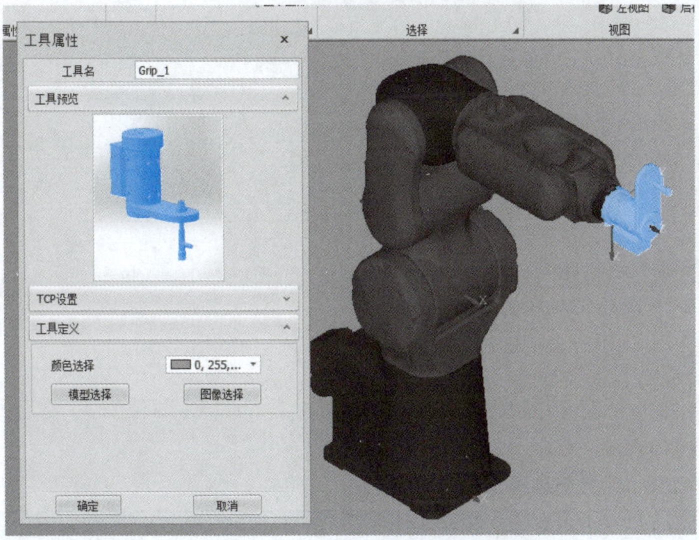


图 6-30　自定义工具设置完成的情况

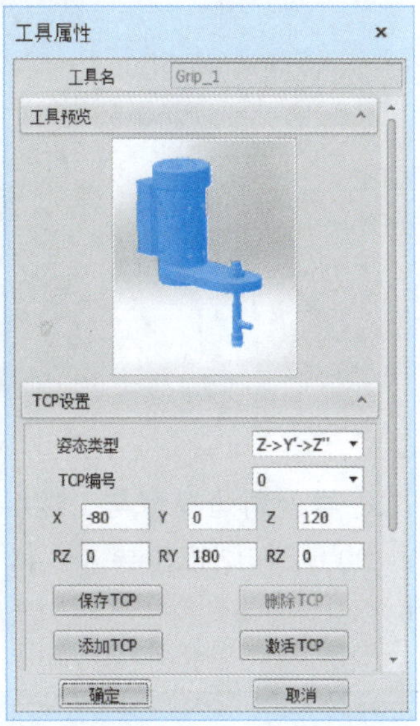


图 6-31　TCP 设置

5）新建工具完成后，工具库主界面的列表中出现该新建工具。导入该工具，将 Grip_1 安装在机器人 HSR-JR603 上，如图 6-32 所示。

按照相同的操作方法导入焊枪工具模型，将其命名为 tool_1。将工具坐标系标定完成后导入仿真环境中，软件主界面的工具也将替换为 tool_1，如图 6-33 所示。选中工作站中的 Grip_1 节点并右击，在弹出的快捷菜单中选择“激活”选项，机器人末端工具就会更换为 Grip_1。

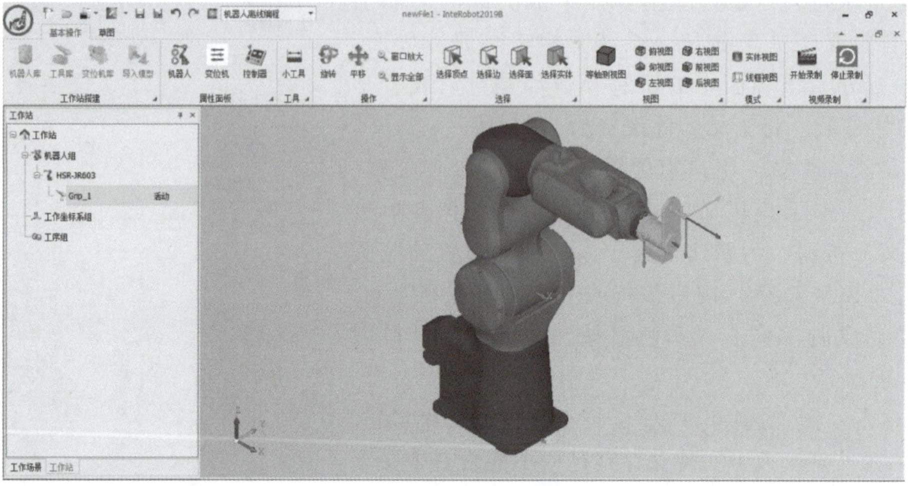


图 6-32 用户工具导入

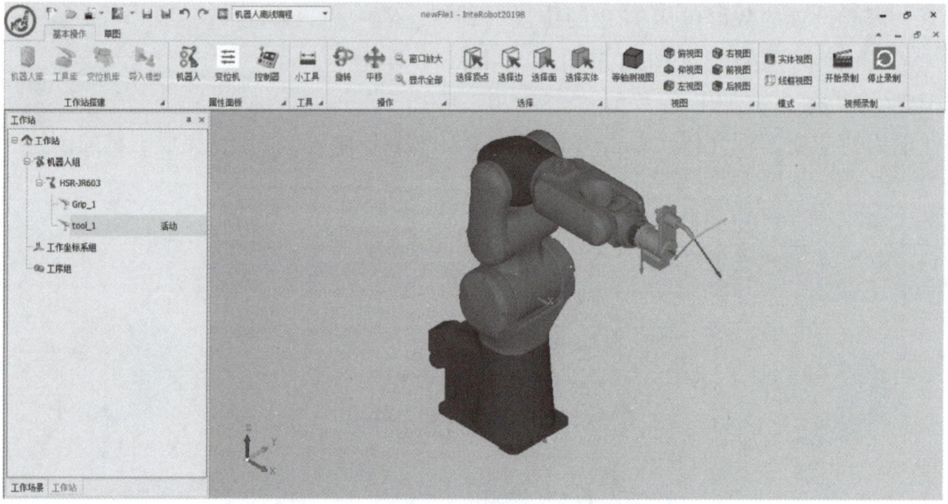


图 6-33 焊枪工具导入

### 3. 导入周边模型与工件标定

（1）工作站模型导入 依次导入工作站各组成部件的模型，各部件模型位置与姿态见表 6-1。

表 6-1 各部件模型位置与姿态

| 部件名称 | 模型位置 | | | 模型姿态 | | |
|---|---|---|---|---|---|---|
| | X | Y | Z | $R_X$ | $R_Y$ | $R_Z$ |
| PSS170-L10-S600-BC-P40 | 130 | -950 | -50 | 90 | 90 | 90 |
| zhuangpeit | -620 | -720 | -987 | 0 | 90 | 90 |

各部件导入完成后，工作站系统布局如图 6-34 所示。

（2）工件标定

1）导入搬运模块。导入搬运模型“banyun”后，调整模型，使模型位于易于选取特征点的姿态。同时将视角移动至 banyun 工件模型顶部，如图 6-35 所示。

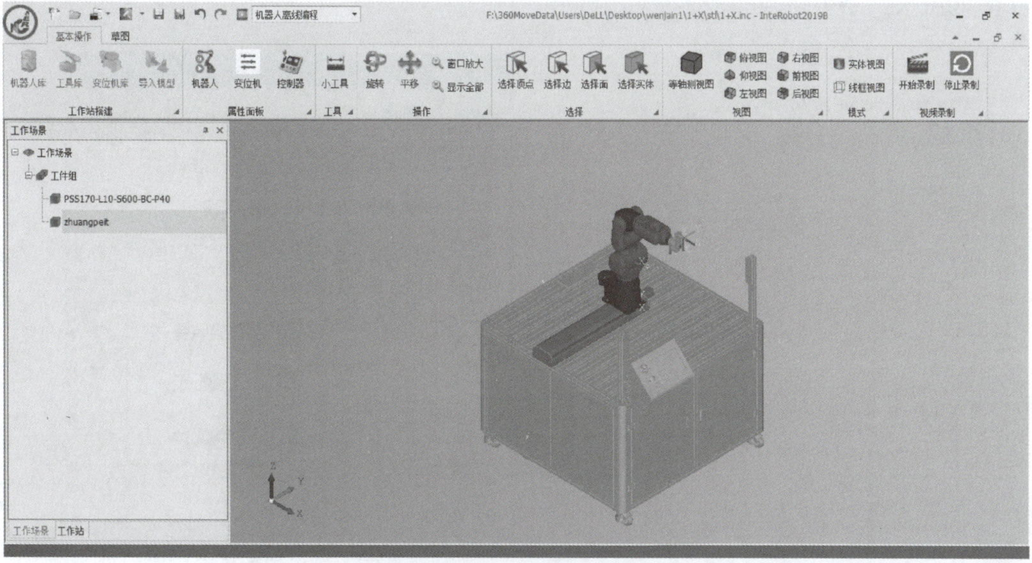


图 6-34　工作站系统布局

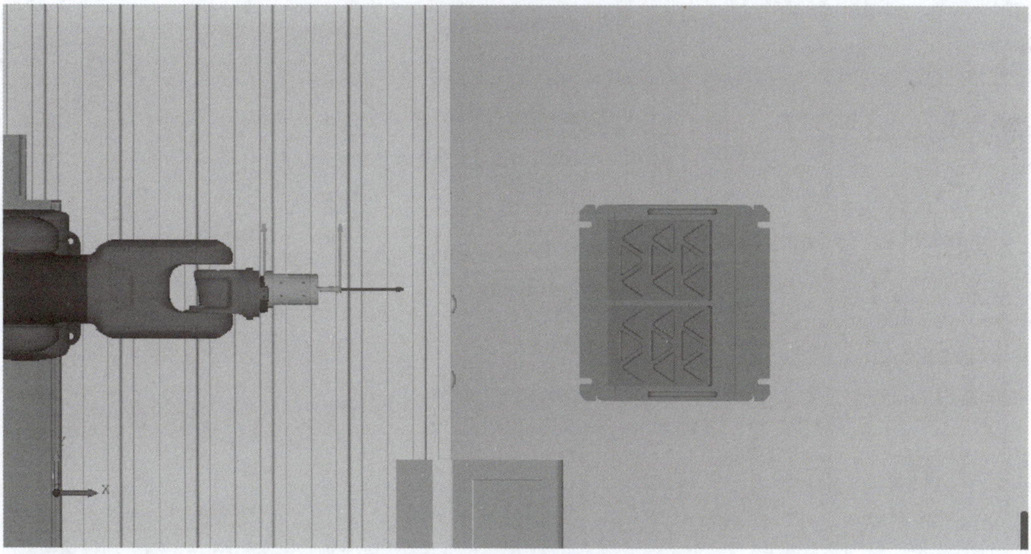

图 6-35　工件位姿调整

2）设置标定文件。在计算机桌面上新建 calibrate. txt 文件。打开该文件并输入真实场景中对 banyun 工件模型利用机器人示教选取的三个点。注意：输入时，标定文件中的每一行只有一个数字。这里选择的三个点位位置分别为（484. 440，1254. 000，250. 04）、（530. 44，1254. 00，250. 04）、（484. 440，1300，250. 04）。标定文件设置如图 6-36 所示。

3）工件标定设置。在需要标定位置的 banyun 工件模型节点上右击，在弹出的快捷菜单中选择“工件标定”选项进入工件标定模块，如图 6-37 所示。

进行标定时，用户首先需要选取标定机器人，标定是相对于机器人基坐标而言的，不同的机器人基坐标的位置可能不同。然后单击“读取标定文件”按钮，系统弹出文件选择框，找到标定文件 calibrate. txt，加载至标定模块后，上一步记录的点位信息便出现在编辑框内，如图 6-38 所示。

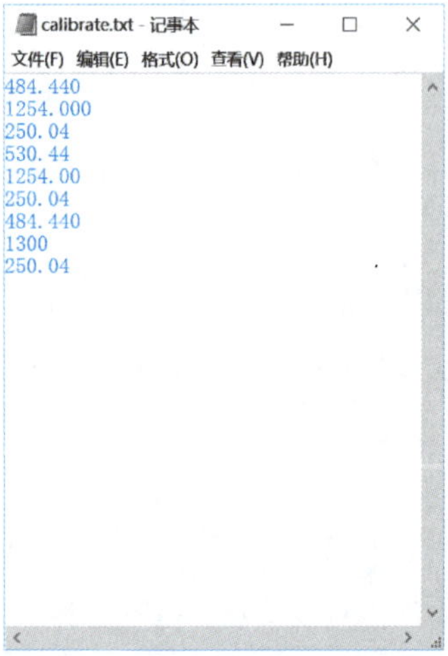


图 6-36　标定文件设置

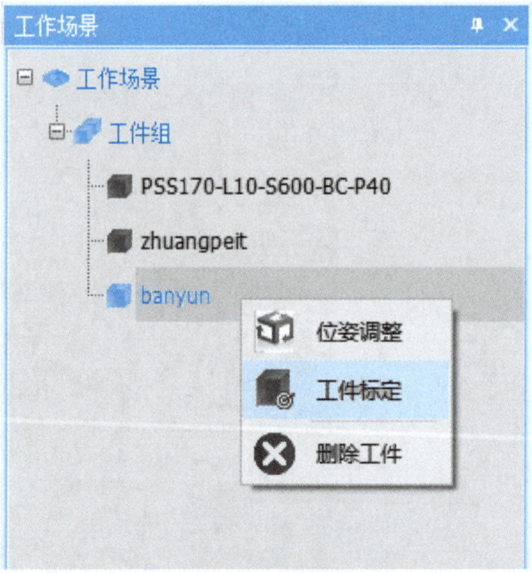


图 6-37　进入工件标定模块

图 6-38　标定文件读取

4）选择模型特征点。单击“P1”按钮，在调整好姿态的 banyun 工件模型上选择特征点，本例中选择的特征点如图 6-39 所示。注意：选择工件模型特征点位需与真实场景中工件示教点位一一对应。

5）完成标定。单击“确定”按钮后，工件标定完成，标定模块调整工件位置，标定完成情况如图 6-40 所示。

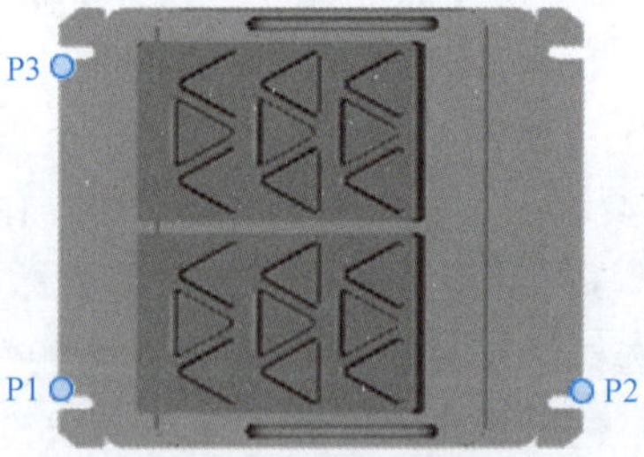


图 6-39　标定特征点选择

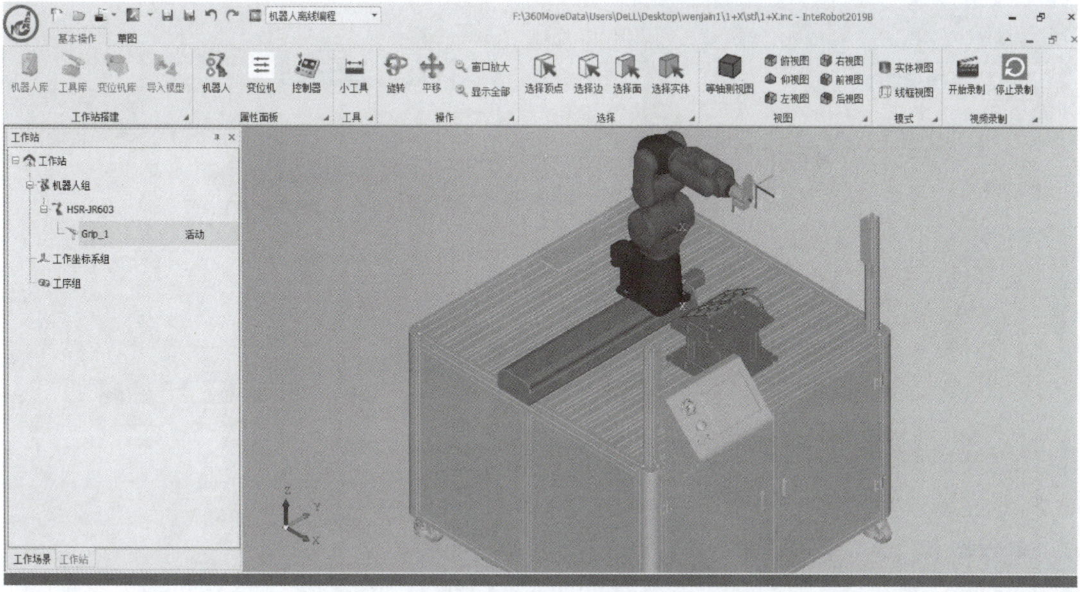

图 6-40 标定完成示意图

（3）导入自定义变位机

1）打开自定义变位机界面。如图 6-41 所示，在变位机库主界面上“添加变位机”选项中单击“自定义变位机”按钮，系统弹出编辑变位机的界面。

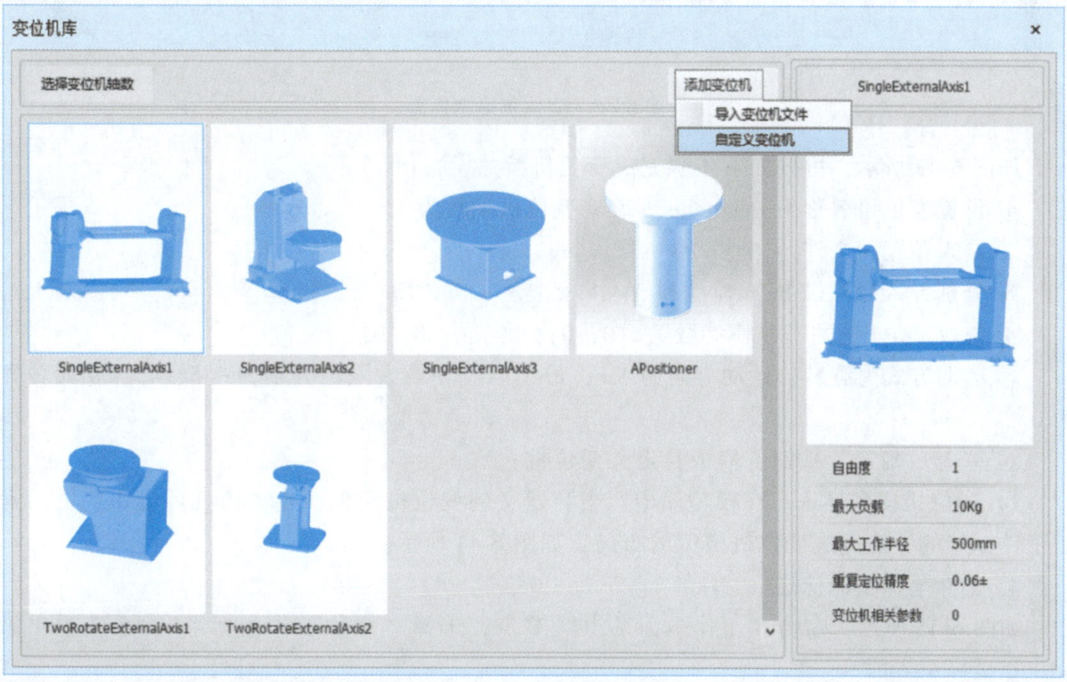


图 6-41 自定义变位机界面

2）变位机参数设置。变位机编辑界面包括六个部分：变位机名称、变位机基本数据、变位机预览、变位机模型信息、变位机建模参数和变位机运动参数，如图 6-42 所示。

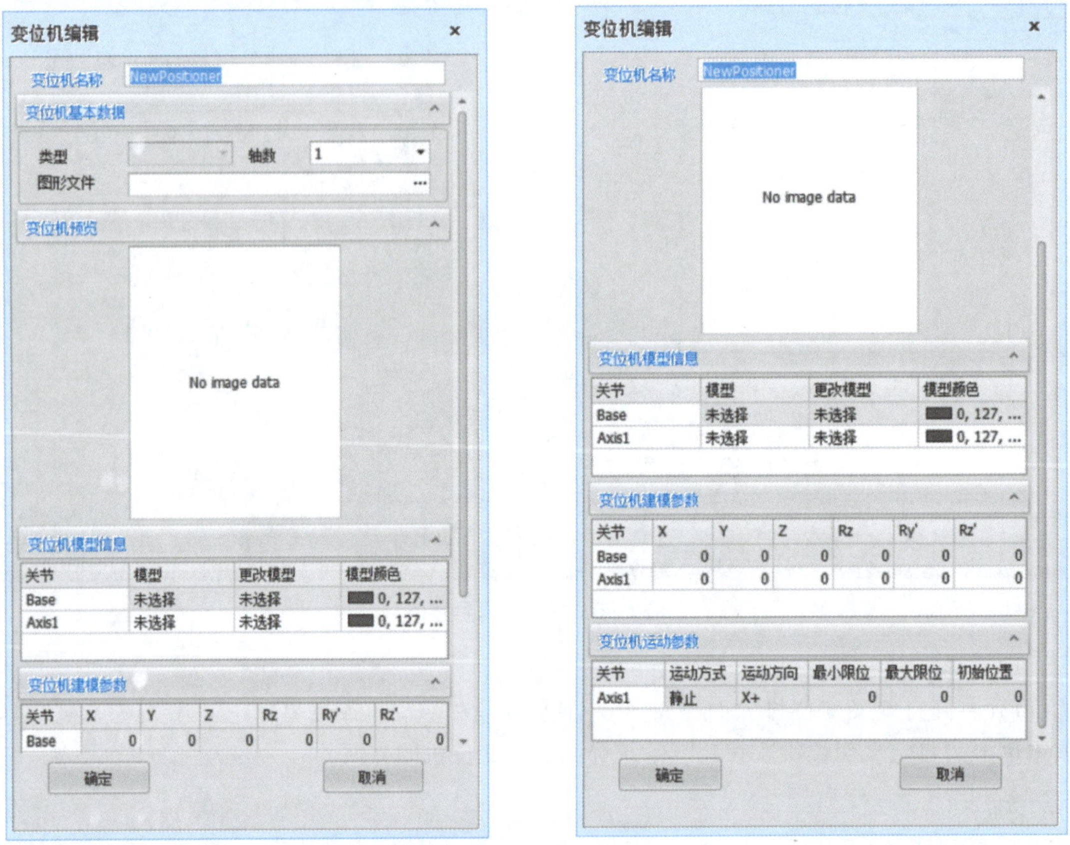


a) b)

图 6-42 变位机编辑界面

如图 6-43 所示，可按如下步骤完成变位机参数设置：

① 设置变位机名称为 Positioner，旋转变位机轴数为 1。

② 导入预览图文件。

③ 分别导入变位机 Base 模型和 Axis1 模型。

④ 修改 Axis1 的关节建模参数为 {0，0，200，0，0，0}。

⑤ 运动方式为旋转、运动方向为 X+，最小限位和最大限位分别为-45、45，初始位置为 0。

⑥ 单击“确定”按钮，完成自定义变位机。

3）变位机模型导入。在模型库中双击自定义的变位机模型，导入仿真环境中，之后通过工件标定的方法完成变位机模型的布局，如图 6-44 所示。

### 4. 工件坐标系的标定

如图 6-45 所示，右击“工作坐标系组”节点，选择“添加工作坐标系”，系统弹出添加工作坐标系界面。

“添加工作坐标系”界面中主要包括当前机器人选择、坐标系的位置和姿态设置，如图 6-46 所示。用户可以通过单击上方的“选原点”按钮，在视图窗口中选取相应的点，也可以通过编辑框直接设置坐标系原点的位置。原点选择完成后，系统会在该点创建一个坐标系。

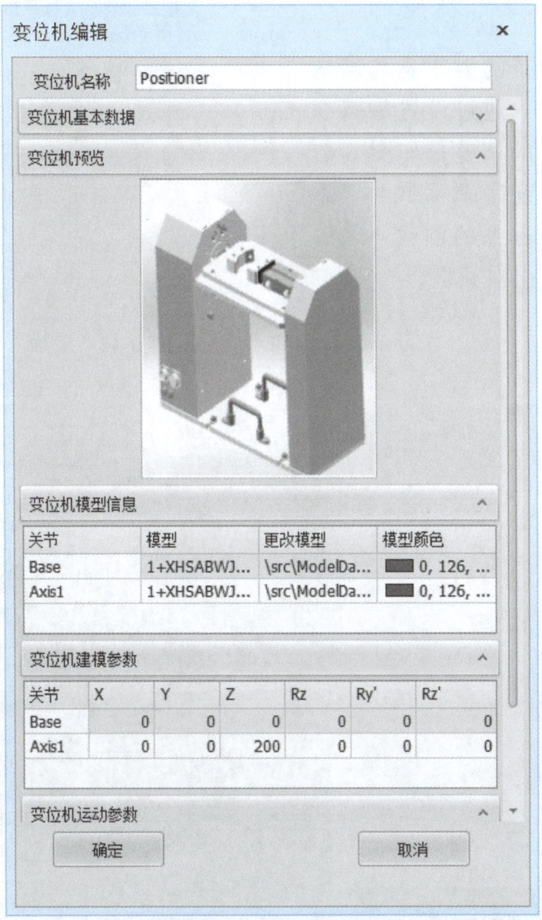


图 6-43　变位机参数设置

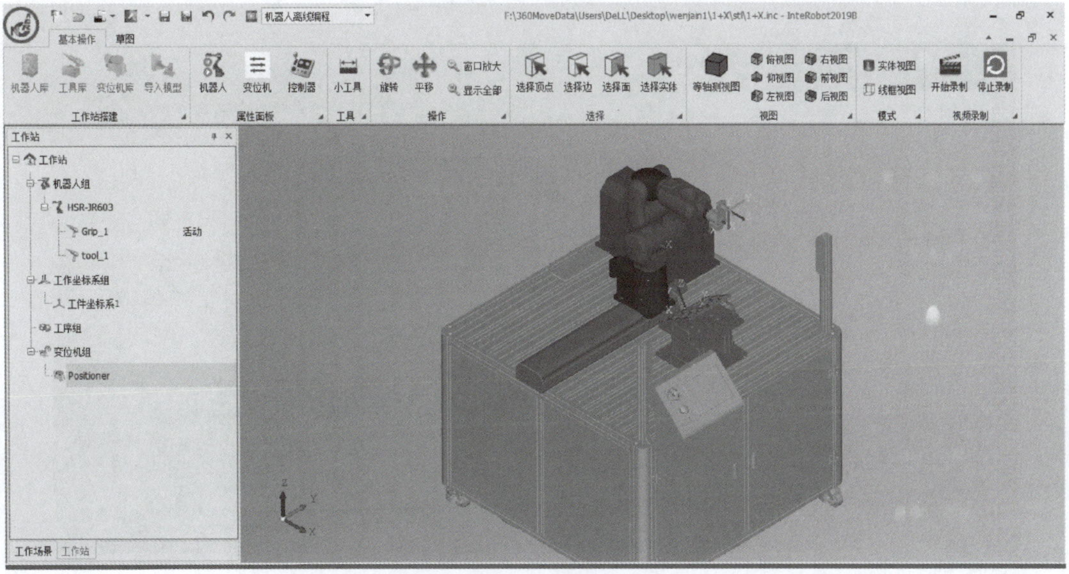


图 6-44　变位机模型导入

默认情况下，坐标系的姿态是与基坐标系的方向一致的，用户通过设置编辑框中的参数可实现对位姿的调整，如图 6-47 所示。将坐标系名称设置完成后单击“添加”按钮，完成工件坐标系的创建，之后单击“确定”按钮，退出对话框。

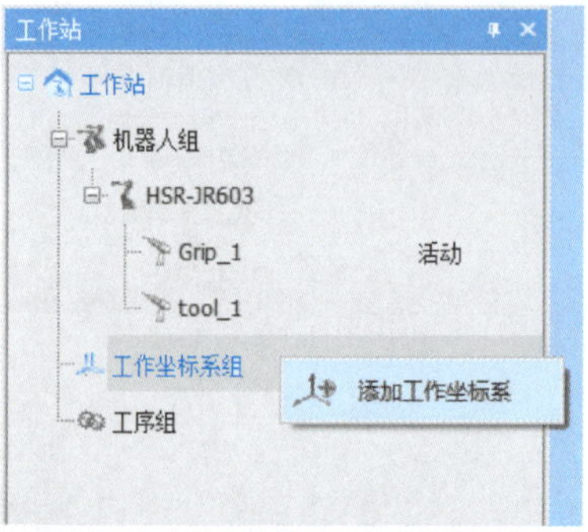


图 6-45　添加工作坐标系节点

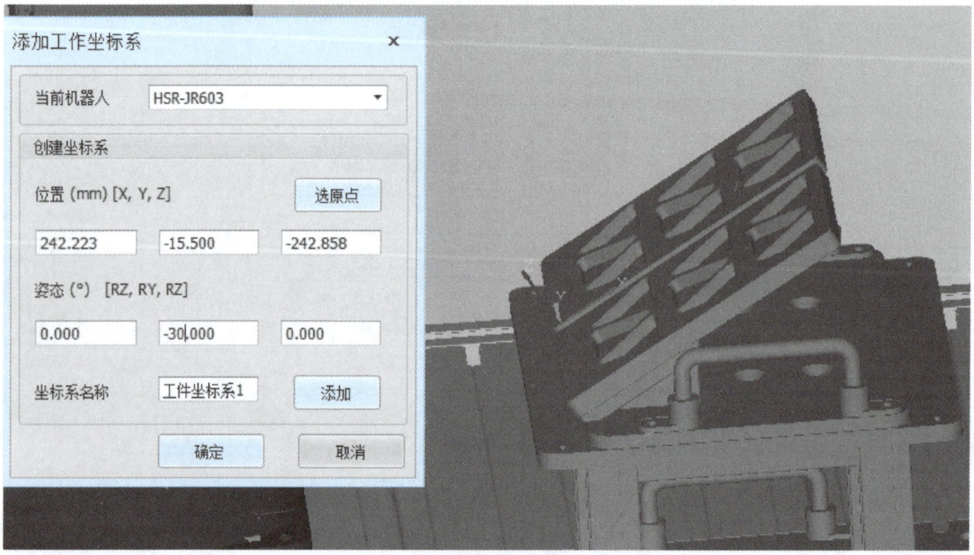


图 6-46　添加工作坐标系界面

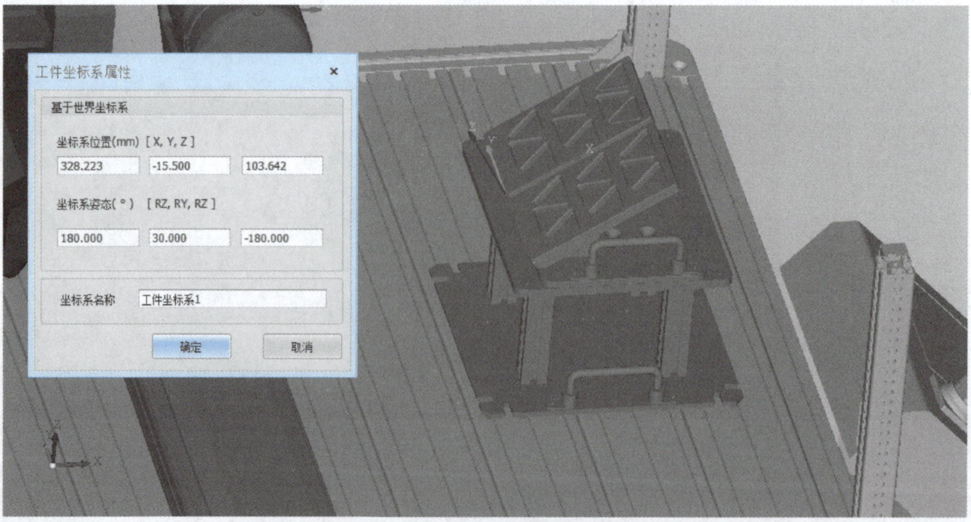


图 6-47　工件坐标系属性界面

## 【思考与练习】

1. 在 InteRobot 软件中，可以使用____________________功能模块对机器人进行导入。

2. 在 InteRobot 软件中，在机器人参数功能模块中的“机器人模型信息”选项栏里，用户可以导入____________、____________、____________和____________格式的模型文件。

3. 如何根据 HSR 型华数机器人的尺寸参数获得其 D-H 参数？

4. 在 InteRobot 软件中，用户在导入工具时，必须首先导入____________。

5. 在 InteRobot 软件中，用户在打开工具库时，首先应该选中____________。

6. 在使用离线编程作业时，如何保证导入工具的 TCP 能够与真实场景中工具的 TCP 保持一致？试阐述其操作步骤。

7. 在 InteRobot 软件中，用户导入模型时，模型的建模坐标系与____________重合。

8. 在真实场景中，利用三点示教法标定工件坐标系的过程中，其标定与工具的姿态是否有关？

## 【扩展训练】

1. 根据本任务中所学习到的知识点以及技能，在仿真环境中完成机器人 1+X 中级工作平台的布局搭建，并在搭建完成后保存为 . inc 文件。

2. 根据工业机器人末端执行器工作方式的不同，进行机器人工具坐标系的标定和创建。

# 任务二　轨迹示教与仿真

## 【任务描述】

示教编程是工业机器人最常用的编程方式之一，它是运用机器人的示教器在线对机器人进行编程控制。InteRobot 软件也可以实现示教编程，但它不是通过示教器控制机器人，而是通过软件的人机交互界面来控制仿真机器人，它的优势是可以通过模型特征点快速得到机器人末端执行器的准确位姿，因此在编程的过程中能够简化用户的操作。通过学习本任务，读者可以掌握 InteRobot 中轨迹示教的基本方法，学习 MOVE J、MOVE L 指令的具体含义等理论知识，并能够掌握选用加工指令的基本原则，并最终在离线编程软件中完成机器人加工任务的运动仿真。

## 【知识准备】

### 1. 机器人属性

在真实场景中，利用示教器能够实现对机器人的操作臂进行控制；而在 Interobot 离线编程软件中，用户可以使用“机器人属性”菜单来对仿真机器人进行操控。如图 6-48 所示，单击 Interobot 软件界面上方的“机器人”图标，进入机器人属性界面（图 6-49）。

“机器人属性”界面提供了对已导入工程文件中的机器人进行姿态控制的功能，当修改该界面中的相关参数时，机器人会随动至用户设置点位。用户首先在“当前机器人”下拉列表框中选择需要控制的机器人；选中机器人后，界面会显示出当前机器人的信息，包括基坐标系相对于世界坐标系的位姿和工具坐标系相对于基坐标系的位姿。其中，工具坐标系位姿可以选择为相对于基坐标系还是用户自己新建的工作坐标系；用户修改工具坐标系的位姿参数时，仿真机器人便会将其末端工具运动至用户设置的位姿处；用户修改各个关节的实轴信息时，机器人各个关节运动到用户设置的关节角度；用户可以利用“初始位置”按钮将机器人由其他姿态运动到初始姿态，即机器人原点。

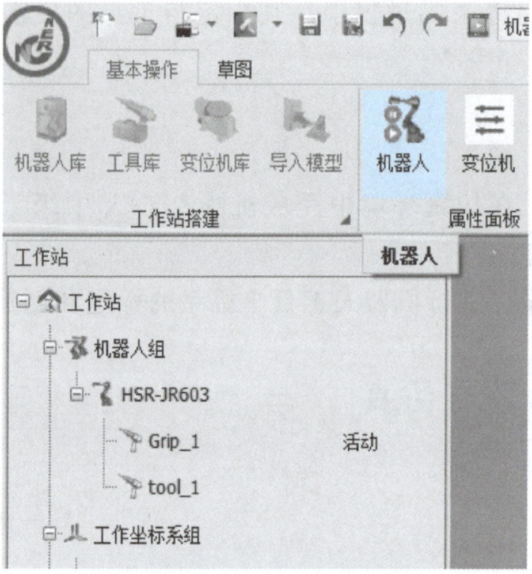


图 6-48 进入机器人属性界面

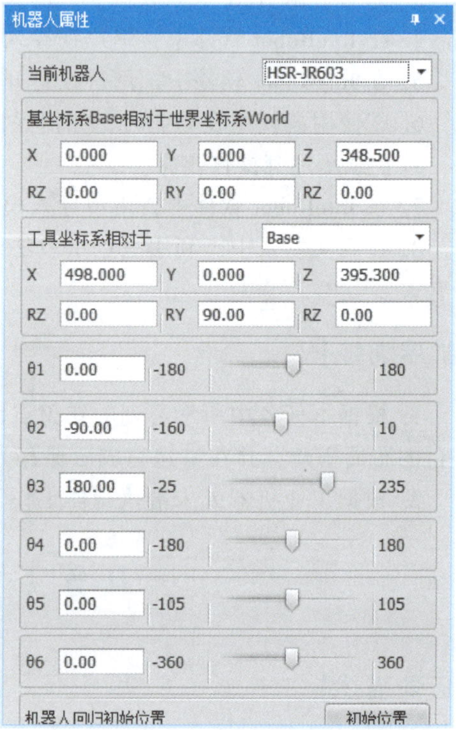


图 6-49 机器人属性界面

### 2. 机器人运动指令

示教机器人轨迹不仅可以记录路径关键点位姿，还可以对实际机器人到达路径点的运行方式进行设置。如图 6-50 所示。用户可以在 MOVE J 和 MOVE L 两种指令中进行选择，其中 MOVE J 表示机器人按关节角进行运动，MOVE L 表示按笛卡儿坐标系进行运动。

MOVE L 指令用于在空间坐标系下的运动路径描述。在此方式下，路径线段被离散为许多个点，之后再由逆运动学解出一系列关节量，即将一条完整的路径分割为多条直线路径。因此，这种控制方法下的机器人 TCP 在 $A$、$B$ 两点进行移动时的轨迹为直线，如图 6-51 所示。

当机器人需要进行大范围移动时，使用 MOVE L 指令很容易产生死点，造成机械装置的故障损坏。为避免这种情况的发生，在加工环境允许的前提下，当机器人的运动范围较大时，一般采用 MOVE J 指令进行位姿转换。MOVE J 是关节移动指令，即在机器人轨迹运动中通过驱动关节旋转角度到达目标点位，因此无法保证机械臂的运动轨迹是一条直线，如图 6-52 所示。相对于 MOVE L 指令，MOVE J 指令运动方式的计算量较大，但它能够保证运动过程中不会产生奇异点。

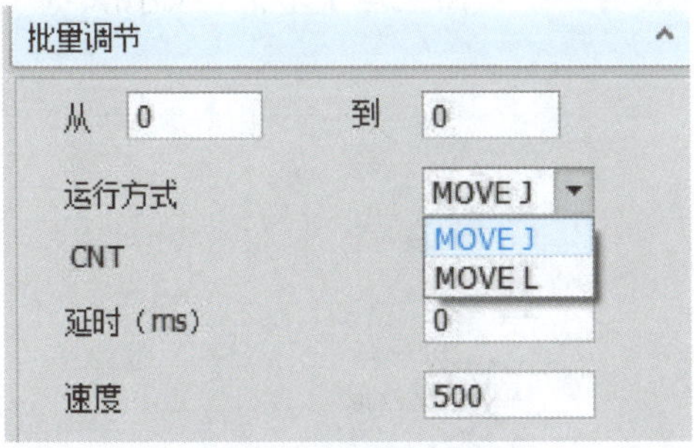


图 6-50　路径运行方式

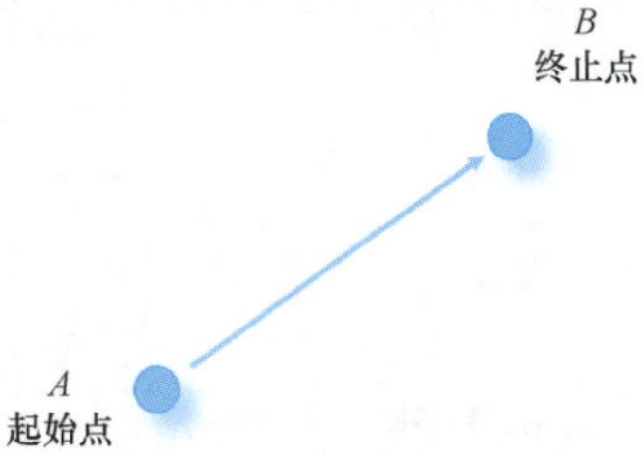


图 6-51　MOVE L 指令运动图解

根据加工轨迹以及工艺场景的不同，在运动过程中灵活地使用上述两种指令，可使机器人在路径点位之间的运动方式更加合理。

机器人常用的运动编程指令中，除了 MOVE J、MOVE L 两种指令之外，还有圆弧运动指令 MOVE C。与其他两种指令不同，在使用 MOVE C 指令进行圆弧移动操作时，必须对开始点、经由点以及最终目标点共三个路径点进行设置完成后，才能够实现轨迹的再现，如图 6-53 所示。

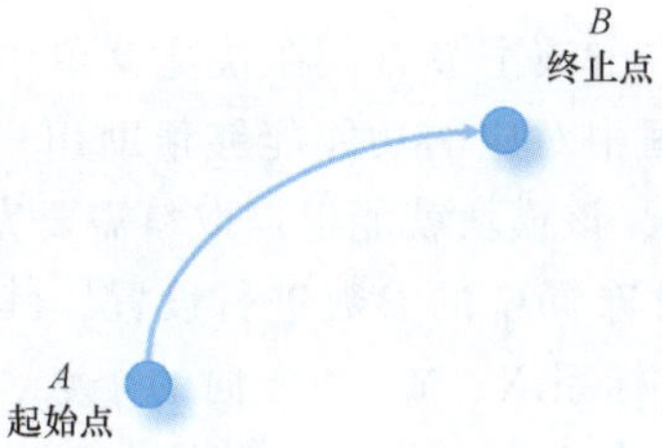


图 6-52　MOVE J 指令运动图解

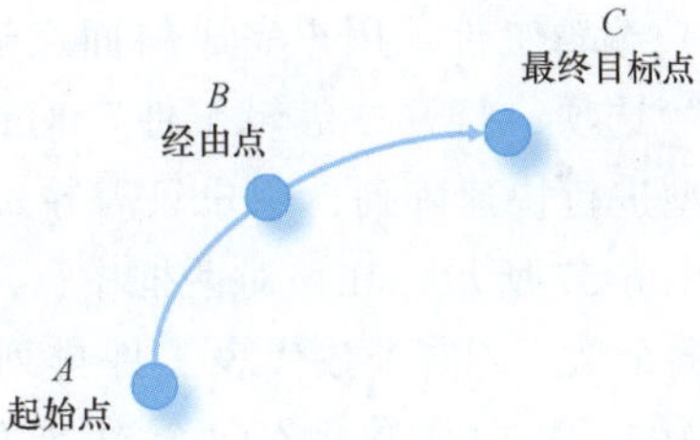


图 6-53　MOVE C 指令运动图解

通过离线编程软件生成工件模型的轨迹路径之后，即可导出机器人控制程序。

## 【任务实施】

### 1. 机器人轨迹示教

(1) 创建操作　进行码垛操作编程前，首先将 workpiece 工件模型导入仿真环境并放置到搬运模块对应的凹槽中，如图 6-54 所示。

右击工序组节点，选择“创建操作”选项，打开“创建操作”对话框，选择操作类型为码垛操作，加工模式默认为手拿工具，机器人为 HSR-JR603，工具为 Grip_1，工件为 workpiece，操作名称修改为斜面搬运，如图 6-55 所示。

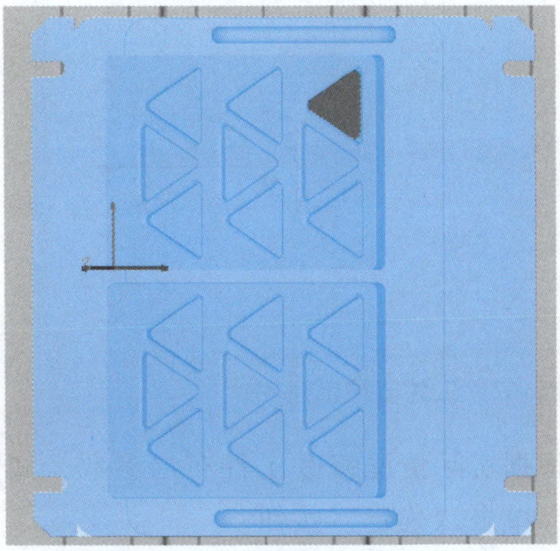

图 6-54　把工件模型导入仿真环境

码垛操作的基本设置、路径生成

创建完成后，InteRobot 将会在工序组节点下新增一个斜面搬运子节点，如图 6-56 所示，用户可以对斜面搬运进行相关设置。

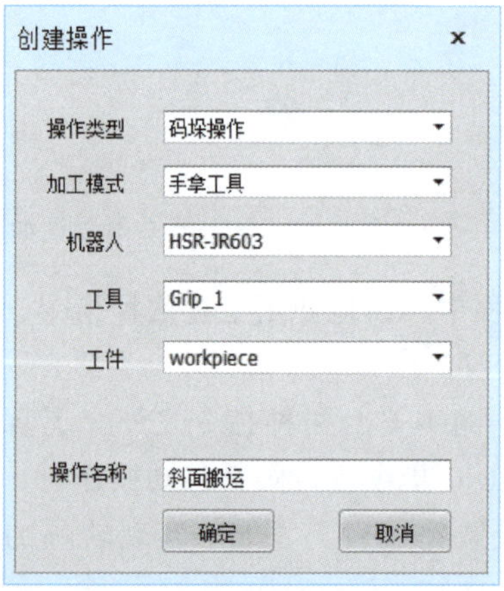

图 6-55 “创建操作”对话框

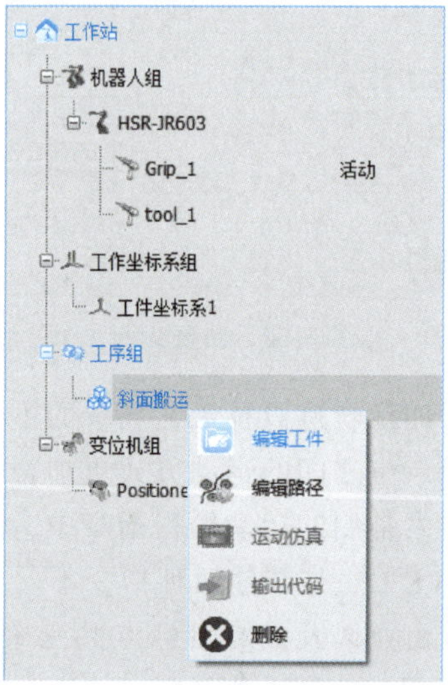

图 6-56 斜面搬运子节点

（2）编辑工件 用户完成斜面搬运的创建后，右击该子节点，在快捷菜单中选择“编辑工件”选项，打开“编辑工件”对话框。该对话框中对应的功能能够帮助用户对导入的工件模型进行快速阵列，用户只需导入一个工件模型，该模块就能根据取料需要完成工件布局，如图 6-57 所示。在该对话框中，用户需要对工件布局中的参数进行设置，其中 X 向个数、Y 向个数、Z 向个数代表工件排列形状在世界坐标系 X、Y、Z 方向的个数，本例中 X 向个数为 4，Y 向个数、Z 向个数均为 1，X 向间距为 120mm，Y 向间距、Z 向间距均为 0mm，如图 6-58 所示。

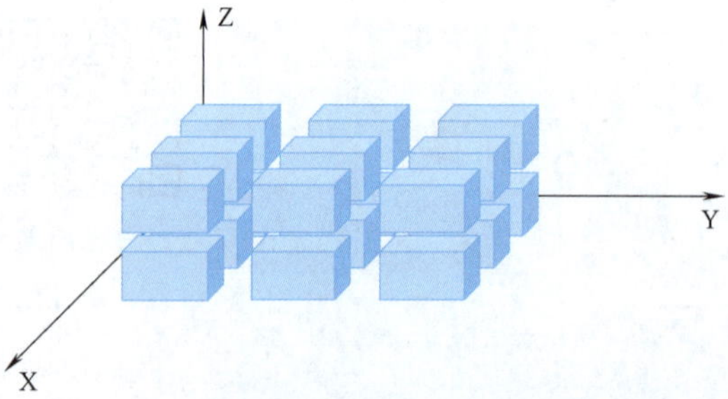

图 6-57 工件布局示意图

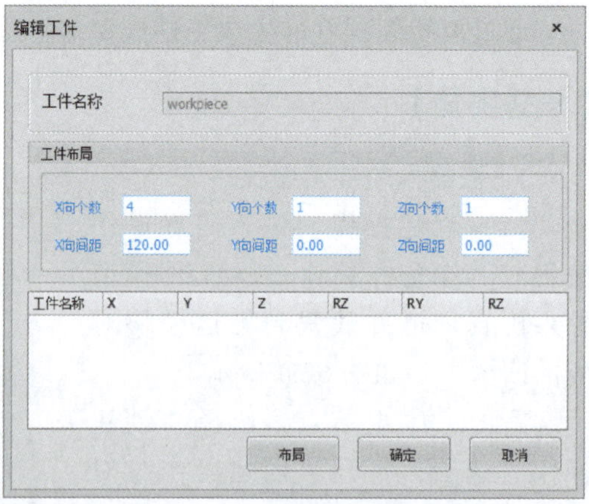

图 6-58 “编辑工件”对话框

用户需要根据实际情况修改工件布局参数，如图 6-59 所示，随后单击“布局”按钮，完成工件布局，单击“确定”按钮。

（3）码垛路径的添加 当用户完成工件布局后，在斜面搬运子节点处右击，在快捷菜单中选择“编辑路径”选项，系统将弹出“码垛路径”对话框。图 6-60 以取料方式为方阵式为例的编辑路径步骤（传送带式编辑路径步骤与此一致）。

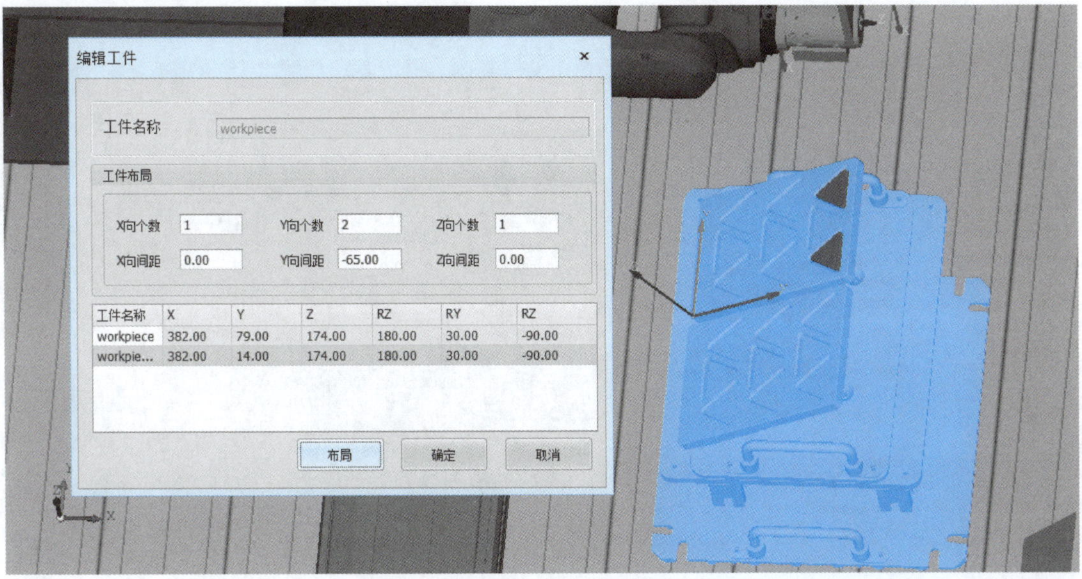


图 6-59　布局工件

用户需要根据工件布局参数修改“方阵式取料信息”，单击“选点”按钮，选择需要抓取的第一个工件模型的特征点，同时机器人会随动至该点，如图 6-61 所示。若机器人与出料模块发生干涉，可通过调整“基准点位姿”调整机器人的姿态。

取料信息设置完成后，用户需要根据实际情况编辑“放料方阵信息”。本案例码垛是将工件放置于码垛模块的凹槽中。首先单击“选点”按钮，选择放料位置为目标凹槽位置的特征点，之后根据凹槽形状摆放需求对目标点的位置进行调整，同时调整基准点位姿，防止机器人与码垛台发生干涉，如图 6-62 所示。

完成“放料信息”的设置后，用户需要添加码垛路径的过渡点。单击“+”按钮，再单击“选点”按钮，打开“机器人属性”对话框，将机器人移动至合适位姿，把该点的 X、Y、Z 数据对应复制到相应的过渡点的 X、Y、Z 上，完成过渡点的添加。在操作机器人的过程中，由于工件表面为斜面，为便于对机器人进行操作，可将“机器人属性”对话框中的“工具坐标系相对于”

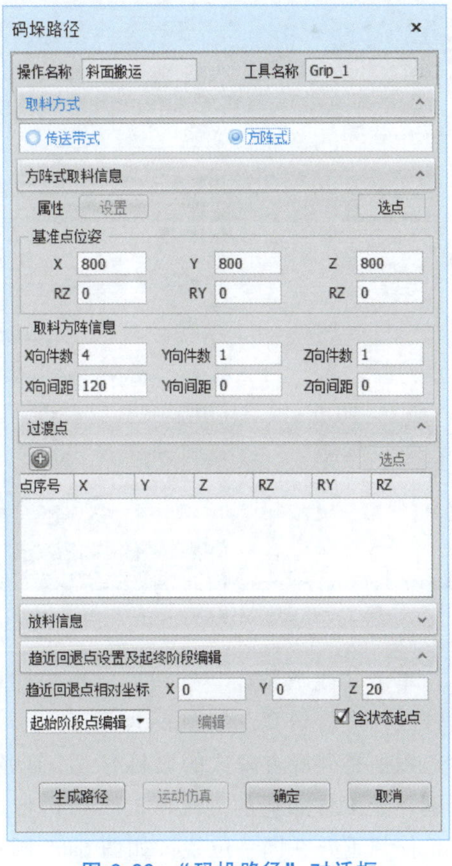


图 6-60　“码垛路径”对话框

设置为所创建的工件坐标系，如图 6-63 所示。当将机器人移动到合适位姿后再将坐标系切换为基坐标系，完成过渡位姿参数的设置。

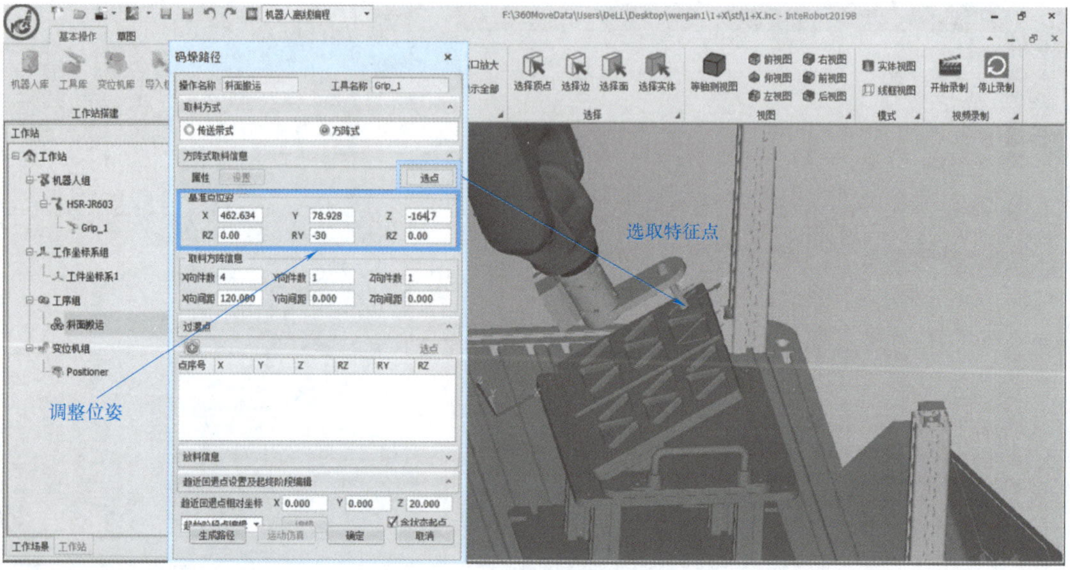


图 6-61　编辑取料信息

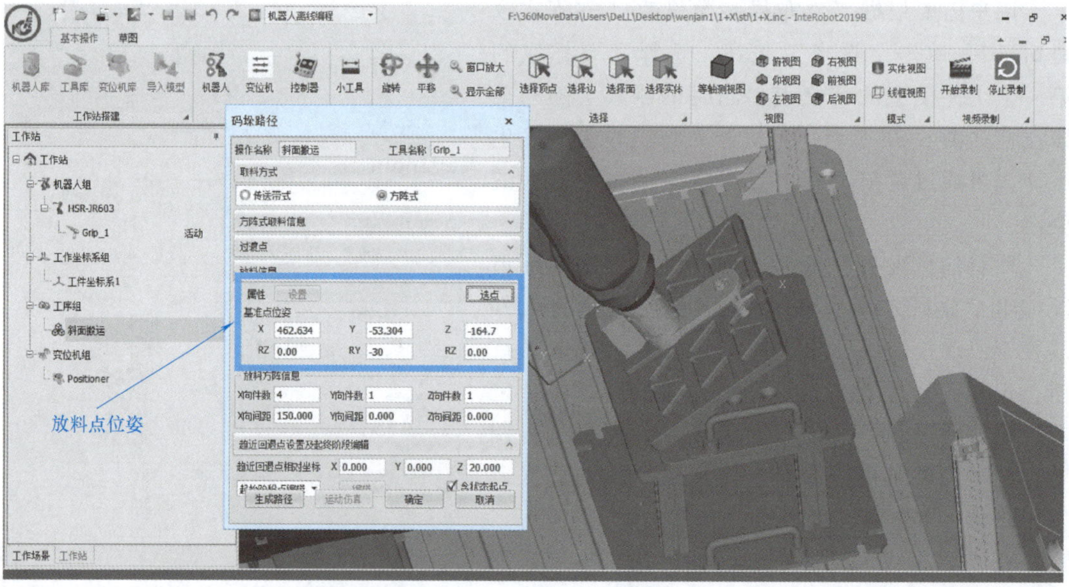


图 6-62　编辑放料信息

单击“生成路径”按钮后，用户即可看到生成的路径。单击“运动仿真”按钮，即可对该路径进行仿真，如图 6-64 所示。

以上是码垛方阵式的取料方式。码垛的传送带式的编辑路径操作与方阵式一致。两者的区别在于工件布局的方式不同，传送带式的工件布局参数中 X 向间距为 0mm，即不同数量的工件都重叠在同一位置，如图 6-65 所示。

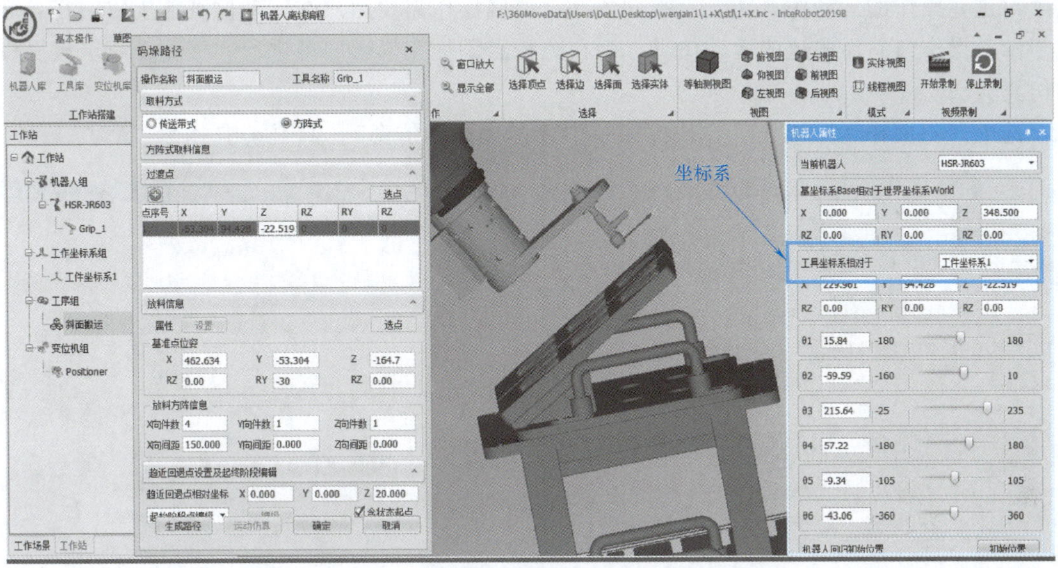


图 6-63 编辑过渡点

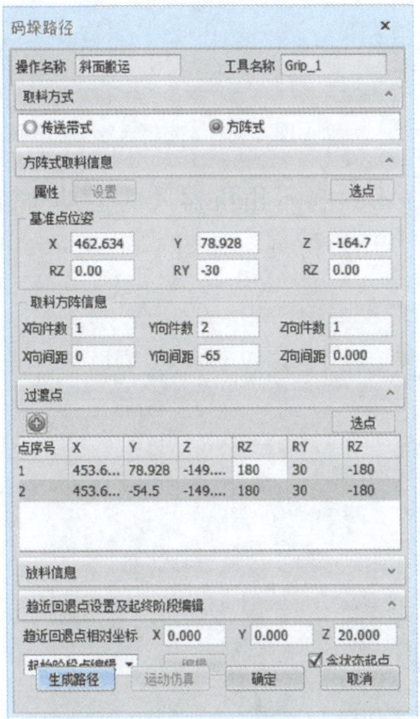


图 6-64 生成路径视图规划点

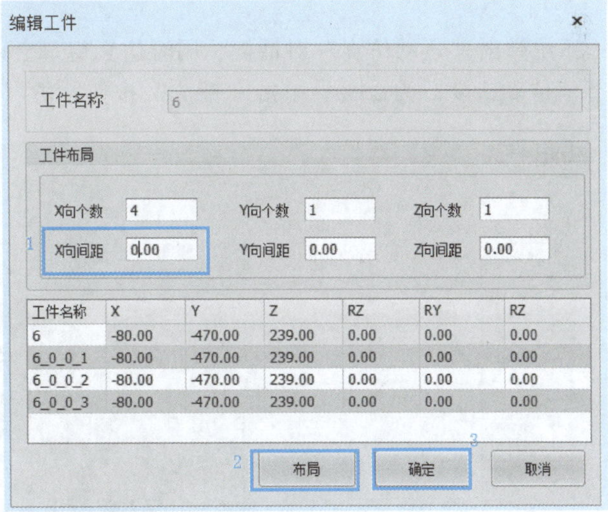


图 6-65 编辑工件

为了在真实的机器人上实现斜面搬运，用户还需要对路径中的取放物料点位添加 I/O 指令，实际机器人将根据 I/O 属性设置，实现对工件的抓取和放下操作。用户只需要在“取料信息”与“放料信息”中的“属性设置”对话框中添加 I/O 指令，软件会自动地将该指令添加至所有取放料点之后，如图 6-66 所示。

### 2. 仿真示教轨迹

无论是示教操作、离线操作还是斜面搬运，InteRobot 离线编程软件均提

手动路径生成

供了对这些操作的运动仿真功能。不同的是，离线操作需要用户在运动仿真前生成路径；而对于示教操作与斜面搬运的运动仿真，则在路径点添加完毕后即可进行。下面介绍示教操作的仿真方法。

选中“斜面搬运”右击，在快捷菜单中选择“运动仿真”，如图 6-67 所示。

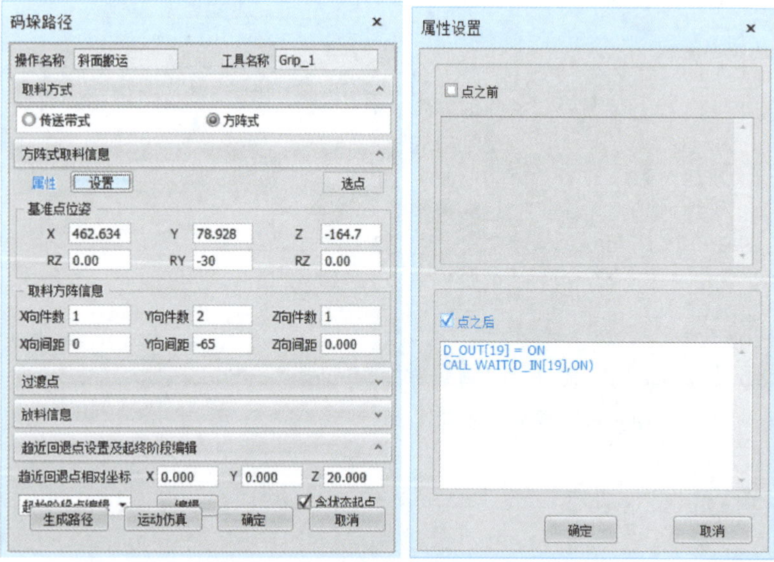


图 6-66　设置放料和取料 I/O 参数

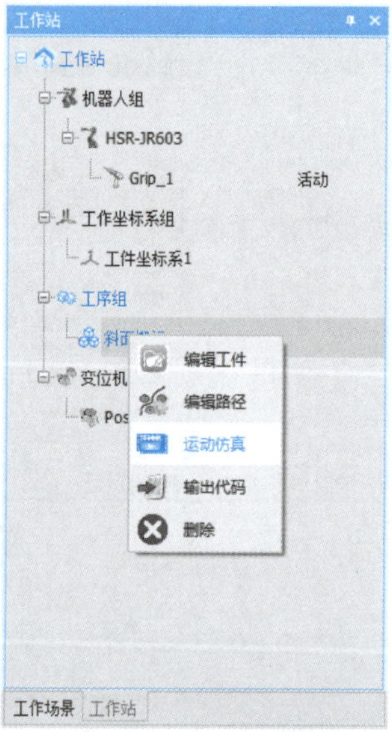


图 6-67　选择“运动仿真”

系统弹出“运动仿真”对话框，同时仿真窗口会以线条形式显示出机器人的运动轨迹。调节“仿真速度”为 25%，单击“播放”按钮，仿真机器人开始仿真，如图 6-68 所示。

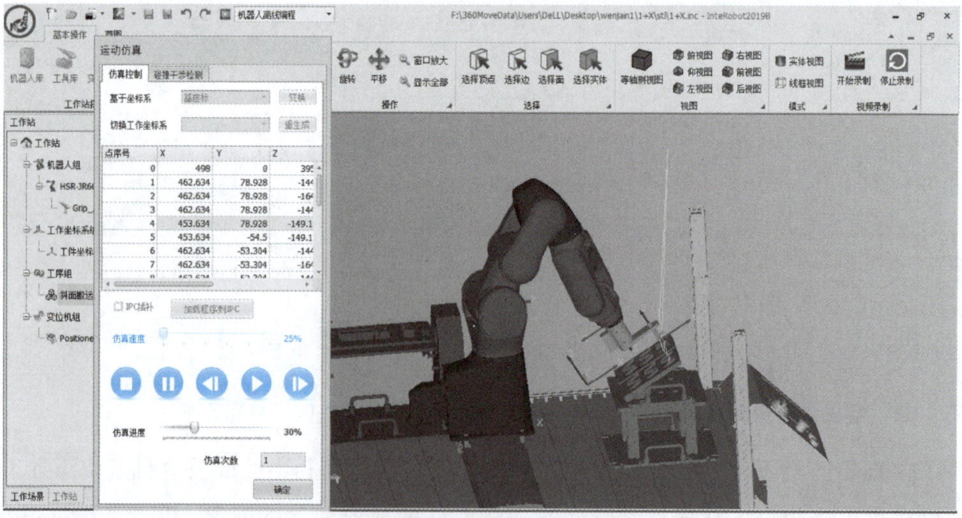


图 6-68　仿真示意图

## 【思考与练习】

1. ________________运动指令可以避免机器人在运动过程中出现死点。

2. InteRobot 软件中码垛路径的生成步骤为__________、__________以及__________。

3. InteRobot 软件中，用户可以通过________________来操控仿真机器人运动臂。

4. 为了保证机器人程序在运行过程中无死点，运动程序中的所有运动指令都应该为 MOVE J 指令。(  )

5. InteRobot 软件中，仿真模块会对轨迹离散点位进行插补。(  )

6. InteRobot 软件中，“机器人属性”对话框中对仿真机器人的操控原理是插补算法。(  )

7. 机器人末端工具坐标系在世界坐标系下的位姿信息与其在实际应用所建立的工件坐标系下的位姿信息一致。(  )

8. 举例说明在编写机器人程序时，哪种情况下使用 MOVE J 指令，哪种情况下使用 MOVE L 指令。

9. 在设置“码垛路径”取、放料信息点时，工具与其他周边设备有可能会发生干涉，试分析有哪几种方法能够解决工具与周边设备的干涉。

10. 除了在“机器人属性”对话框中直接输入机器人的位姿之外，还有什么方法能够控制仿真机器人使其操作臂末端进行线性移动？这样做有什么好处？

【拓展训练】

1. 在离线编程软件中进行机器人搬运码垛编程，将图 6-69 中的物料由 *A* 点搬运到 *B* 点，并通过运动仿真进行检验。

2. 在离线编程软件中，通过“码垛操作”操作类型进行工业机器人编程，将图 6-70 中的 6 个物料块搬运到 *A* 区域。

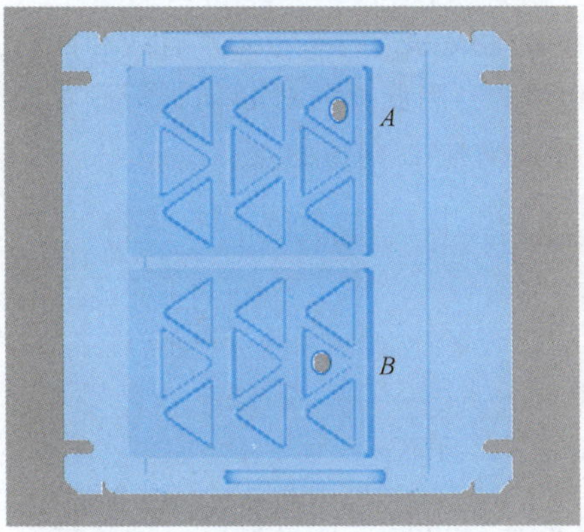


图 6-69 码垛操作示例（一）

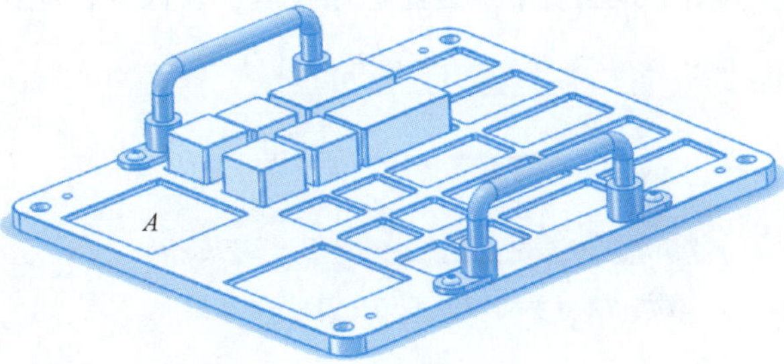


图 6-70 码垛操作示例（二）

## 任务三 复杂加工轨迹自动生成

【任务描述】

在进行机器人离线编程操作过程中，当机器人运动点位过多或是工件的加工轨迹路径太

图 6-71　路径添加方式

过复杂时，使用示教方法进行编程操作的难度很大，这时就要使用软件的离线操作功能。如图 6-71 所示，InteRobot 为用户提供了自动路径、手动路径和刀位文件三种路径添加方式，在自动路径添加方式中又分为通过线与通过面两种创建路径。本任务以焊接加工为例，首先介绍通过自动路径方式进行轨迹添加的实现步骤，之后对生成的轨迹进行位姿调整以及特殊加工点的添加，最终通过运动仿真功能进行验证并对加工过程进行碰撞检测。通过学习本任务，读者可以掌握轨迹路径的三种添加方法，掌握单个路径点与批量路径点的姿态调整方式，以及加工过程特殊点的添加方式，完成焊接任务的运动仿真与碰撞检测。

## 【知识准备】

### 1. 手动路径添加方式

手动路径添加方式需要用户单个添加路径点。与示教操作中的单点添加不同的是，手动路径添加点时，并不考虑机器人的运动，即不需要将机器人末端执行器移动到所添加的路径点上，而且所提供的点的选取方式与示教截然不同。

手动路径添加方式是通过单击确定所要添加的点的位置，然后对该点的姿态进行调整。手动单击添加点的方式有三种，分别是在面上单击、在线上单击以及直接单击点，如图 6-72 所示。

选择好参考元素后，单击“点击”按钮，即可拾取所选参考元素类型上的点。

除了通过单击生成外，也可通过参数生成路径点。参数生成方式的参考元素有线和面两种。当选择以线为参考元素时，由于单线并不存在 U、V 两向，因此只需对 U 向进行设置即可，如图 6-73 所示。因此选择线后，软件会自动在线上生成对应 U 向值的点。

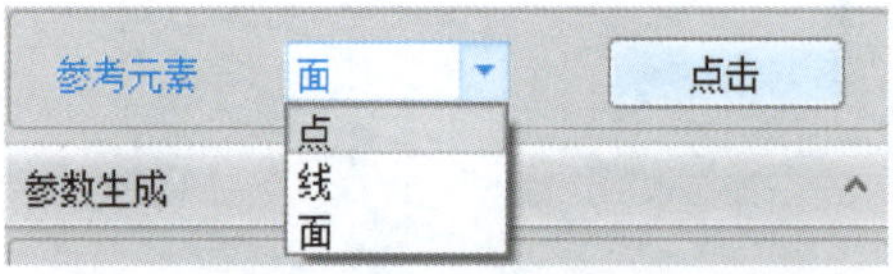


图 6-72　手动路径单击生成参考元素

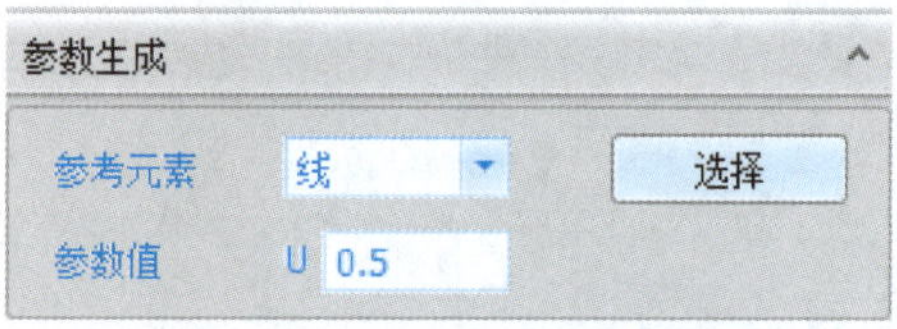


图 6-73　手动路径-线参数生成

如图 6-74 所示，当选择参考元素为面时，将增加 V 向值的设置。选择面后，软件可自动在面上对应 U、V 向值处生成路径点。

完成点的选择后，InteRobot 提供了对点姿态的调整功能。如图 6-75 所示，主要分为调节点的法向（Z 轴朝向）和切向（X 轴朝向）两种。

点姿态法向调整分为“面的法向”“沿直线”以及“反向”三种设置方式。

1）单击“面的法向”后，选择模型上的一个面，当前点的 Z 向将更改为与所选面法向相同的方向。

2）单击“沿直线”后，选择模型上的一条直线，当前点的 Z 向将更改为与所选线指向相同的方向。

3）单击“反向”后，当前点的 Z 向将更改为相反方向。

在进行点姿态切向修改时，可直接在文本框中输入角度值，单击“归零”按钮，该点的 X 轴将绕 Z 轴旋转相应的角度，同时将之前输入的值清零。若单击“反向”按钮，则将 X 轴朝向更改为相反方向。

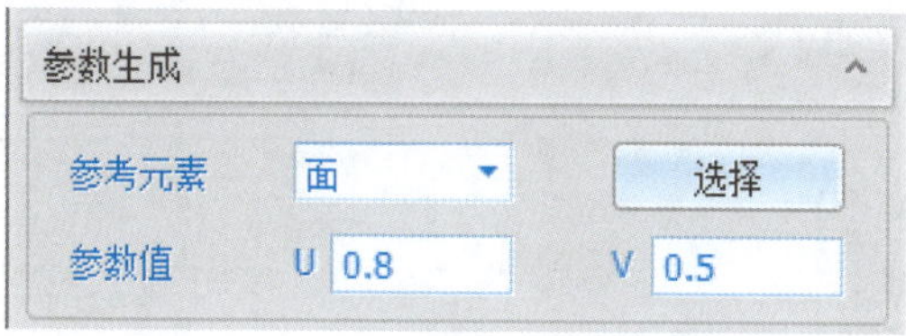


图 6-74　手动路径→面参数生成

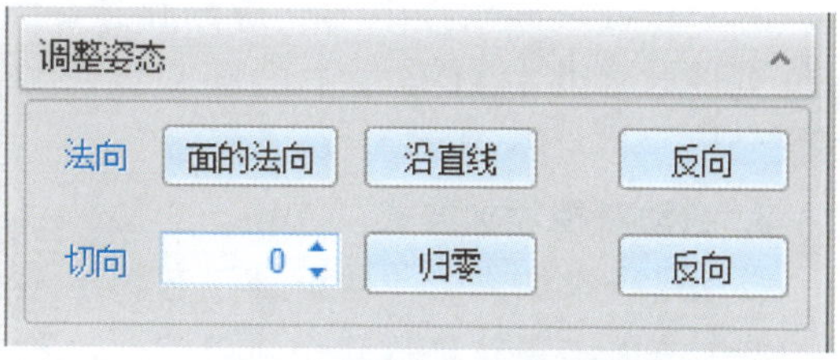


图 6-75　手动路径→调整姿态

手动添加后的点会在列表中显示如图 6-76 所示的参数值。单击“+”按钮即可新建一个手动点，单击“×”按钮即可删除列表中选中的点，通过单击上、下箭头按钮还可调整点在路径中的顺序。

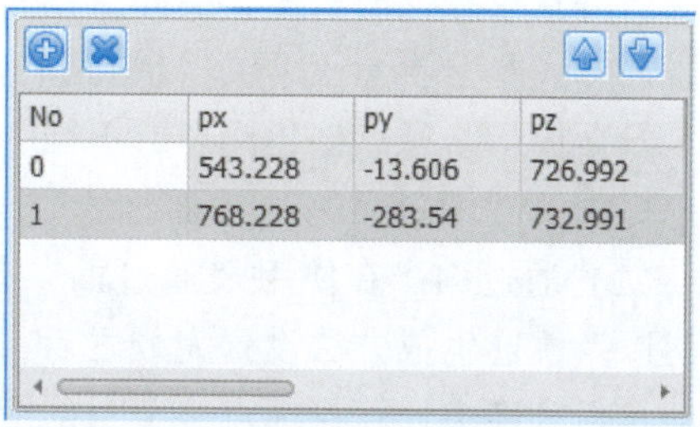


图 6-76　手动路径点列表

## 2. 刀位文件添加方式

刀位文件添加方式是一次性完成所有路径点的添加。用户事先利用 UG 等类型的 CAM 建模软件生成 .cls 格式的刀位文件，之后将刀位文件导入软件中进行路径添加。当所加工的模型具有复杂的不规则加工表面，或是手动路径以及自动路径都很难甚至无法完成路径添加时，使用导入刀位文件的方式是最佳的选择。

将导入的刀位文件内容进行解析，就能够获取其中的加工路径信息，进而转化为 InteRobot 可识别的加工路径，以便进行后续的操作。如图 6-77 所示，当刀位文件导入完成后，还需要对工件坐标系在世界坐标系的表示以及副法矢方向（X 轴的方向）进行选择设置。

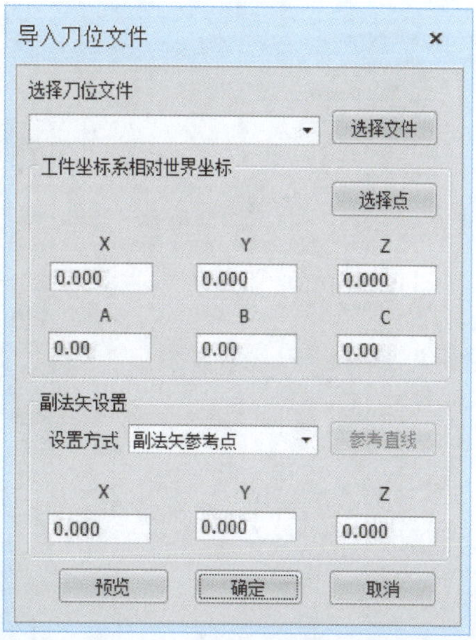


图 6-77　导入刀位文件的设置

（1）工件坐标系相对世界坐标系的设置　工件坐标系指的是在 CAM 软件导出刀位文件时，工件模型的坐标系。更准确地说，工件坐标系指的是刀位文件中刀路所处的坐标系。设置工件坐标系相对世界坐标系的关系，即设置刀位原点坐标，目的在于调整刀位文件中的刀路与模型加工表面契合，保证所输入值的部分与被加工工件导入时的位置与姿态值保持一致，参数设置如图 6-78 所示。

（2）副法矢设置 副法矢设置将影响所有刀路中点的副刀轴方向，参数设置如图 6-78 所示。参考方向设置完成后，刀路中所有点的副刀轴将更改为参考矢量与自身副刀轴的叉乘值。合理设置副法矢参考方向，将大大缩减编辑点的时间，提高生成路径的成功率。

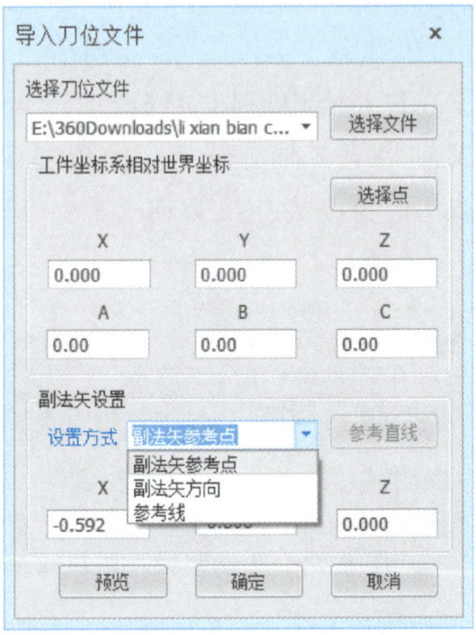


图 6-78 刀位文件参数设置

由于 InteRobot 软件中不支持圆弧指令，因此生成刀位文件时要将轨迹路径中的圆弧指令修改为直线指令。

### 3. 自动路径添加方式

自动路径生成

自动路径添加方式，即识别工艺模型的特征曲面实现轨迹创建。与刀位文件相同，这种路径添加方式可以一次性完成所有路径点位的添加，因此自动路径添加方式非常高效，所添加的路径也具有明确的规律。根据加工路径点创建原理的不同，InteRobot 软件为用户提供了“通过面”与“通过线”两种生成方式。

（1）通过面 在使用“通过面”创建加工路径点时，在基准面、曲面外侧方向、加工方向以及轨迹生成方法设置完成之后，软件就能够生成一条完整的运动路径。由于机器人的运动是通过逐个计算目标点关节角的变化量而实现的，即机器人是不能按照一条连续的路径去计算其关节角的，因此需要对软件所生成路径进行点选取操作——离散操作，如图 6-79 所示。

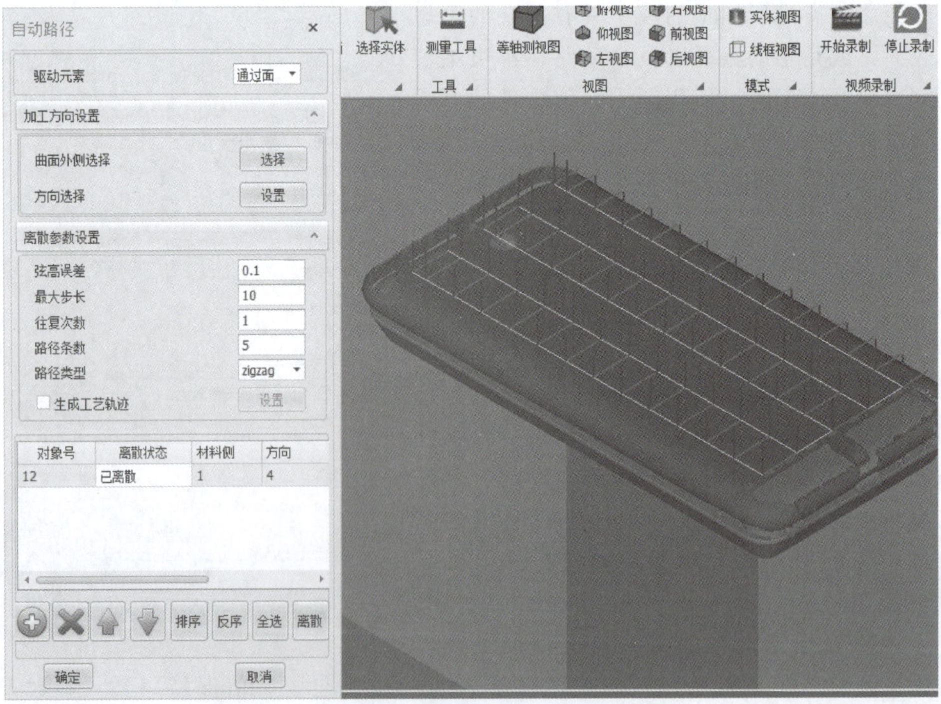


图 6-79 通过面添加轨迹路径

离散，即不连续，就是在连续路径上的无穷多个点中抽取一部分点。通过调节离散参数的大小，控制离散的程度，就能够按照一定的规律进行关键点选取。离散程度越小，选取的点数越多。在实际生产过程中，可以通过对工件精度的要求，合理地进行离散参数的设置。当然，精度并不是越高越好，过高的精度只会带来浪费，适合的精度才是最佳选择。

（2）通过线　在选择“通过线”进行轨迹路径添加时，可以使用直接选取、平面截取以及等参数线三种方法进行操作。

1）直接选取。直接选取方法是在用户定义的范围面中，直接进行加工路线选取的操作方法。以图 6-80 为例，首先单击“选择面”按钮点选 *A* 面，即确定所生成的路径在该面范围内。之后单击“选择线”按钮，在 *A* 面内选择一条线 *a*，则该线即为所创建的轨迹路径线。

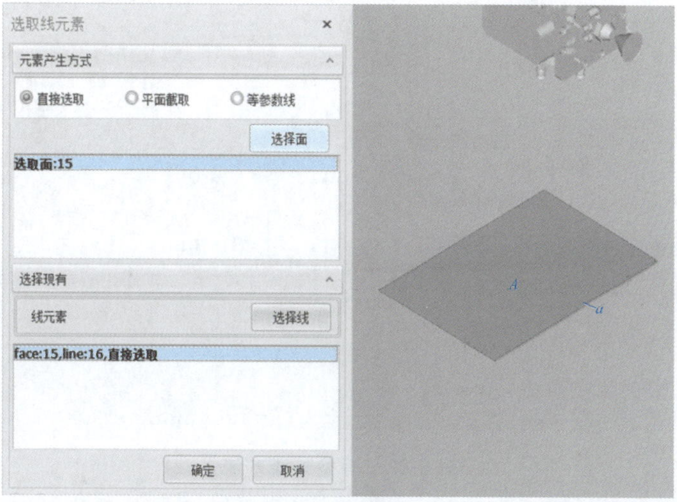


图 6-80　直接选取方法

2）平面截取。平面截取方法是利用两个平面不平行时一定会产生一条相交线的原理。以图 6-81 为例，首先选择平面 *A* 为基准面，之后在平面中选择一个点并确定其法向，就可

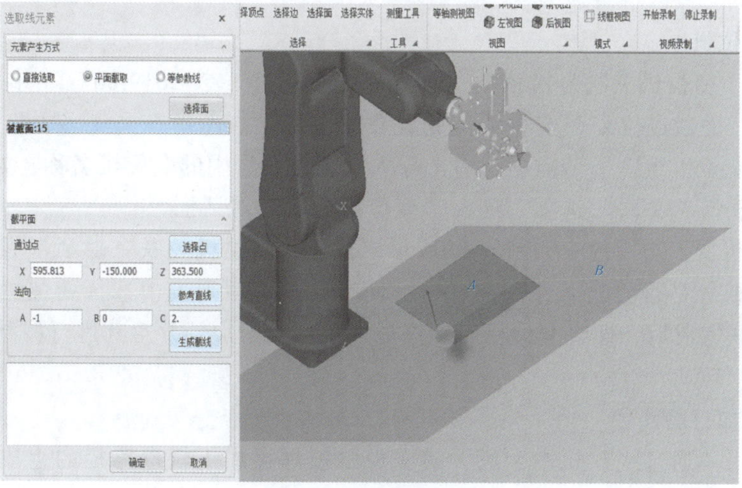


图 6-81　平面截取方法

以确定出一个截面 *B*，两个截面的交线即为所生成的路径线。

3）等参数线。等参数线方法是在选中基准面后，基于用户所设定的生成参数，在面内生成相应的轨迹路径直线。以图 6-82 为例，在选择 *A* 面为基准面后，修改参考方向为 U 向，并设定参数值为 0.2，即可在 *A* 面内生产轨迹线 *B*。

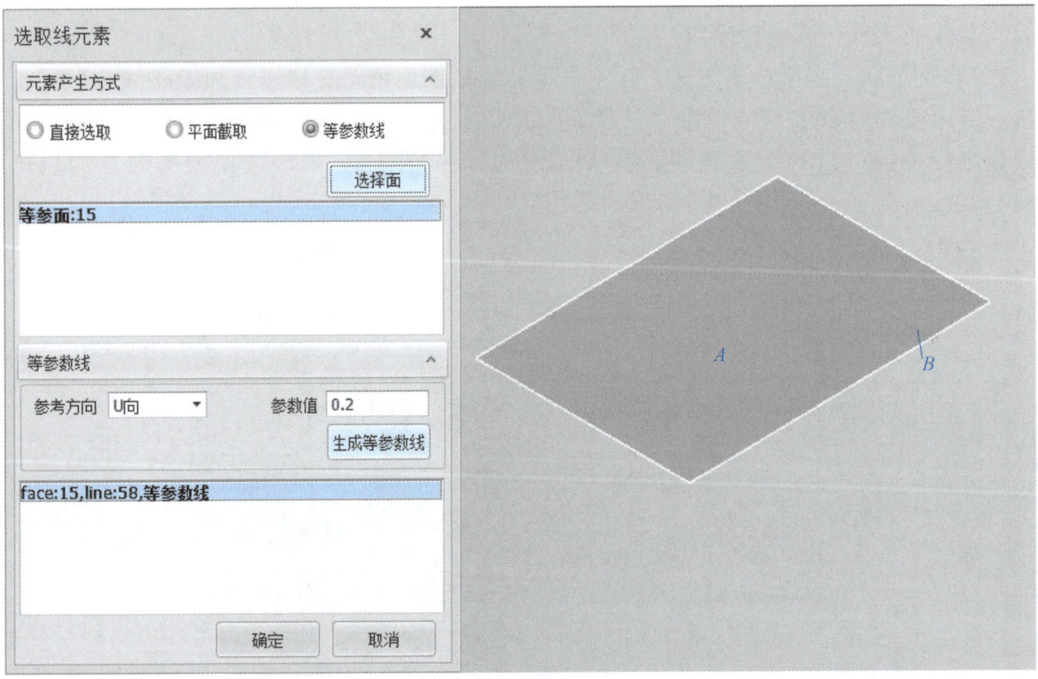


图 6-82　等参数线方法

参数值的设置原理是：将平面在 U、V 方向的长度视为 1，通过所填写数值按百分数比例生成对应的加工轨迹，因此参数值选项中的取值范围为 0~1。

## 【任务实施】

机器人焊接

### 1. 关联变位机

（1）打开“变位机关联”对话框　首先将焊接工件 CZY-2019-007-18 导入仿真环境中，并通过位姿调整将工件放置在变位机上。然后在“工作站”导航树下的“变位机组”子节点中，右击导入至工作场景中的变位机名称，如图 6-83 所示，在快捷菜单中选择“关联”选项，进入“变位机关联”对话框。

（2）关联机器人与工件　如图 6-84 所示，打开“变位机关联”对话框后，勾选“是否关联机器人”和“是否关联工件”复选框，同时在其下拉列表中选择变位机所关联的机器人与工件。关联完成后，即将变位机转轴添加为机器人附加轴并对其进行控制，同时工件也将随变位机进行转动。

### 2. 自动添加打磨路径

本任务使用“通过线”轨迹生成方式实现肋板焊接加工轨迹路径的生成，并对离散操作时的参数设置方法进行介绍。

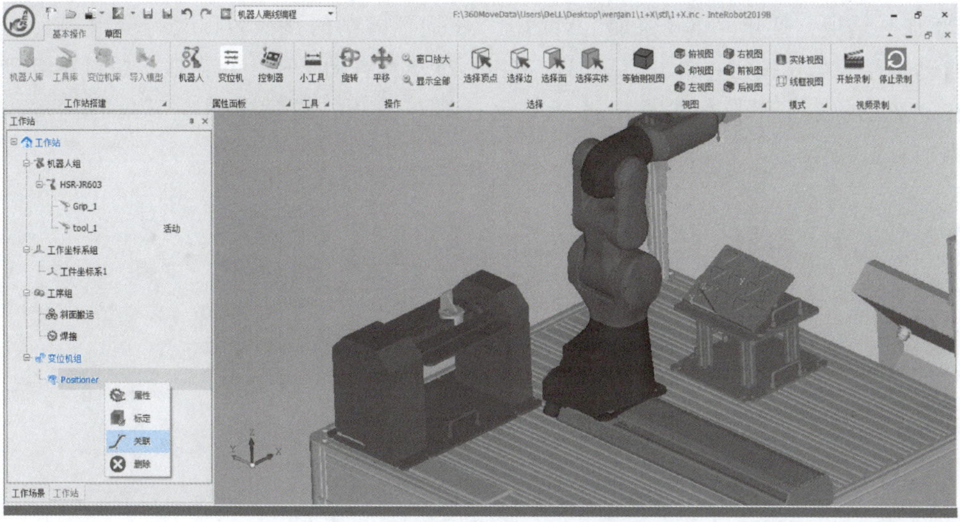

图 6-83　打开“变位机关联”对话框

(1) 创建工序　右击工序组根节点，选择“创建操作”选项，打开“创建操作”对话框，按照图 6-85 所示进行操作类型、加工模式、机器人、工具、工件的选择。工件选择项处默认为第一个被导入的工件，因此要注意检查工件对象中模型选型是否正确，以免影响后面的操作。完成上述内容选择后，将“操作名称”修改为“焊接”，单击“确定”按钮，完成工序创建操作。

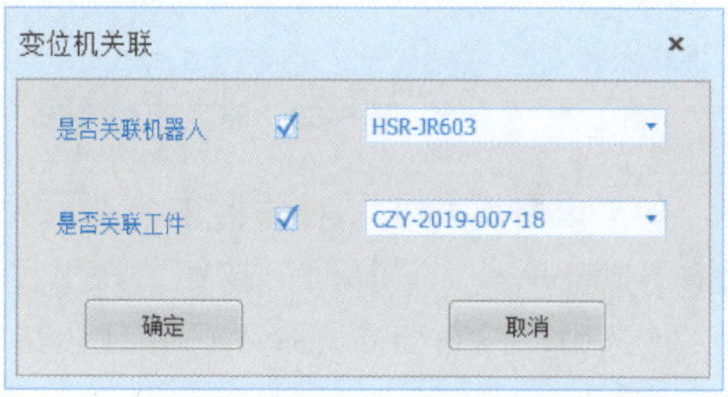


图 6-84　关联机器人与工件

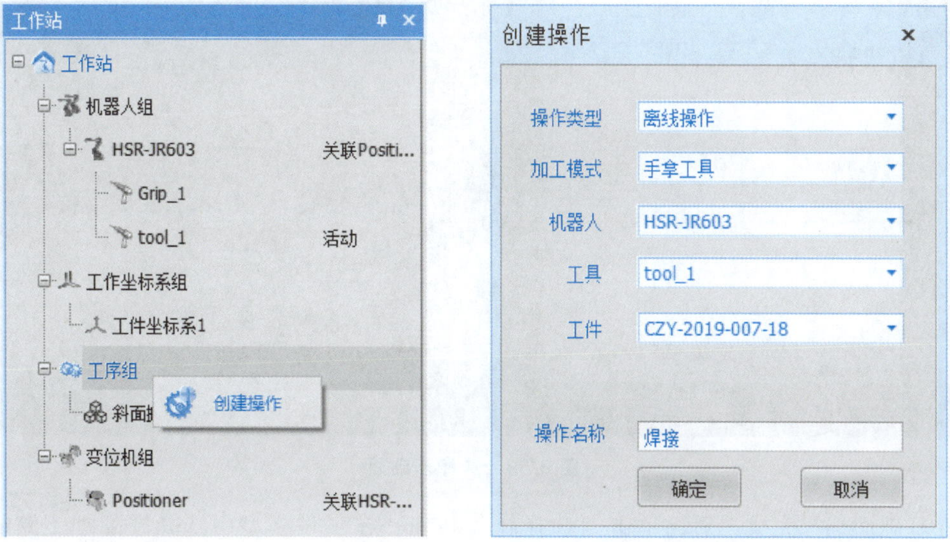


图 6-85　工序创建操作

（2）添加焊接路径 如图6-86所示，右击所生成的“焊接”子节点，在快捷菜单中选择“路径添加”选项，打开“路径添加”对话框。将对话框中的路径名称改为“焊接”，之后选中“自动路径”单选按钮并单击“添加”按钮，打开“自动路径”对话框，如图6-87所示。

在“驱动元素”下拉列表框中选择“通过线”选项，之后单击左下角的“+”按钮，进行添加对象操作。

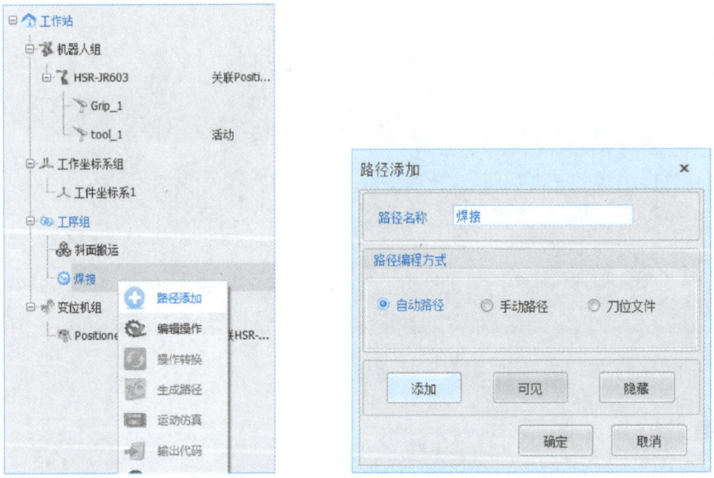


图6-86 路径添加操作

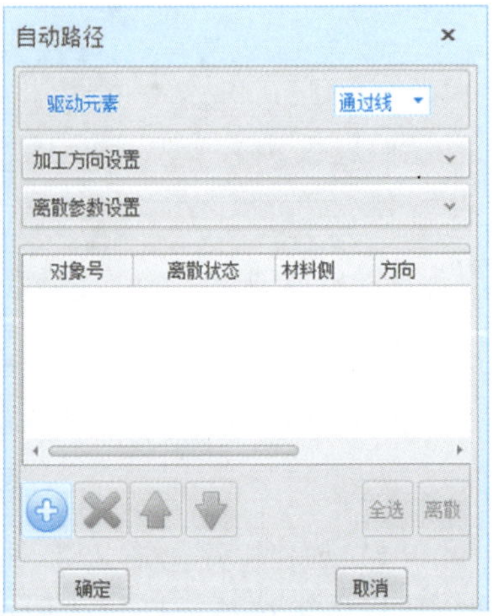


图6-87 自动路径→通过线添加

在“选取线元素”对话框中，“元素产生方式”选中“直接选取”单选按钮，进行线元素生成。单击“选择面”按钮，在工件表面选择如图6-88所示的圆角为线元素选择基础面，被选中的圆角会高亮显示，并且会在对话框中显示选中面的ID序号。

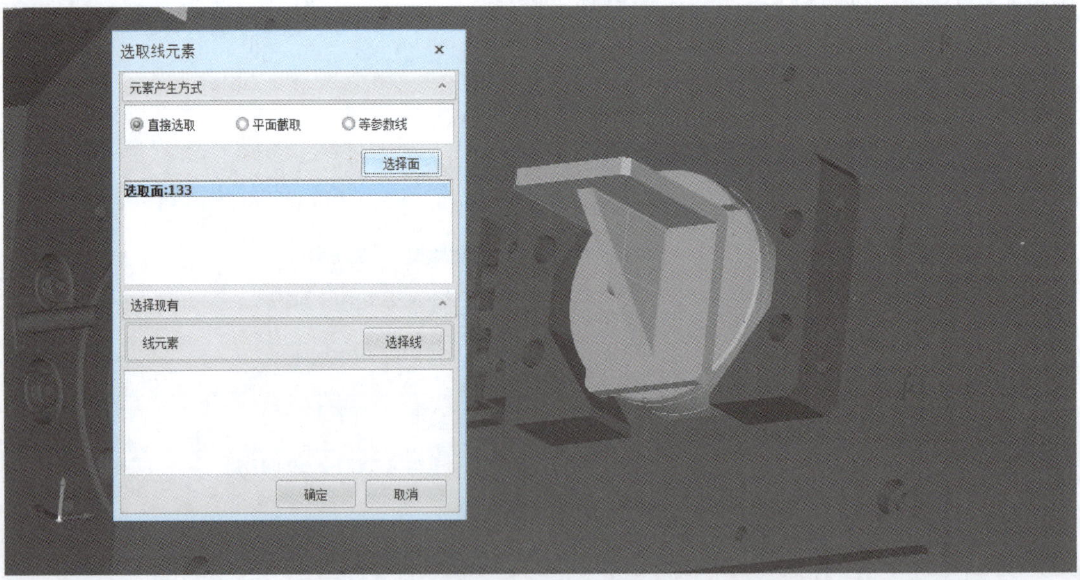


图6-88 选择基础面

在基础面选择完成之后，单击“选择线”按钮，在工件模型中选择磨削加工路径，被选中的路径线会显示为图6-89所示的高亮状态，并在对话框中出现该路径线的参数信息。

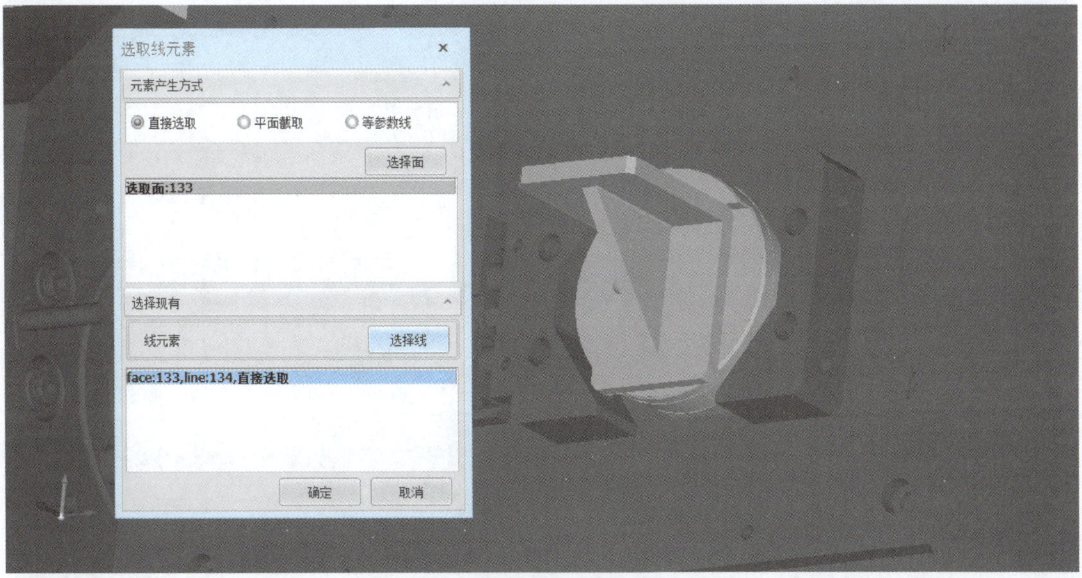


图 6-89 选择线元素

按照相同的步骤重复进行选取线元素的操作，完成如图 6-90 所示的肋板焊接加工路径线选取，之后单击“确认”按钮，退出“选取线元素”对话框，所选取的“线元素”就会显示在“自动路径”对话框的元素对象列表中，同时列表中会显示该面在 InteRobot 中分配的唯一对象号，如图 6-91 所示。

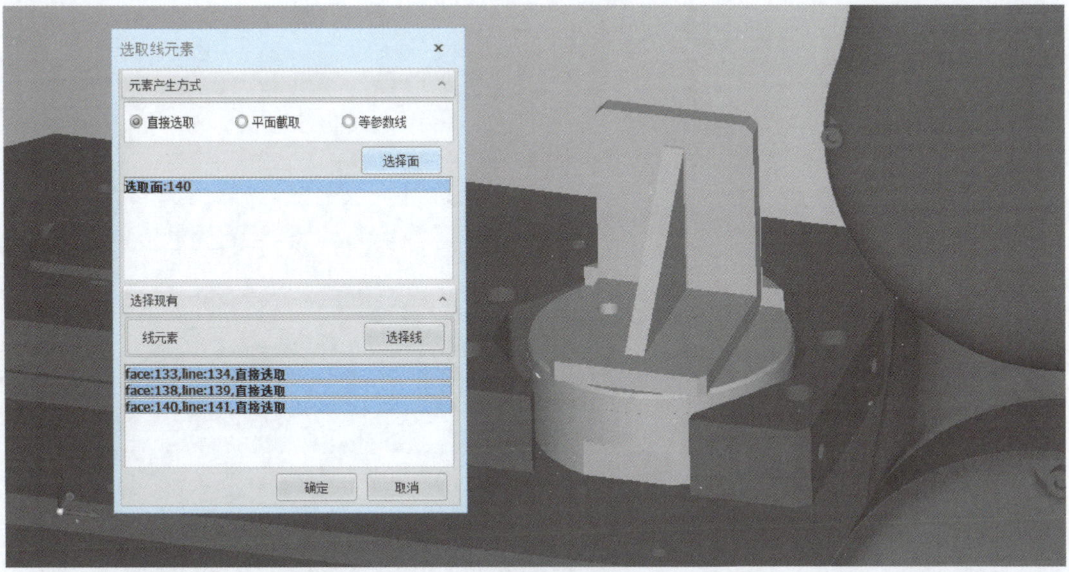


图 6-90 选取肋板焊接加工路径线

点选线元素对象框中任意参数，之后单击“全选”按钮，选中全部路径对象。展开“自动路径”对话框中的“加工方向设置”选项栏。选项栏中的“曲面外侧选择”将决定随后所添加的路径点的 Z 轴朝向，如图 6-92 所示，在加工过程中，路径点的 Z 轴方向通常

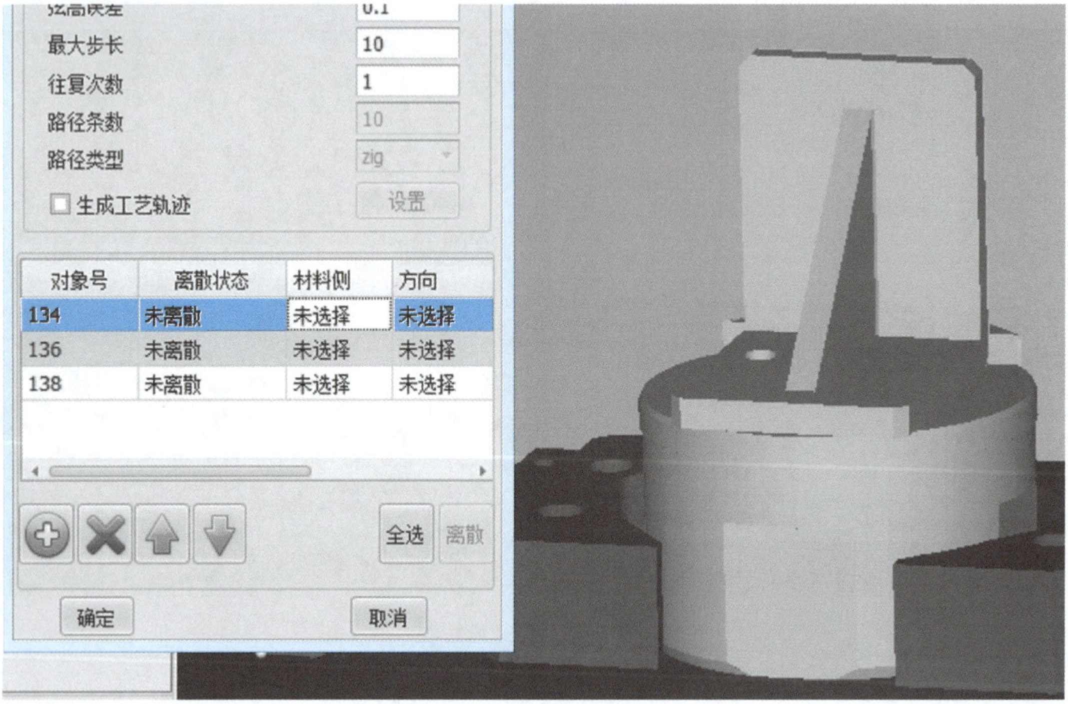


图 6-91 轨迹元素列表

垂直于加工表面，因此所选的曲面外侧即为刀轴方向。如果需要修改刀轴方向为非垂直方向，那么在添加路径完成后，可在编辑点处修改。

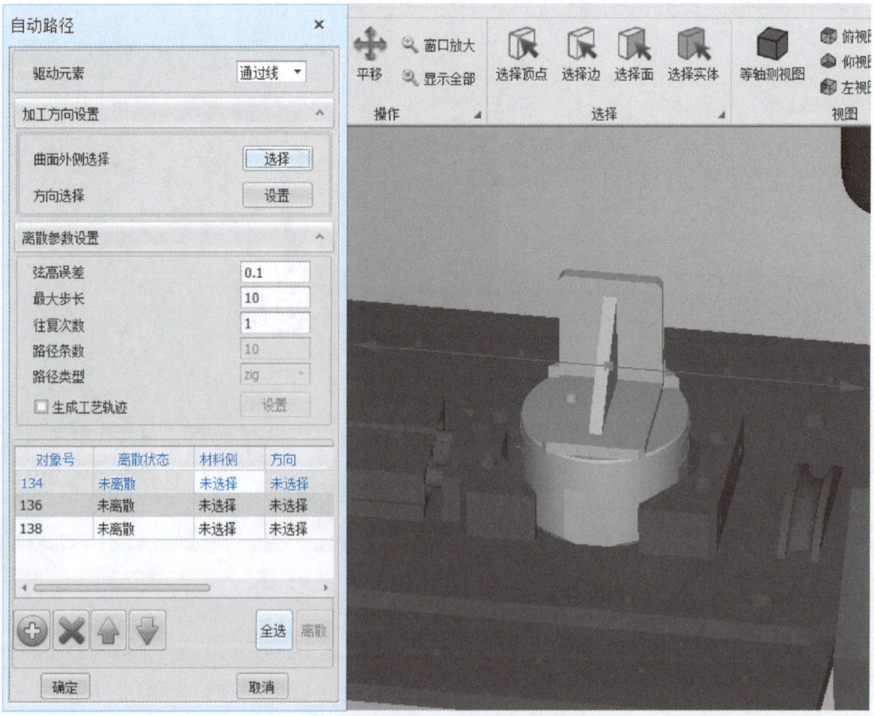


图 6-92 自动路径→曲面外侧选择

选择加工方向时，单击“方向选择”后的“设置”按钮，选中的加工面视图中就会生成如图 6-93 所示的一对表示方向的箭头，即表示机器人的加工方向。

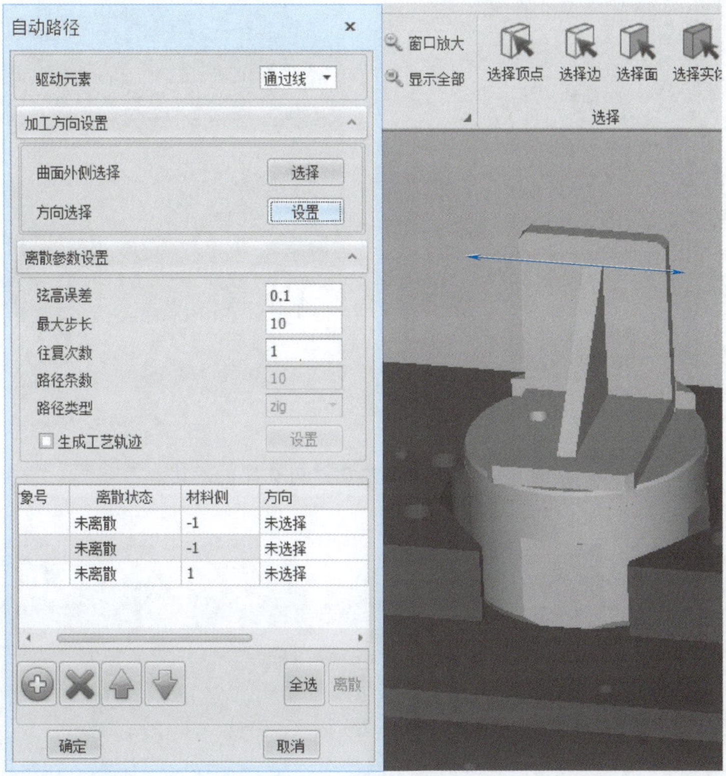


图 6-93　自动路径→方向选择

当设置对象较多时，选中其中任意一个对象，之后单击“全选”按钮，就能够对所选中的对象参数进行批量设置。由于工具的副刀轴方向与进给方向呈 90°的夹角，因此在选择加工方向的同时也确定出了路径点的副刀轴方向。刀轴方向和进给方向设置完后，就能够确定出工件模型的加工轨迹，同时在消息框中显示所选方向的参数值，之后就可以进行离线参数设置操作。

（3）离散参数设置　对所生成的轨迹进行离散时，需要进行设置的参数主要有如图 6-94 所示的弦高误差、最大步长、往复次数、路径条数、路径类型以及生成工艺轨迹六个部分。

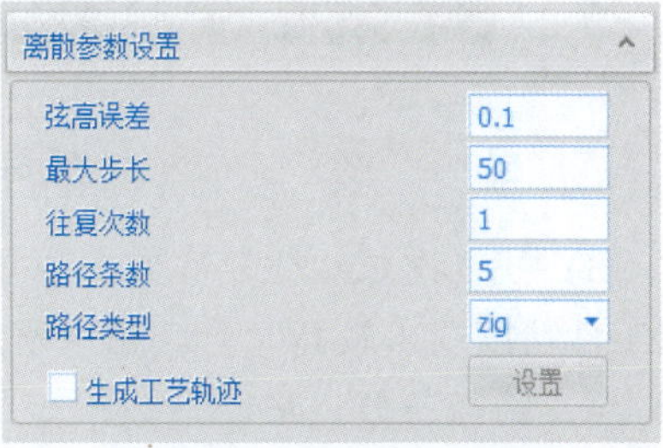


图 6-94　离散参数设置

1）弦高误差。弦高误差主要影响曲面上点的离散程度，弦高误差越小，曲面上离散程度就越小，所生成的路径轨迹也越相似于曲面。但是弦高误差增大，不一定会增大离散程度，即弦高误差输入的是一个上限值而非参数值。图 6-95 所示为弦高误差 0.4 与 0.1 的对比。

2）最大步长。最大步长主要影响平面上点的离散程度，对曲面无影响。与曲面的弦高参数设置相同，这里输入的是一个上限值而非参数。它用于设置在同一加工平面中，所有路径点之间能够允许的最大距离值。图 6-96 所示为最大步长 10 与 20 的对比。

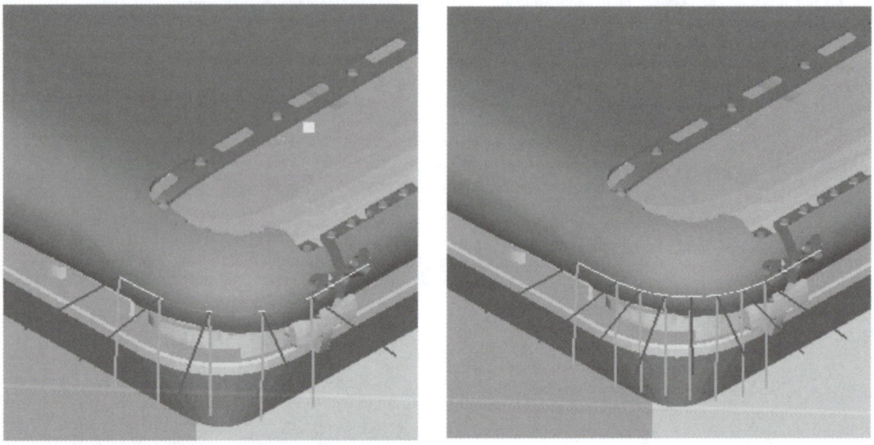

a)　　b)

图 6-95　弦高误差 0.4 与 0.1 的对比

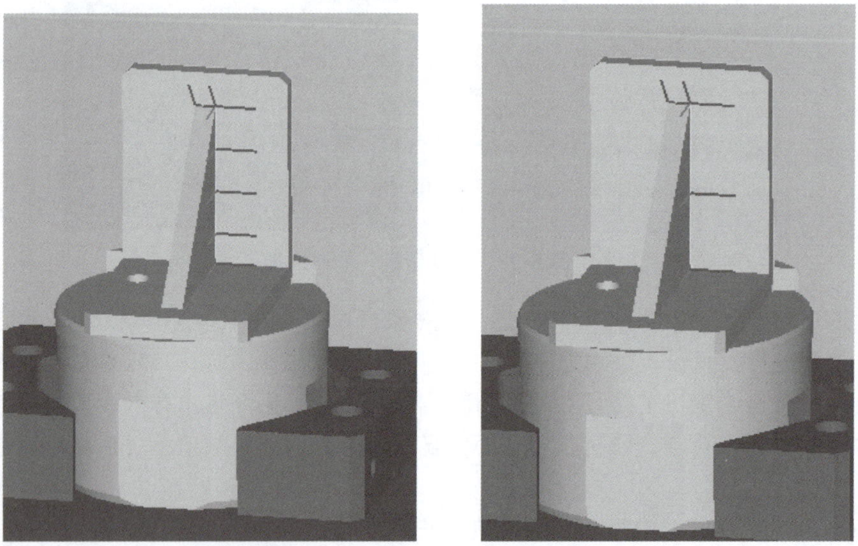

a)　　b)

图 6-96　最大步长 10 与 20 的对比

3）往复次数。往复次数主要用于设置单条轨迹路径中机器人工具加工时的往复次数，当工件精度要求较高时，应相应增加往复次数。

4）路径条数。路径条数限定了离散后路径的数目。当加工面的表面粗糙度值要求较小，或是为精加工内容时，加工的路径数目也应较多。图 6-97 所示为路径条数 10 与 19 的对比。

5）路径类型。路径类型分为两种，即 zig 和 zigzag，如图 6-98 所示。其中，zig 是之字形的路径形状，zigzag 则是锯齿形的路径形状。路径类型不改变总的加工方向，但会改变遍历该加工面的方式。

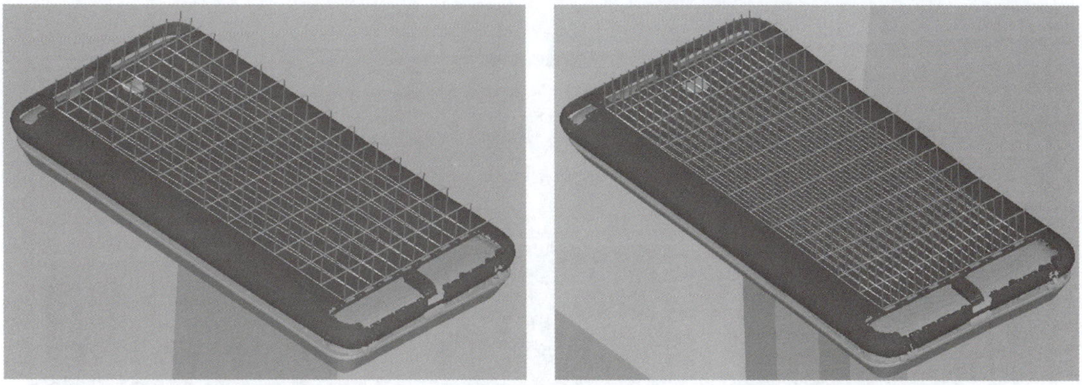

a)　　b)

图 6-97　路径条数 10 与 19 的对比

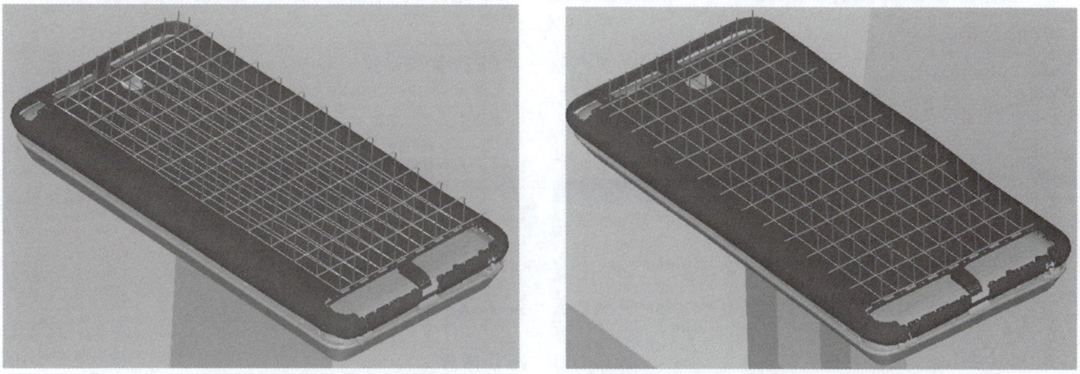

a)　　b)

图 6-98　zig 与 zigzag 路径

6）工艺轨迹。当加工方案有工艺要求时，就能够通过“生成工艺轨迹”选项对机器人轨迹路径进行工艺设置。InteRobot 离线编程软件提供了锯齿、三角函数曲线以及螺旋三种类型的工艺轨迹。选择工艺轨迹类型并将参数设置完成后，就能生成相应类型的工艺轨迹，如图 6-99 所示。

在“自动路径”对话框及其操作界面中，单击所生成的元素参数信息，操作视图就会显示出对应的路径线。由于轨迹路径的运行顺序与线元素列表框中的顺序有关，因此用户可以通过单击图 6-100 中的“↑”“↓”按钮来调节路径对象，进而实现机器人仿真顺序的排列。

“排序”按钮是确保一个线段接着下面最近的一个线段，不会出现连接的线段跳过某一些线段。“反序”按钮的作用是将“1，2，3，4”变换成“4，3，2，1”的排序。路径顺序调整完成后，单击“离散”按钮，生成加工路径，完成肋板焊接路径的创建，如图 6-101 所示。

### 3. 调整工具姿态

在“焊接”节点处右击，在快捷菜单中选择“编辑操作”选项，打开“编辑操作”对话框。由于在前面已经完成了焊接加工路径的自动生成操作，因此对话框中“路径编辑”选项区中的“编辑点”按钮处于如图 6-102 所示的可用状态，单击该按钮，进入“编辑点”对话框及其操作界面。

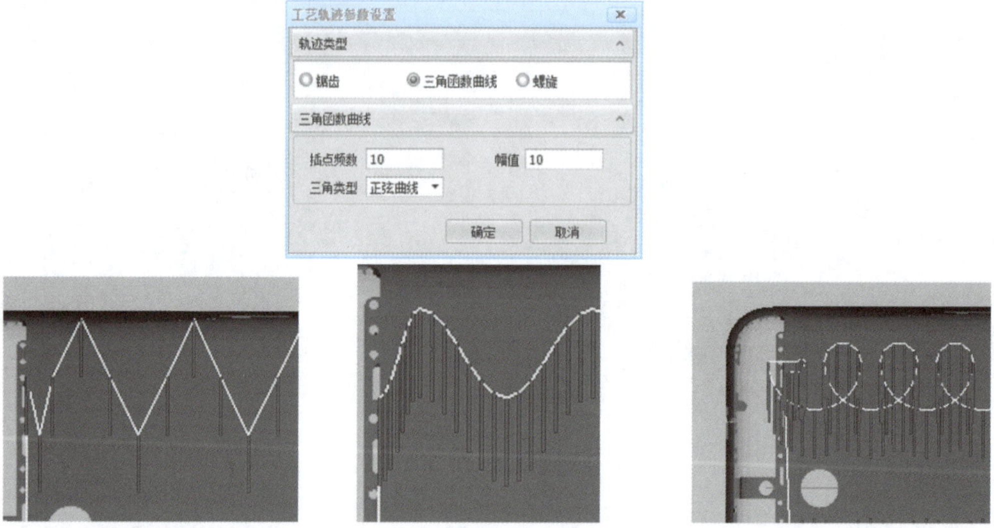


锯齿　　三角函数曲线　　螺旋

图 6-99　工艺轨迹类型及参数设置

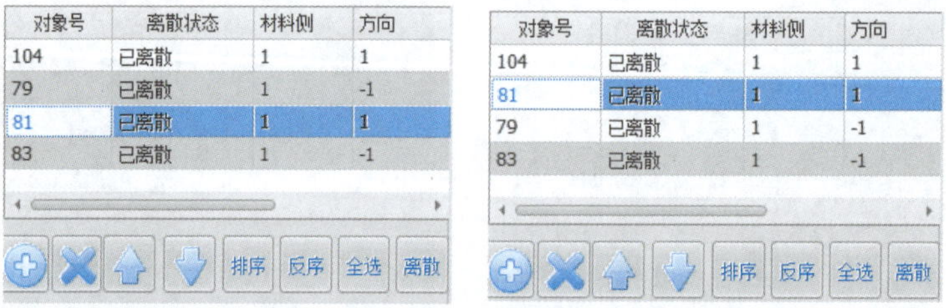


图 6-100　路径排序

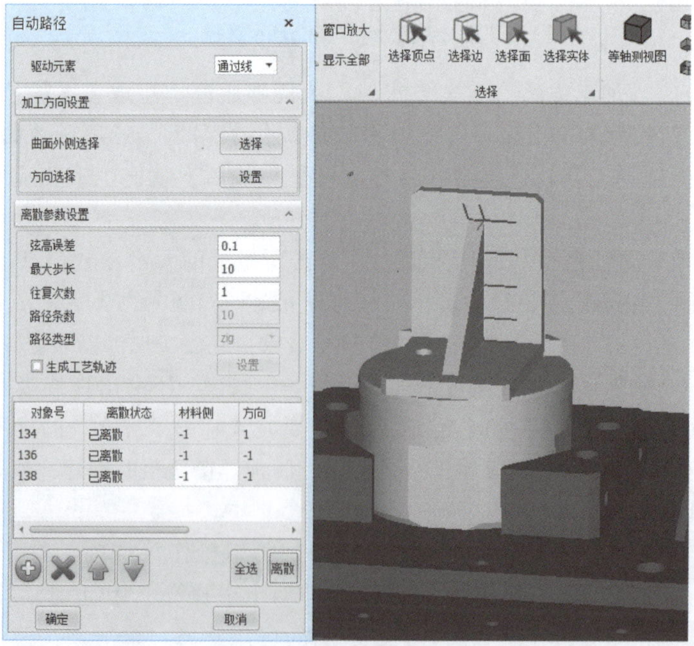


图 6-101　肋板焊接路径

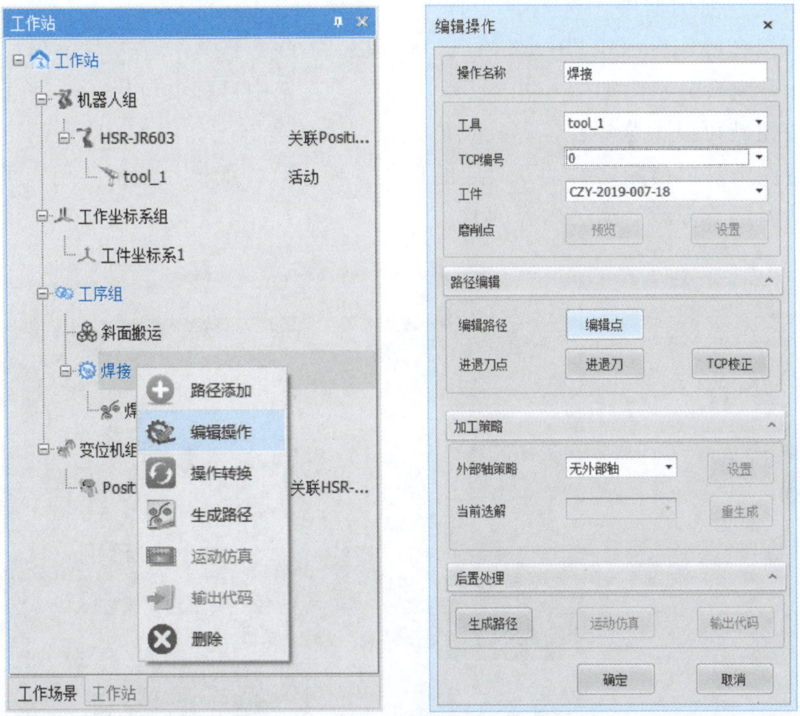


a)　　b)

图 6-102　编辑点操作添加

打开编辑点操作界面后，视图中会显示出轨迹路径点，其中的总点数与通过软件自动添加生成的点数一致，如图 6-103 所示。

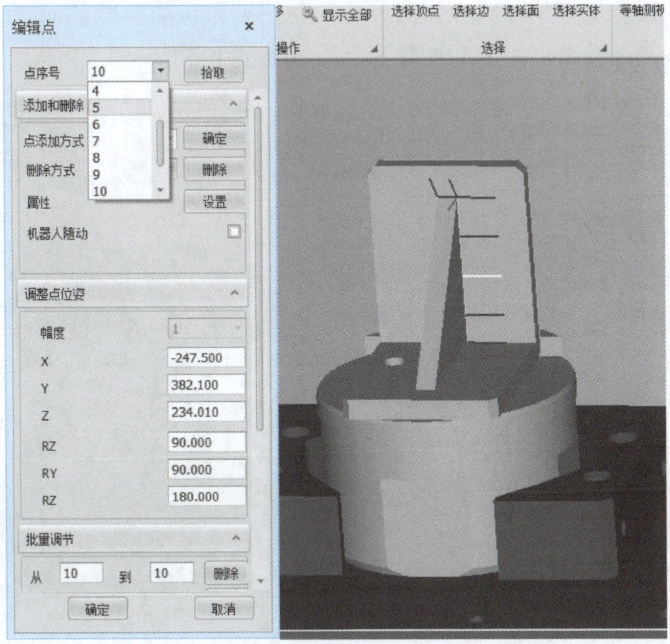


图 6-103　编辑点操作界面

在“编辑点”对话框中，选取“点序号”下拉列表框中的点位序号或通过单击“拾取”按钮，直接在操作界面中进行路径点位选取。为了便于操作者进行区分，当点位被选中时，其坐标系就会显示为如图 6-103 所示的白色。在选中目标点位后，通过选中“机器人随动”复选按钮就可以预览到在该路径点位处机器人的姿态，如图 6-104 所示。再选择其他点位时，机器人工具也会随之移动到对应的点位。使用软件的这一功能，用户可以进行机器人位置可达性、工具干涉等相关内容的验证。

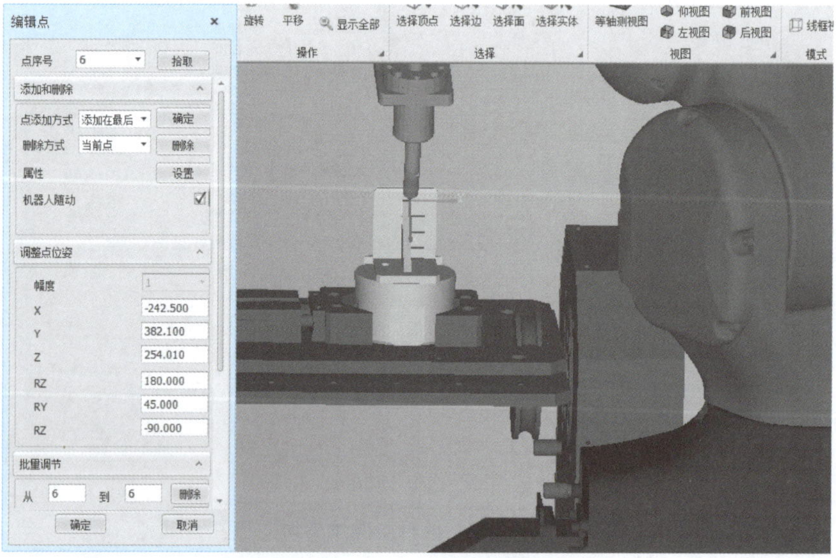


图 6-104 机器人随动显示

选择路径中某一点位后，“调整点位姿”选项区中会显示出该点位的位姿参数，用户可以通过修改位姿参数实现对工件路径点的调整。用户调整位姿参数的同时，视图中的路径点以及机器人工具姿态也会做出相应的变化更新，如图 6-105 所示。

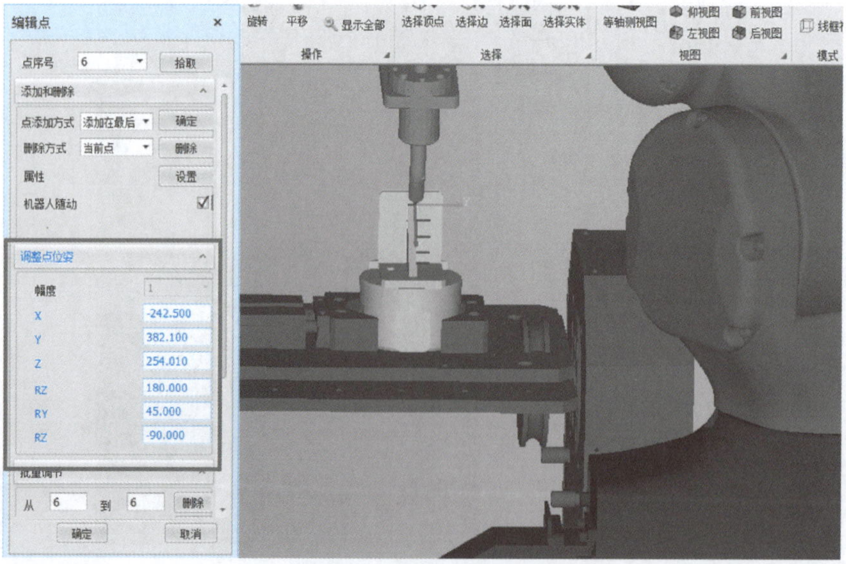


图 6-105 调整点位姿

### 4. 批量修改目标点轨迹

当需要进行调整的点位很多时，这种方法就变得烦琐，并且容易产生错误。为了便于用户进行操作，软件设置了可以批量进行调节路径点的操作方式——批量调节。

（1）批量点位的选取　批量点位选取时，在“批量调节”选项区的文本框中填写起始点以及终止点的点位序号，例如图 6-106 中所示的数值，之后按回车键，则所选序号区间的路径点都会被选中并显示为白色，之后就可以对选中的路径点进行轴参数调整或点位删除操作。

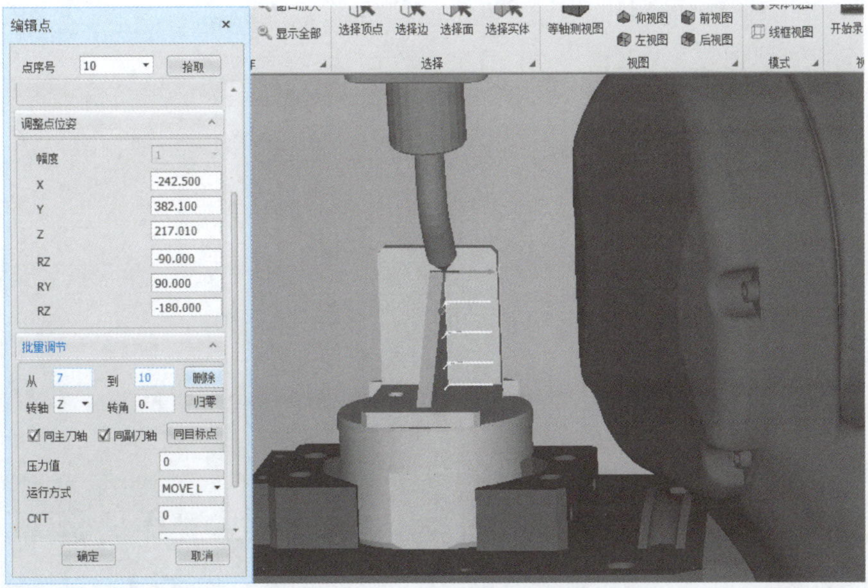


图 6-106　批量选取路径点

（2）轴参数设置　轴参数调整主要可以分为数值调整以及同目标点调整两种方法。

1）数值调整。数值调整方法是：完成点位选取之后，通过选择旋转轴并设置偏转角度，实现路径点姿态的修改。图 6-107 所示为选择 Y 轴为旋转轴，进行 45°旋转的对比显示。“归零”按钮的功能是将当前角度设置为参考角度，将路径点旋转后单击该按钮，图中“转角”数值将回归为 0°，但路径点的姿态不会发生变化。

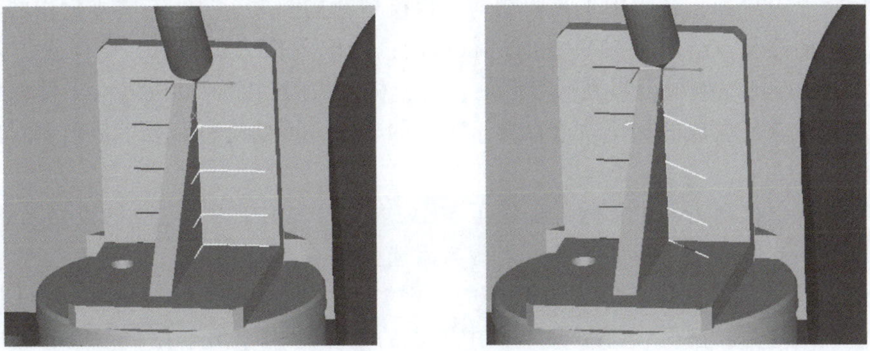

a)　　　　　　　　b)

图 6-107　Y 轴旋转对比图

这种点的位姿调整方法能够很好地适用于路径点较少、较为简单的案例，但当工件所生成的路径点较多、方向也有很大的差异时，这种方法就很难进行精确的调整，因此在软件中还设置了同目标点的位姿调整方法。

2）同目标点调整。选择所有路径点位后，选中“同主刀轴”和“同副刀轴”两个复选项，单击“同目标点”按钮，激活点抓取功能，在路径点中选取一点作为参考点，单击“确定”按钮，选中路径点的姿态都将与该点相统一。在本任务中，将序号点 8 设置为目标点，使全部点位调整后的姿态如图 6-108 所示。

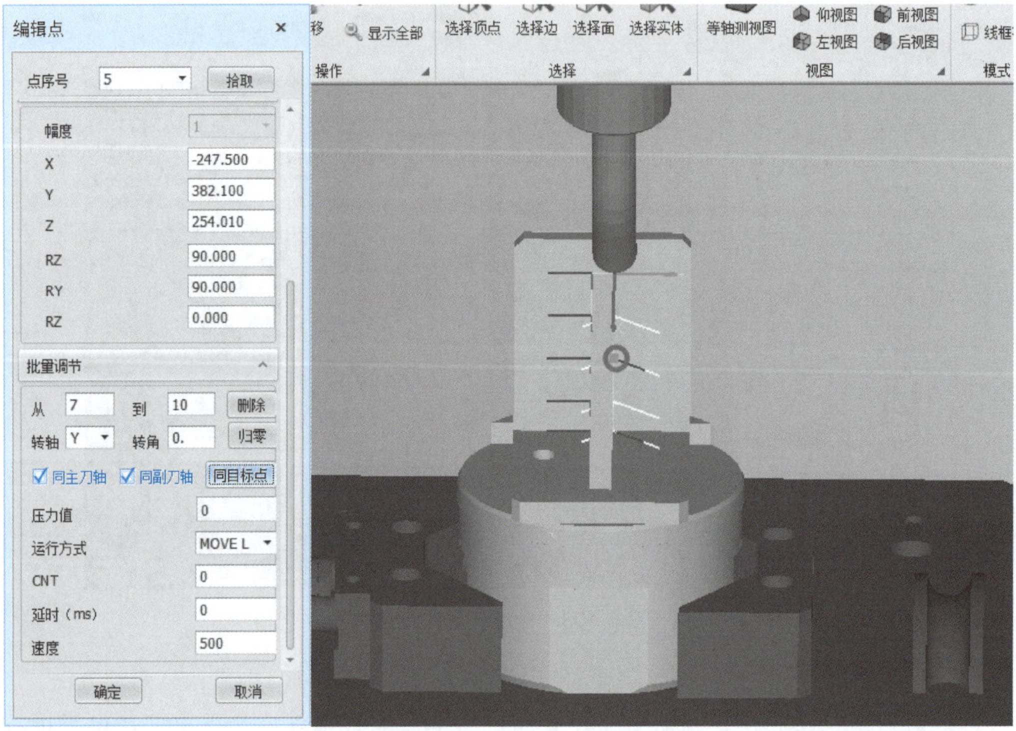


图 6-108 同目标点设置

（3）运动参数设置 路径点运动参数设置内容主要包括压力值、运行方式、CNT、延时和速度共五个方面。

压力值用于设置加工过程中工具模型与工件模型的接触关系。当其文本框中的输入值为正值时，选中的路径点会沿 Z 轴负方向进行移动；当输入值为负值时，则向正方向进行移动，如图 6-109 所示。例如，当进行喷涂加工时，机器人的喷涂工具应该与工件保持一定的距离，但是通过软件生成的加工轨迹存在于工件的表面，因此进行路径生成前要对轨迹点进行负压力值设置。

在运行方式下拉列表框中，软件提供了 MOVE L、MOVE J 两种常见的机器人运动指令，操作者可以对不同段轨迹路径加工方式进行灵活选择。

CNT 选项用于设置机器人加工过程中的平滑过渡，即设置工件模型的过渡圆角半径。当机器人模型系统为二型时，CNT 文本框中输入的数值即为圆角半径；当机器人模型系统为三型时，工件的圆角半径值为两个相邻边中的短边值乘以 CNT 的百分比值，以便于工件的不同结构进行倒角加工。

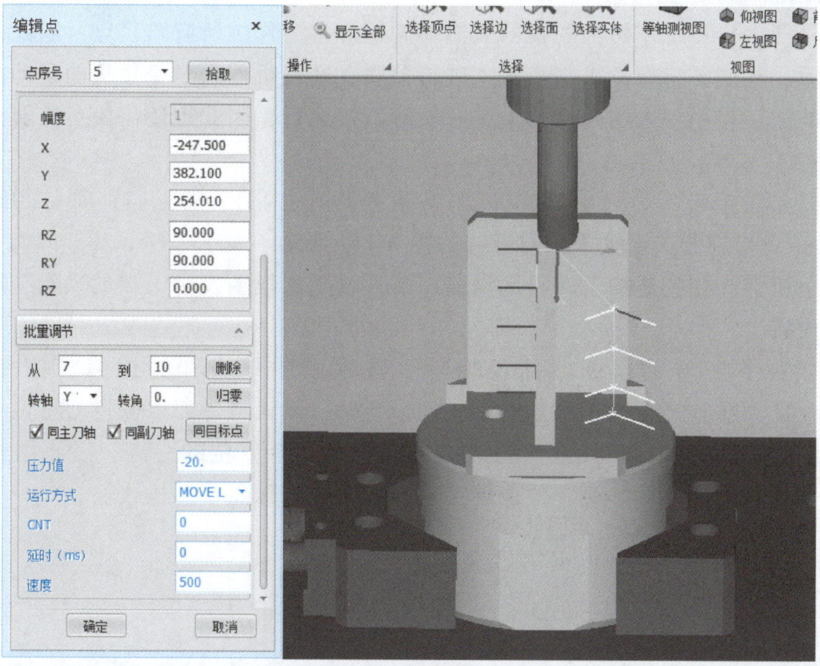


图 6-109　负压力值操作

延时和速度选项用于调整机器人在选中路径段加工时的参数设置，对于不同要求的加工表面，可以通过设置不同的参数实现对应的要求。

按照加工需求对焊接轨迹路径点进行姿态调整，避免出现机器人不可达或干涉情况的出现。路径轨迹设置完成后如图 6-110 所示。单击“确定”按钮，退出“编辑点”操作界面，完成轨迹目标点的调整操作。

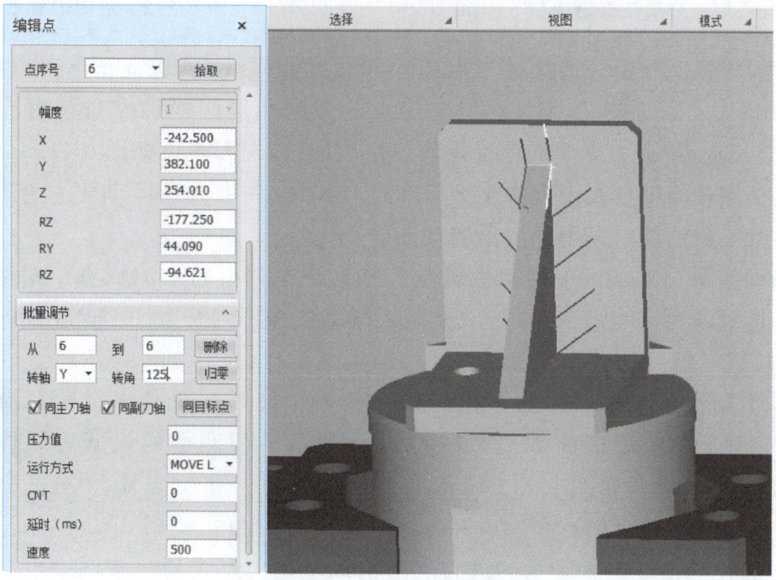


图 6-110　焊接轨迹路径

### 5. 机器人加工轨迹完善

为了使机器人仿真工作站上的机器人能够到达焊接工件的所有路径点，因此在将加工轨迹创建完成后，还需要将变位机与机器人进行关联，实现机器人对变位机的运动控制。为了使离线编程的加工程序导入实际机器人中后能够直接运行，因此也还需要对机器人的特殊位置进行设置。

选择“外部轴策略”为“单变位机”，将参考方向设置为{0，-1，0}，区间角度设置为{-18，18}，趋近方式设置为顺时针，如图 6-111 所示。

为了避免机器人在到达加工路径起点前与工件或周边模型发生干涉的风险，需要进行添加进退刀的设置。

在“编辑操作”对话框的“路径编辑”选项区中单击“进退刀”按钮，打开如图 6-112 所示的“进退刀设置”对话框。软件设置时，默认将进刀点和退刀点位姿添加在路径的初始点和结束点前后，并且默认向 Z 方向偏移为两个点位的距离，因此用户只需要在选择点位类型后设置相关偏移量，便能够实现插入两个特殊点位的操作。

图 6-111 变位机参数设置

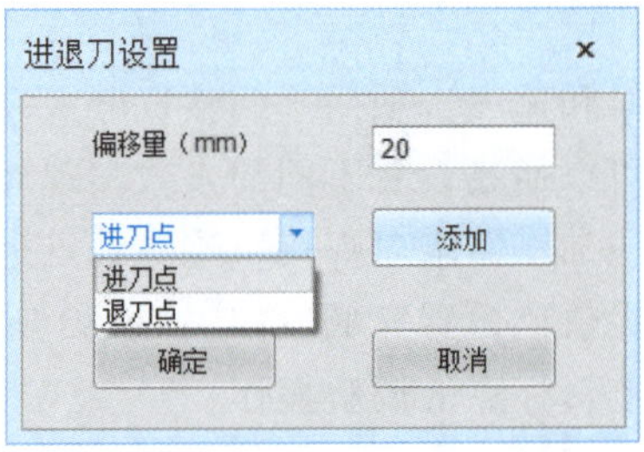


图 6-112 进退刀设置

在本次肋板焊接任务中，选择进刀点选项并设置偏移量为 20mm，单击“添加”按钮，实现进刀点的添加，添加退刀点与添加进刀点的操作相同。两种点位设置完成后，单击“确定”按钮，完成进/退刀点位的添加操作。生成的进/退刀点位如图 6-113 所示。

为了避免在实际加工过程中发生干涉，在进/退刀点的上方还应创建一个远离工件的安全点位，这时就要用到编辑点中的点添加功能。

单击“路径编辑”选项区中的“编辑点”按钮，在弹出的“编辑点”对话框的点序号下拉列表框中选择 1 号点位，并选中“机器人随动”复选项。由于进/退刀点位添加的设置，序号 1 点位成了进刀点，因此机器人将移动到图 6-114 所示的状态。

单击“基本操作”菜单栏中的“机器人”按钮，打开“机器人属性”对话框。修改“工具坐标系相对于”选项区的数值并按<Enter>键后，视图中的机器人便移动到相应位置。当调整机器人移动到如图 6-115 所示的安全位置时，在“点添加方式”下拉列表框中分别选取“前面加入”以及“添加在最后”选项，并单击“确定”按钮，便能够将该位置点分别添加在如图 6-116 所示的进刀点之前以及退刀点之后，视图中也会显示相应的轨迹路径线。

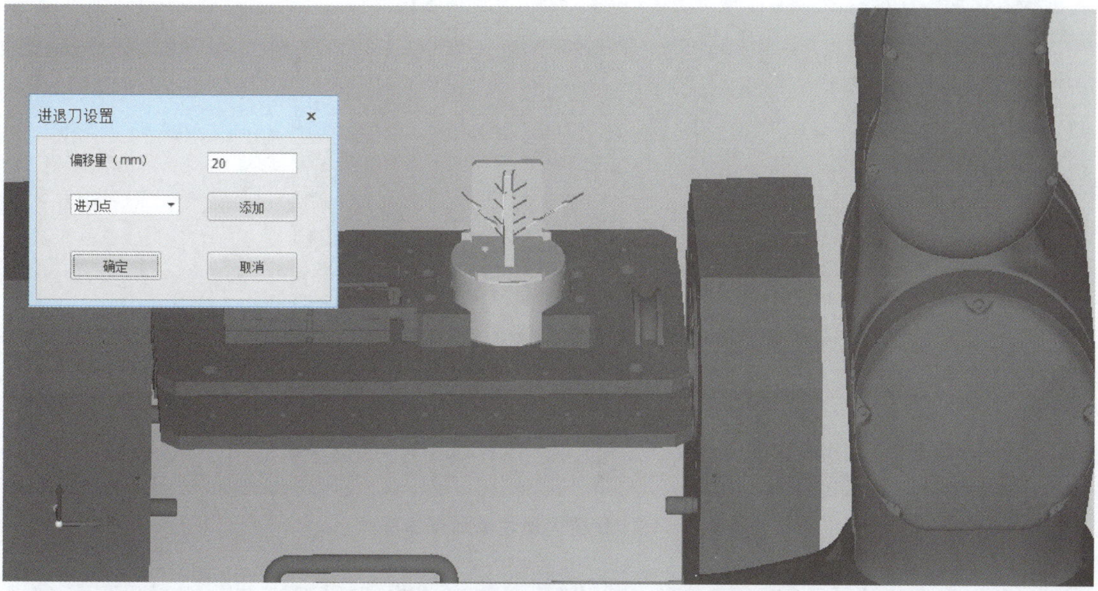


图 6-113　进退刀设置示例

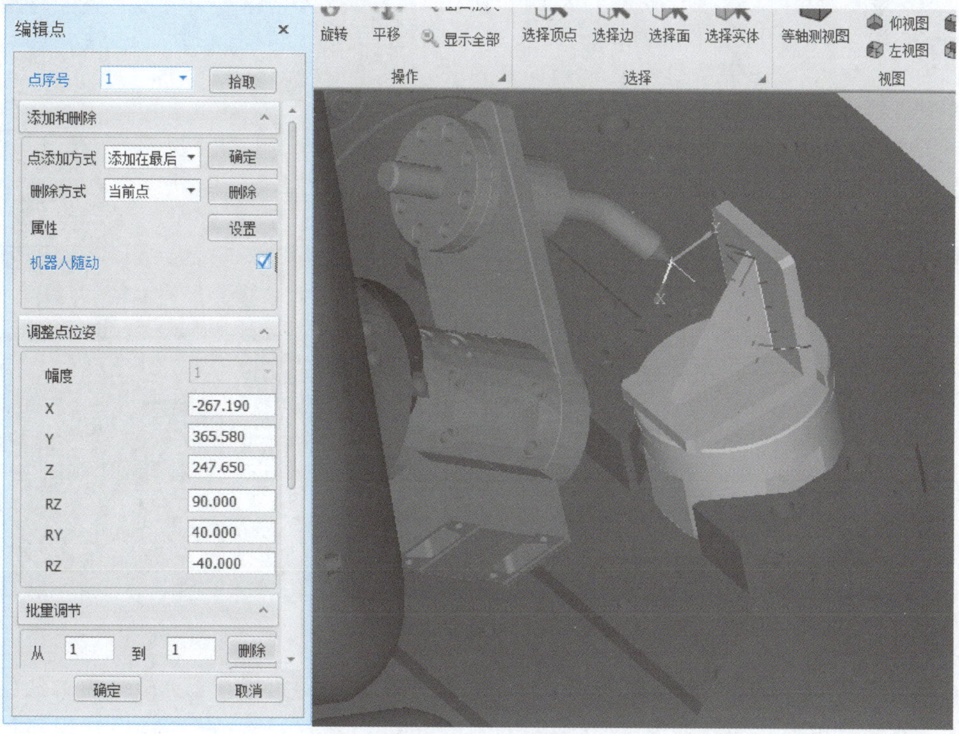


图 6-114　点添加操作

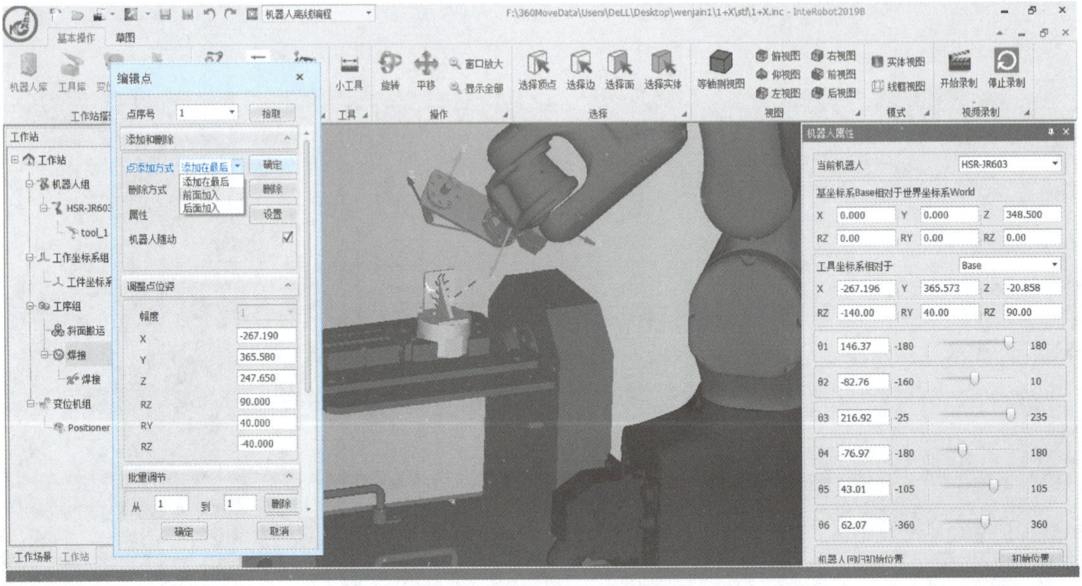


图 6-115　机器人属性添加点操作

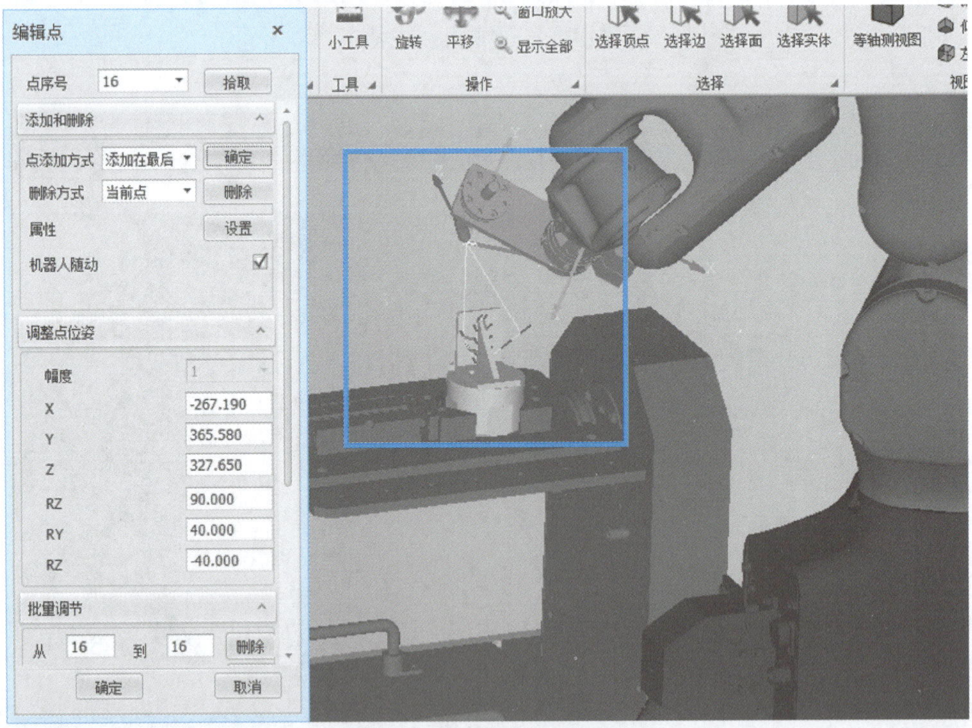


图 6-116　安全点添加完成

完成轨迹路径点编辑后即可进行路径生成。将单个独立的路径点位通过插值方法生成完整的加工轨迹。单击“后置处理”选项区中的“生成路径”按钮（图 6-102），当路径正确时系统会弹出如图 6-117 所示的信息提示框，但有时也会出现路径生成失败的情况，这时要对路径点进行重新编辑，或调整机器人工具的 TCP 参数，实现路径的修改。

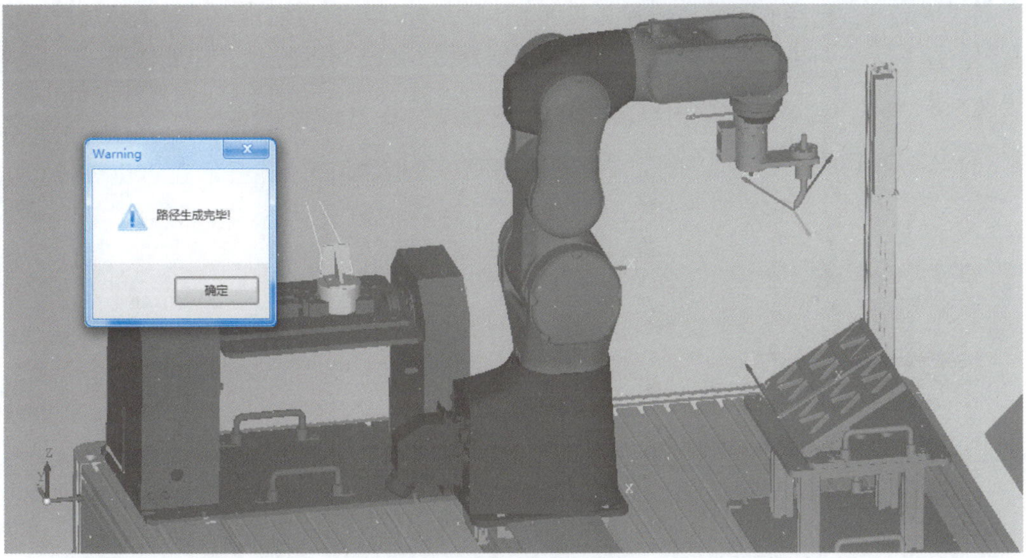


图 6-117　实现路径生成

### 6. 加工路径仿真

路径生成后选择“运动仿真”选项（图 6-102），机器人会运动到第一个路径点位，单击“播放”按钮，机器人会按照生成的路径进行运动。机器人按照轨迹进行运动时，操作界面也会按图 6-118 所示的方式将路径点位信息以及仿真的进度进行显示。此外，用户还可以通过单击路径点观察机器人在该点的位姿是否合理，使用动画仿真对机器人运动检查之后，单击“确定”按钮，完成机器人加工路径的仿真模拟。

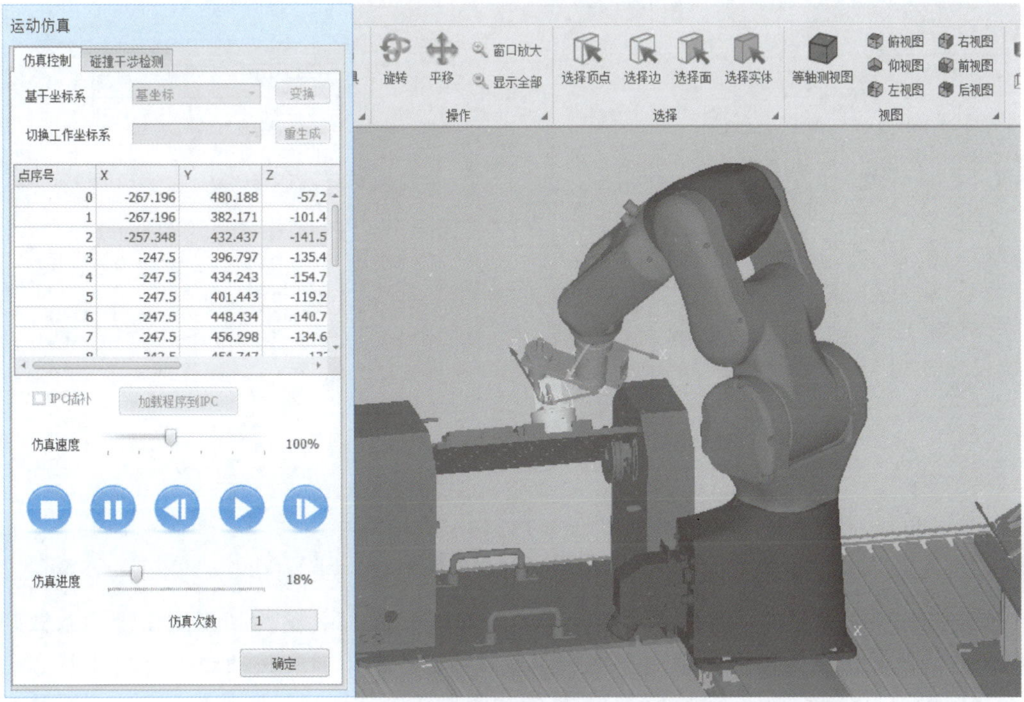


图 6-118　加工路径仿真

默认情况下，机器人的运动仿真是基于基坐标系进行的，但创建完工件坐标系后，运动仿真也可以基于所创建的坐标系进行。例如，创建图 6-119 所示的“工件坐标系 1”与“工件坐标系 2”。

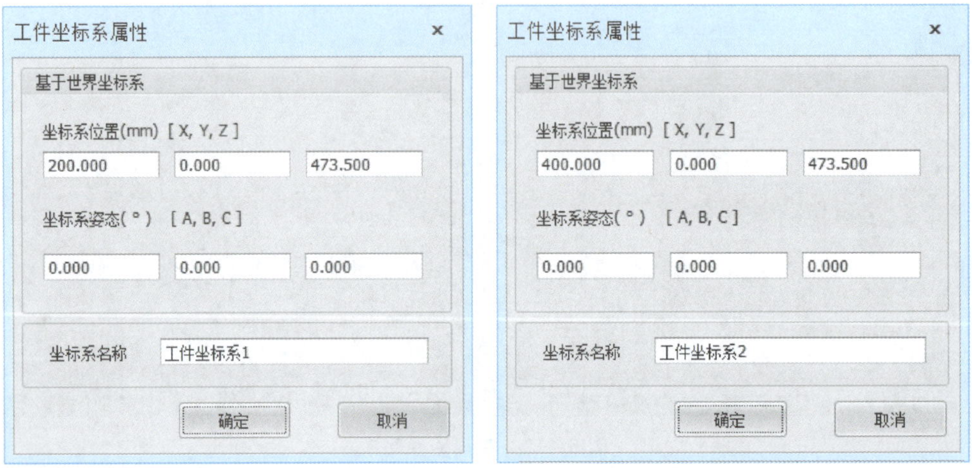


a) b)

图 6-119 创建工件坐标系

如图 6-120a 所示，在“基于坐标系”下拉列表框中选择“工件坐标系 1”并单击“变换”按钮，则“基于坐标系”与“切换工作坐标系”选项中将变为“工件坐标系 1”的选项，如图 6-120b 所示。重新单击“播放”按钮，仿真运动虽然没有发生变化，但是各个路径点的位置信息将更新为“工件坐标系 1”下的参数值。

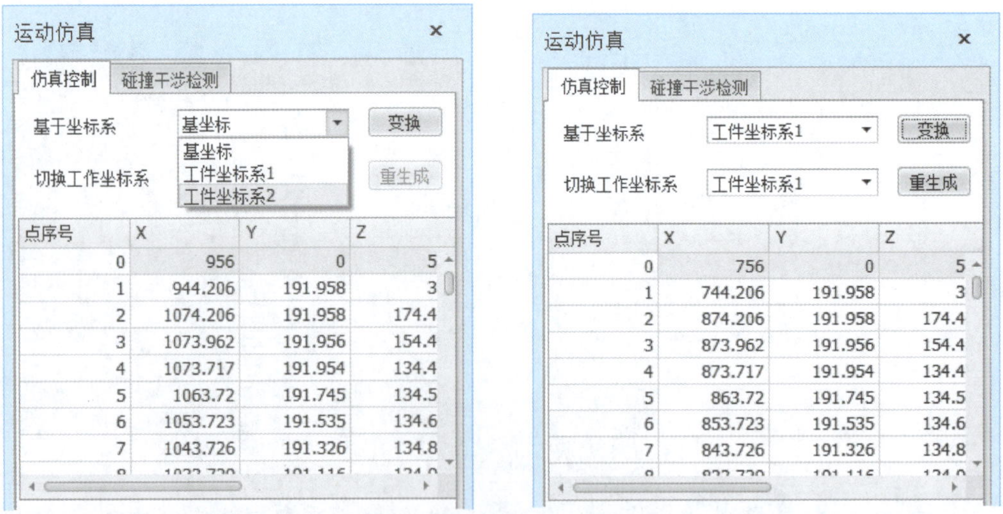


a) b)

图 6-120 修改坐标系

此时工作坐标系已经从基坐标系变成了“工件坐标系 1”，这为切换工作坐标系做好了准备工作。此时切换工作坐标系的下拉按钮被激活，“重生成”按钮也处于可用状态。按图 6-121 所示的参数切换工作坐标系后，单击“重生成”按钮后，运动路径发生了平移。

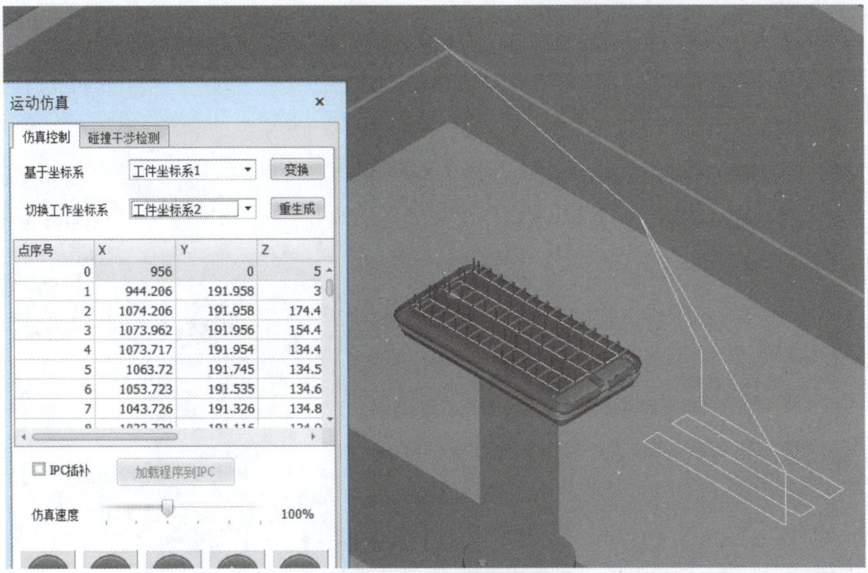


图 6-121　运动路径发生平移

重生成运动路径前后的差异在于工件坐标系 1 和 2 之间的变换关系，由于工件坐标系 1 和 2 之间只是差了一个平移距离，因此路径只是发生了平移；同样地，如果切换的工作坐标系之间相差一定角度，那么仿真路径也将旋转一定角度。因此，通过所添加的工件坐标系实现了对路径的平移和旋转变换。重生成运动路径后，已经发生改变的路径将恢复成基于机器人基坐标系的表示，工作坐标系也将恢复成默认的基坐标系，等待下一次的路径变换。

若要将路径变换回去，先将工作坐标系改为工件坐标系 2，如图 6-122 所示，再通过“重生成”功能切换为工件坐标系 1，之后自动恢复为基坐标系，运动路径便恢复为最开始的路径。

进行仿真时，InteRobot 软件还提供了干涉检测功能，用于检测机器人进行轨迹路径加工时是否会与周边模型或设备产生干涉。

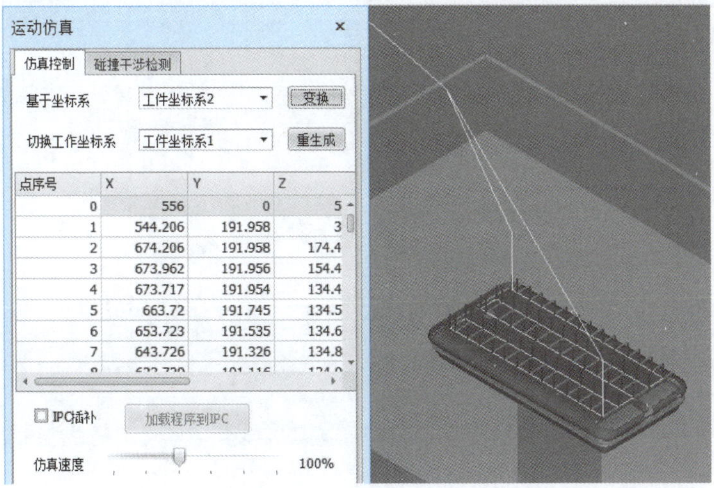


图 6-122　恢复原运动路径

进行干涉检测时，单击“碰撞干涉检测”标签，进入如图 6-123 所示操作界面。在该界面中，勾选加工场景需要进行干涉检测的模型，然后选中“碰撞检测”复选项，即可完成“碰撞干涉检测”功能的设置。

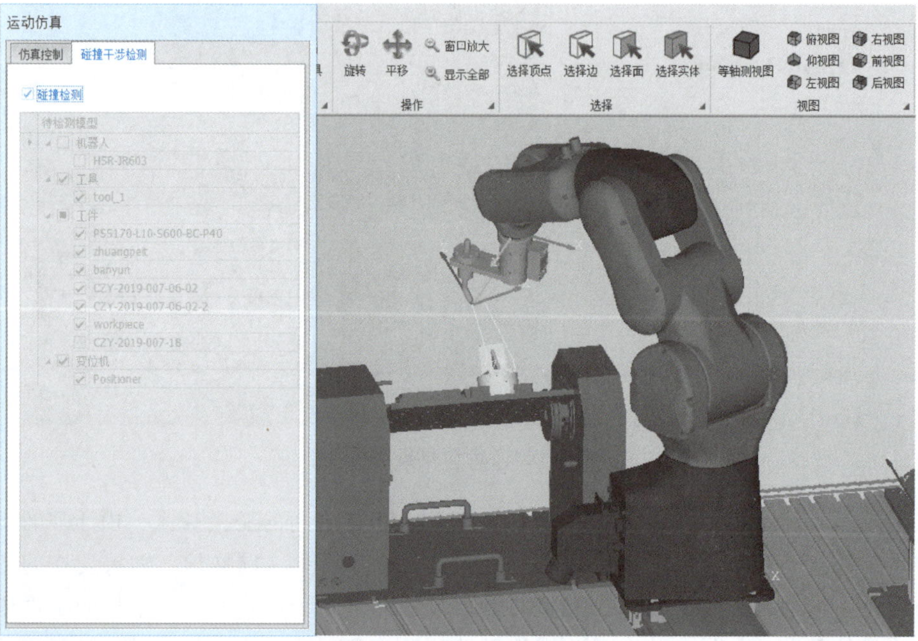


图 6-123　干涉检测设置

功能设置完成后，返回“仿真控制”界面，这时系统会出现“检测无碰撞”的提示内容，当仿真过程没有发生干涉时，图案保持为图 6-124 所示的绿色；当检测到仿真过程发生干涉时，图案就会显示为红色，并中断仿真过程，这时用户要对生成的运动路径进行检查，修改发生干涉的轨迹路径点。

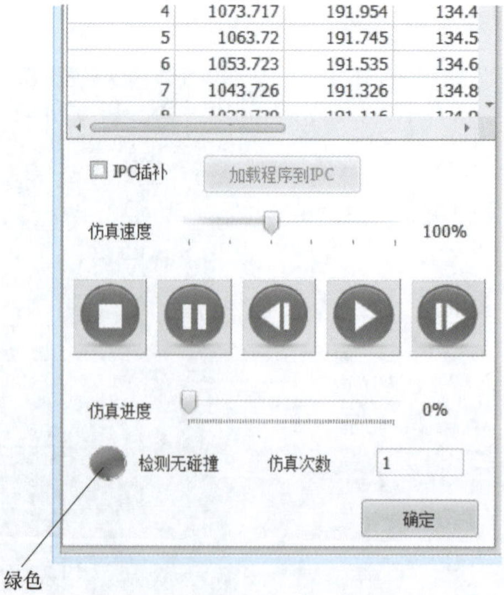


图 6-124　碰撞干涉检测

【思考与练习】

离线编程轨迹程序的校准

1. InteRobot 离线编程软件的离线操作类型中包括________、________和________三种方式。

2. 对轨迹路径进行的离散参数设置分为________、________、________和________四部分。

3. 通过选中________复选项即可实现机器人在该点处运动姿态的预览。

4. 运动参数设置包括________、________、________、________和________五部分。

5. 在 InteRobot 离线编程软件中可以导入任意格式的刀位文件。(　　)

6. 副法矢方向即路径点的 Z 轴方向。(　　)

7. 压力值设置为正值，即表示工具与工件表面有间隙，在视图中表现为将路径点沿 Z 轴负方向进行偏移。(　　)

8. 在 InteRobot 离线编程软件中，可以使用 MOVE L、MOVE J 两种机器人运动指令。(　　)

9. 编辑点操作中，正、负压力值的设置分别用于哪些加工场合？

10. 对于通过线生成轨迹路径的三种方式，它们的特点有什么不同？各自适用的场合分别是什么？

【扩展训练】

1. 使用刀位文件方式进行机器人板件焊接加工轨迹编程，并通过运动仿真功能进行验证。

2. 将任务中的肋板焊接工件更换为图 6-125 所示的管件焊接工件，在仿真环境中完成机器人焊接轨迹的路径创建，并通过运动仿真功能进行验证。

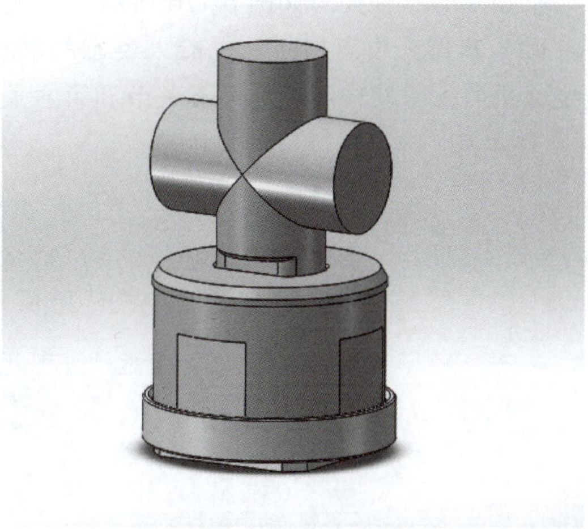

图 6-125　管件焊接工件

## 任务四　程序代码后置处理

【任务描述】

真实机器人工作站中的工件安装误差、TCP 测量误差和加工误差等都会导致离线编程软件中的布局和位置关系与实际情况有一定的偏差，无法保证用离线编程软件生成的机器人控制程序在真实工作站中的准确性。为了解决此问题，InteRobot 软件提供了一种工件坐标系校准的方法，可对离线程序在真实工作站中的运行轨迹进行校准。通过学习本任务，读者应掌握 InteRobot 软件中加工路径控制代码输出的主要方法，掌握利用工件坐标系校准法对离线轨迹校准的一般方法，重点掌握离线编程作业的一般操作步骤。

## 【知识准备】

### 1. 机器人配置（config）

输出代码时，当选择输出控制代码类型为虚轴时，此时会出现一个“config”复选项。

config 是机器人关节角配置的一组参数，通常由三位数字组成。不同型号的机器人有不同的关节角配置方式。华数机器人采用的便是 config 算法。

当机器人到达同一种姿态的时候，1、4、5 轴或 2、3、5 轴存在多组解，为了使机器人能按照用户预期的姿态运动到目标点、移动过程中姿态不产生大幅度的变化，华数机器人控制系统通过选用不同的 config 参数形式限制机器人的姿态。

控制系统中 config 参数由三个参数——ARM、ELBOW 和 WRIST 组成，这三个参数均有 1 和 2 两个可取值（未定义时为 0），因此 config 共有八组可能的组合，分别对应机器人的八种姿态。

（1）机器人姿态描述　以六轴机器人的三个奇异形位作为临界点，分别有前/后、上/下和俯/仰姿态，以此分别定义机器人的三个关节的属性值，即 ARM、ELBOW 和 WRIST。

机器人的八种姿态如图 6-126 所示。

（2）机器人姿态判断　机器人姿态的前/后、上/下的判断由参考面及其方向决定，首先定义机器人手腕中心点为第五关节和第六关节的轴线交点。

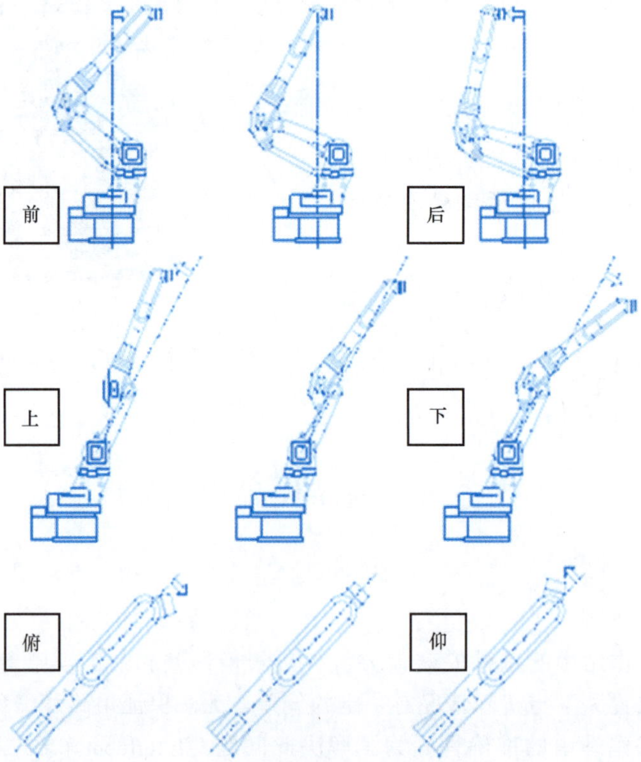


图 6-126　机器人的八种姿态



1）前/后姿态的判断。机器人前/后姿态与手腕中心点位于参考面的哪一侧相关。以机器人第一关节的转动轴线与第二关节的轴线平行矢量两者所构成的平面为参考平面，参考平面的法线方向与两轴向互成 90°，垂直于参考面。已知六轴机器人各关节的转向定义使用右手定则，以四指弯曲指向关节的正向转向，此时拇指所向即为该关节的轴线方向，如图 6-127 所示。

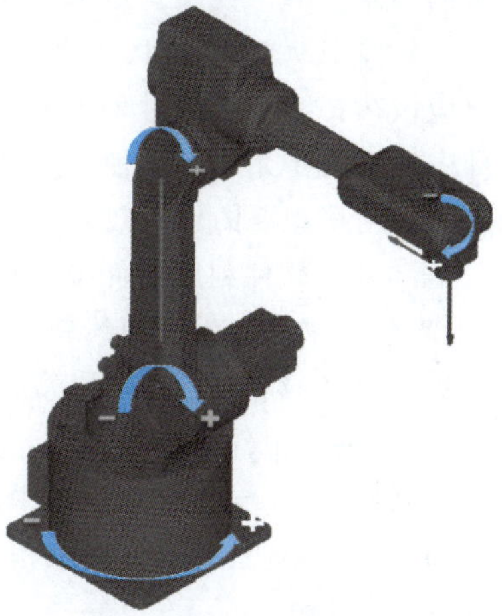

图 6-127 HSR612 机器人（归零）关节转向

第一关节 J1 轴向和第二关节 J2 轴向平行矢量构成前后的参考平面。使用右手定则，以归零时为例进行分析，J1 轴向指向基坐标的 Z 轴正向，J2 轴向按照右手螺旋可知指向基坐标的 Y 轴正向。此时，按照机器人右手定则，定义中指（代表 Z 轴）指向 J1 轴向，食指（代表 Y 轴）指向 J2 轴向，此时拇指（代表 X 轴）指向定义为该参考平面的法向。

手腕中心点在参考面法向指向同一侧的姿态为“前”，反之则为“后”。

2）上/下姿态的判断。定义大臂指向为从 J2 指向 J3（在归零位时指向基坐标的 Z 轴正向），J3 的轴向依据右手定则（在归零时指向基坐标的 Y 轴正向），定义中指（代表 Z 轴）指向大臂指向，食指（代表 Y 轴）指向 J3 轴向，此时的拇指（代表 X 轴）指向定义为该参考平面的法向。

手腕中心点在参考面法向指向同一侧的姿态为“下”，反之为“上”。

3）俯/仰姿态的判断。机器人俯仰的判断主要依据第五关节 J5 的转动角，图 6-126 所示的转向即为 J5 转动角的正负，图中所示机器人 J5 的转动角大于零，姿态定义为“俯”，若 J5 的转动角小于零，则定义姿态为“仰”。

（3）config 参数选值　机器人前/后姿态决定了 ARM 的取值，定义“前（ARM=1）”“后（ARM=2）”；机器人 ELBOW 的取值比较特殊，除与上/下姿态影响相关外，肘部的姿态定义也与 ARM 相关。

1）当机器人处于“前（ARM=1）”的姿态时，定义“上（ELBOW=1）”“下（ELBOW=2）”。

2）当机器人处于“后（ARM=2）”的姿态时，定义“上（ELBOW=2）”“下（ELBOW=1）”。

而 WRIST 的取值则由第五关节 J5 的关节角大小决定，定义关节角大于零时为“俯（WRIST=1）”，关节角小于零时为“仰（WRIST=2）”。

### 2. 离线轨迹误差来源

在使用离线编程方法进行作业的过程中，误差是影响作业准确性的重要因素之一。误差的来源主要分为两类：其一是包括工件的安装误差、TCP 测量误差和加工误差等外部误差，其二是由机器人本体在制造过程中产生的内部误差。机器人内部误差往往较小，可以忽略不计。下面主要讨论常见的外部误差及其解决方法。

外部误差中常见的第一种误差就是工件的安装误差，在现场安装工件时可能与图样出现偏差，导致误差产生。此时可以通过工件标定，校准真实场景中的工件与离线编程仿真模型之间的误差。第二种误差是 TCP 测量误差，由于种种原因可以导致真实场景中的 TCP 与离线编程软件中所使用的 TCP 有所不同，于是便产生了生成轨迹时的误差。针对这种误差，用户应该在真实场景中对 TCP 进行标定，得到正确的 TCP 点位之后，将其设置为离线编程软件中使用的 TCP。第三种误差就是加工误差，这种误差会导致离线编程中生成的离线轨迹无法达到用户想要的加工效果。对于这种误差，需要使用工件坐标系校准法来校准其轨迹程序。InteRobot 软件利用工件坐标系校准法来校准轨迹程序的步骤一般分为以下五步：

1）创建操作，生成离线轨迹程序。

2）在离线编程软件某位置中建立合适的工件坐标系 {*A*}。

3）输出在工件坐标系 {*A*} 下的离线轨迹程序。

4）将该程序导入真实场景中的机器人示教器中。

5）在真实场景中与离线编程软件中相对应的位置建立工件坐标系 {*B*}，将离线轨迹程序修改为在工件坐标系 {*B*} 下的轨迹程序。

综合考虑工件的安装误差、TCP 测量误差和加工误差，一般而言，正确实施离线编程作业的步骤如下：

1）在真实场景中，利用示教器标定工具坐标系 TCP（假设工具坐标系号为 1）。

2）在离线编程软件中，对需要标定的相关工件实施工件标定。

3）修改 InteRobot 软件中工具模型的 TCP 位置信息（X，Y，Z），使其与真实场景中标定的工具坐标系原点信息相同；调整 TCP 姿态，使其便于生成轨迹。

4）创建操作、生成轨迹。

5）在离线编程软件某位置建立合适的工件坐标系 {*A*}。

6）输出在工件坐标系 {*A*} 下的离线轨迹程序。

7）将该程序导入真实场景中的机器人，在真实场景中与离线编程软件中对应的位置建立工件坐标系 {*B*}，将离线轨迹程序修改为在工件坐标系 {*B*} 下的轨迹程序。

8）调整真实场景中标定的工具坐标系，使其姿态与离线编程中调整的姿态保持一致。

9）修改机器人程序，插入工具坐标系指令（标定生成的工具坐标系），插入合适点位，完成程序的修改。

## 【任务实施】

离线操作、示教操作和码垛操作都具有输出机器人代码的功能。示教操作和码垛操作在路径点添加完成之后可以输出机器人代码，离线操作则需要在生成路径成功之后才能输出机器人代码。

1）右击“斜面搬运”子节点，选择“输出代码”选项，如图 6-128 所示，打开“代码输出”对话框。

2）选择控制代码类型为“虚轴”，勾选“config”复选按钮，如图 6-129 所示。

3）输出基于工件坐标系 1 的机器人控制代码。工作坐标系建立完成后，用户需要输出基于此工件坐标系下的机器人代码，机器人运动的路径点位也会转化

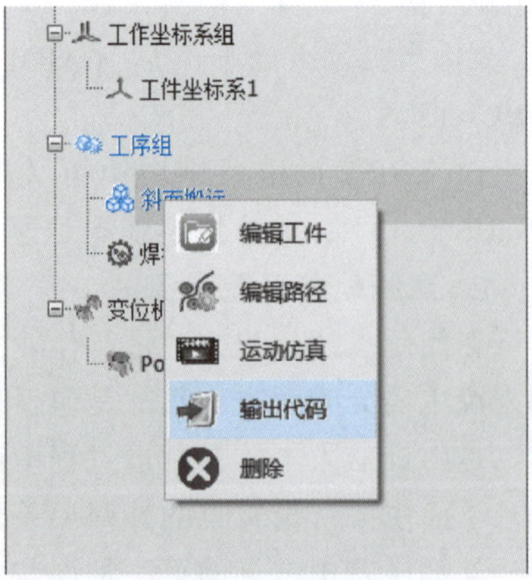


图 6-128 输出代码选择

为相对于工件坐标系 1 的运动路径点。在“代码输出”对话框的“工件坐标系”选项，选择工件坐标系为上一步中建立的工件坐标系 1，本例中填写坐标系号为 11，如图 6-130 所示。

在选择某工件坐标系下输出控制代码时，坐标系号是必须要填写的一项。该项填写完之后，输出的机器人控制代码才会包含工件坐标系指令（基坐标系指令）。当该程序载入真实示教器中并运行时，机器人才会在该坐标系号下进行运动，如图 6-131 所示。

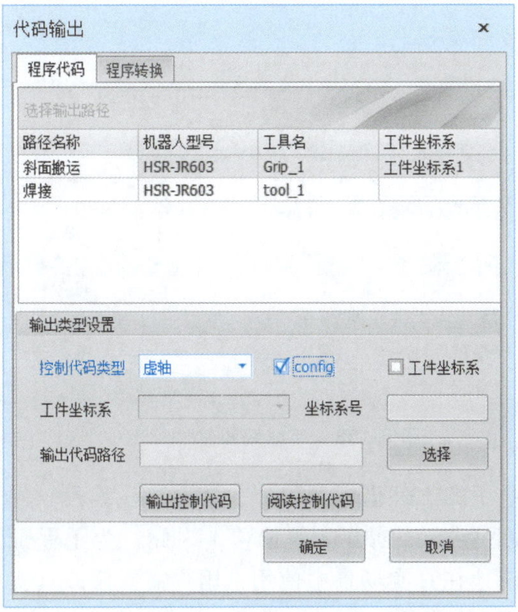


图 6-129 代码输出设置

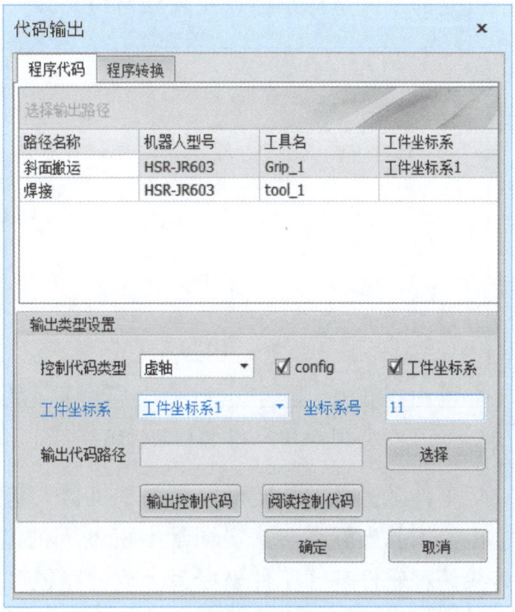


图 6-130 在工件坐标系下输出控制代码

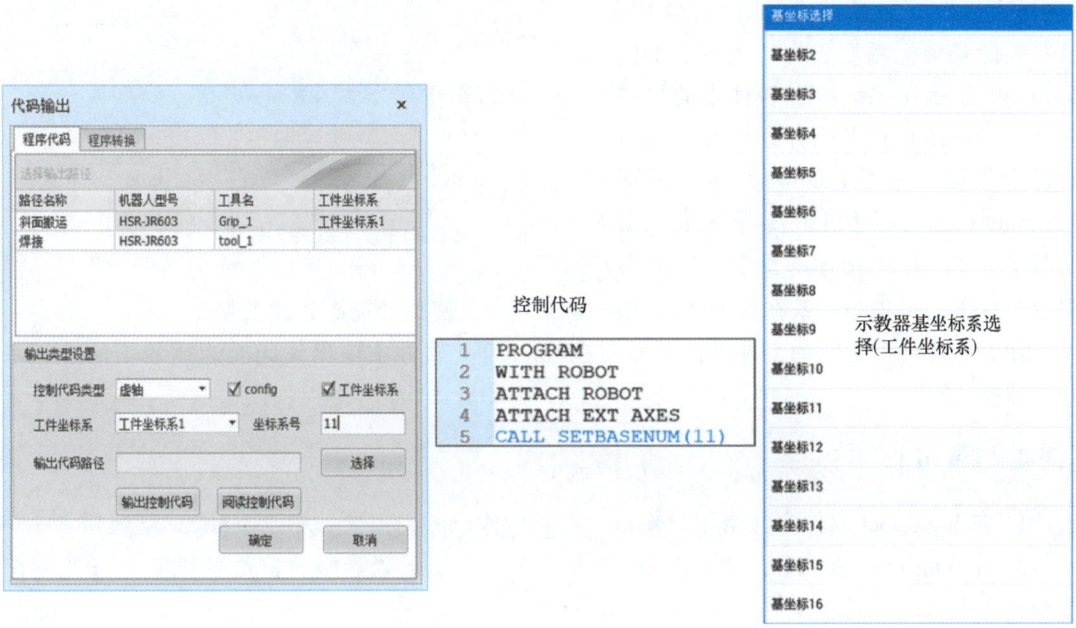


图 6-131 坐标系号的含义

4）代码复制。将机器人控制代码中的 .DAT 文件与 .PRG 文件一起复制到 U 盘，然后将 U 盘插入示教器，在示教器中单击“恢复”按钮，选择要复制到示教器的 .DAT 文件与 .PRG 文件，如图 6-132 所示。

5）工件坐标系标定。代码复制到示教器之后，用户需要在真实场景中利用示教器操控机器人对工件坐标系（本例中为 11）进行标定，如图 6-133 所示。标定工件坐标系时使用的 TCP 为离线编程软件中用户生成轨迹时使用的 TCP，且工件坐标系的原点位置要与模型中设立的工件坐标系原点位置相对应。

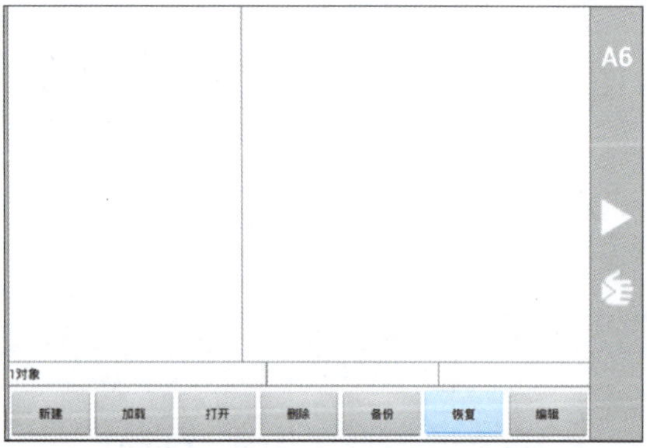


图 6-132 恢复控制代码

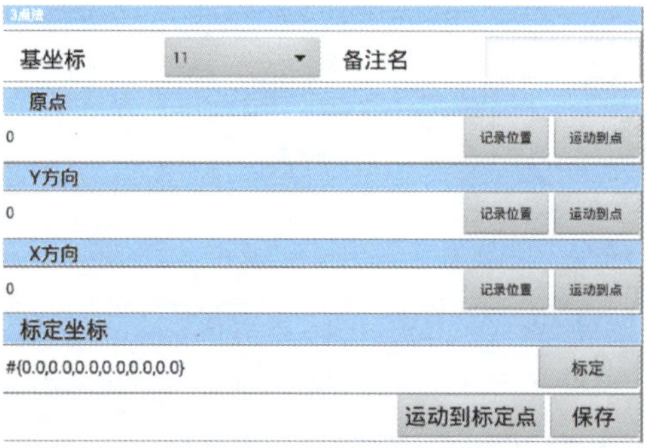


图 6-133 离线编程软件标定

工件坐标系的标定确定了基于机器人基坐标系下的工件坐标系位姿，然而离线编程软件中机器人基坐标系与真实场景中机器人的基坐标系存在 Z 轴方向的偏移。因此，为了保证离线编程软件基于工件坐标系生成的路径可以正确地在真实场景中使用，用户需要修改真实场景中标定的工件坐标系，将其减去两机器人基坐标的偏移。

在本例中，在离线编程软件中打开“机器人属性”对话框，如图 6-134 所示，机器人的基坐标系姿态为{0，0，348.5，0，0，0}，表明离线编程软件中的机器人模型 HSR-JR603 的基坐标系较真实场景中的机器人基坐标系在 Z 轴方向上偏移了 348.5mm，这是因为在真实场景中机器人的基坐标系与世界坐标系重合，因此用户需要对标定的工件坐标系在 Z 轴方向减去 348.5mm，使路径能够正确使用。

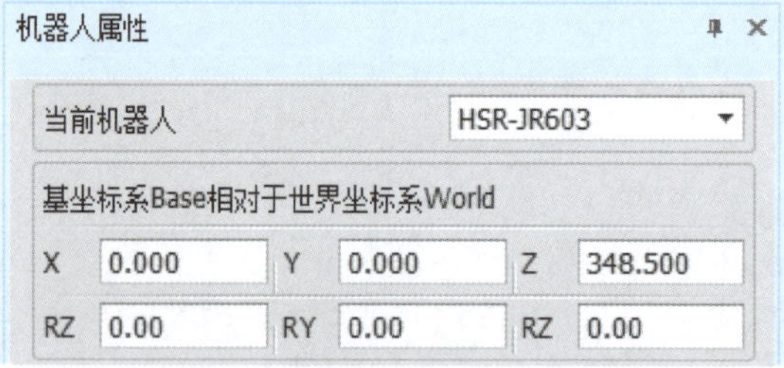


图 6-134 “机器人属性”对话框

注意：工件标定时的工件坐标系号与在 InteRobot 软件中输出代码时选择的工件坐标系号应保持一致。

## 【思考与练习】

1. 在 InteRobot 软件中，当用户输出________代码时，需要选中“config”复选项。

2. 在 InteRobot 软件中，config 为机器人________的配置参数，能够使机器人按照用户预期的姿态运动到目标点。

3. 在 InteRobot 软件中，机器人位于前姿态时，ARM 取值为________；位于后姿态时，

ARM 取值为________。

4. 离线编程作业的误差主要分为________误差和________误差，其中________误差往往忽略不计。

5. 利用工件坐标系校准法校准轨迹程序时，无需对工件进行标定。(　　)

6. 在 InteRobot 软件中，当用户导出了基于自定义工件坐标系下的运动程序与基于世界坐标系下的运动程序时，两者的点位信息没有差别。(　　)

7. 在 InteRobot 软件中，用户输出的不同品牌机器人代码格式是相同的。(　　)

8. 输出何种控制代码类型需要用户选中“config”复选项？为什么？

9. 已知华数机器人控制系统型号有Ⅰ、Ⅱ、Ⅲ3 种型号，请打开“机器人库”中的 HSR612 型号“机器人属性”对话框，修改机器人型号为Ⅲ型，重新搭建工作站，生成Ⅲ型机器人控制程序。

10. 在利用工件坐标系校准法校准离线编程轨迹时，用户有无必要对工件进行标定？为什么？

## 【扩展训练】

1. 了解使用 InteRobot 软件中“操作转化”功能进行机器人加工轨迹程序校准的方法，比较两种方法之间的不同点以及各自的优劣势。

2. 调研其他类型的离线编程软件进行加工程序代码后置处理的操作流程及原理，与 InteRobot 软件进行比较，提出不同软件加工程序后置处理操作的不同点以及各自的优劣势。

# 参考文献


[1] 杨威，孙海亮，宋艳丽．工业机器人技术及应用［M］．武汉：华中科技大学出版社，2019.
[2] 邱庆．工业机器人拆装与调试［M］．武汉：华中科技大学出版社，2016.
[3] 余倩，龚承汉．工业机器人电气控制与保养［M］．武汉：华中科技大学出版社，2017.
[4] 王保军，滕少峰．工业机器人基础［M］．武汉：华中科技大学出版社，2015.
[5] 叶伯生．工业机器人操作与编程［M］．2版．武汉：华中科技大学出版社，2019.
[6] 刘怀兰，欧道江．工业机器人离线编程仿真技术与应用［M］．北京：机械工业出版社，2019.
[7] 刘华波，刘丹，赵岩岭，等．西门子S7-1200 PLC编程与应用［M］．北京：机械工业出版社，2011.
[8] 廖常初．西门子人机界面（触摸屏）组态与应用技术［M］．2版．北京：机械工业出版社，2008.
[9] 廖常初．S7-1200 PLC应用教程［M］．北京：机械工业出版社，2020.
[10] 刘长青．S7-1500 PLC项目设计与实践［M］．北京：机械工业出版社，2020.